Das Gefallene Kaiser-Imperium

Geheimakte MARS 12

© 2023 D. W. McGillen

Umschlagsfoto: Mit Lizenz

Paperback: ISBN: 9781530136841
Imprint: Independently published

Hardcover: ISBN: 9798391839316
Imprint: Independently published

ISBN-e-Book: ebenfalls erhältlich:

D.W. McGillen, 01.04.2023

Auch erhältlich:

Inhaltsverzeichnis

Rückblick

Episode 9:

Major Travis, der Verwalter der alten natradischen Hinterlassenschaften, versucht das ehemalige Imperium des untergegangenen Kaiserreiches wieder zu beleben. Die Gefahr für das santaranische Kunst-System konnte abgewendet werden. Die Leitung der Admiralität der ehemals evakuierten Natrader zeigt sich undankbar und will sich der fortgeschrittenen Technik des Neuen-Imperiums bemächtigen. Es kommt zu einem ernsten Zwischenfall. Admiral Gentrin wird abgesetzt und das Hohe Auditorium wieder etabliert. Admiral Cartero erhält den Oberbefehl über die santaranische Admiralität Oberst Cameron, der neue Kommandeur des ISD, sucht nach Spuren der Piraten, um diese vor weiteren Beutezügen zu warnen. Major Travis folgt einem Hilferuf von Sil'drock, der ein Angehöriger einer Rasse ist, die sich Ablonder nennen. Es handelt sich um ein ehemaliges Hilfsvolk der "Aller Ersten". Die Flotte des Neuen-Imperiums unter dem Befehl von Major Travis kommt noch rechtzeitig, um die Vernichtung eines Versorgungs-Mondes der Ablonder zu verhindern. Wieder haben die Worgass ihre Hände im Spiel. Das Neue-Imperium erhält Kenntnisse von der weißen Barriere und dem machtgierigen Volk der Zierrakies. Sie scheinen ihren Ausdehnungsbereich massiv ausweiten zu wollen und stellen sich als die Herren der Worgass dar.

Episode 10:

Major Travis, Oberbefehlshaber der alten natradischen Hinterlassenschaften und des Neuen-Imperiums von Natrid & Tarid, ist ins Sol-System zurückgekehrt. Vorher hatten er dem Ablonder Sil'drock, Hilfe zugesagt im Kampf gegen die Zierrakies und bei der Suche nach ihren vermissten Herren. In der weißen Anomalie der 2. Dimension, konnte Prinz Sirthrith, ein Neffe des zierrakischen Groß-Kaisers die Befehlsgewalt an sich reißen. Er möchte Vergeltung für seine vernichteten Groß-Raumschiffe. Mit allen Möglichkeiten wird nach der Flotte der Ablonder gesucht, die als Verursacher vermutet werden. Im Rahmen dieser Suche, werden alle alten, weit im Universum verstreuten Späh-Stationen der zierrakischen Kaiser-Dynastie, wieder aktiviert. So auch eine lange inaktive Basis auf der Erde. Die abgehenden Hyperraum-Funksprüche werden von dem Verteidigungs-Netz des Neuen-Imperiums aufgefangen. Nachdem der zierrakische Schläfer erfolgreich einen Sabotageakt an der Wurmloch-Forschungs-Station von Professor Augenzell durchgeführt hat, versucht die EWK, mit allen ihr zur Verfügung stehenden Spezialisten, den Agent der Zierrakies aufzuspüren. Als Unterstützung wird Commander Rantero, ein Überläufer der Worgass, hinzu gerufen. In der Zwischenzeit aktiveren die Ablonder

Sil'drock und Ras'ekin weitere Versorgungs-Planeten und hoffen auf eine Vergrößerung ihrer Angriffs-Flotte.

Episode 11:
In der weißen Anomalie der 2. Dimension, konnte Prinz Sirthrith, ein Neffe des zierrakischen Groß-Kaisers die Befehlsgewalt an sich reißen. Er möchte Vergeltung für seine vernichteten Groß-Raumschiffe. Mit allen Möglichkeiten wird nach der Flotte der Ablonder gesucht, die als Verursacher vermutet werden. In der Zwischenzeit haben die Ablonder ihre alten Ressourcen wieder aktivieren können. Eine große Flotte macht sich auf, um eine alte Rechnung zu begleichen. Major Travis stellte eine große Unterstützungs-Flotte zusammen, die 5.000 Schiffe der natradischen Kaiser-Klasse umfasst. Diese Armada wird noch durch 500 lantranische Evolutions-Schiffe unterstützt. Der zierrakische Einfluss muss eingedämmt werden. Gemeinsam bricht die Flotte auf, um die Herren der Ablonder, auch als die Aller Ersten bekannt, aus der Knechtschaft der Zierrakies zu befreien.

Neue Freunde

Die Whirlpool-Galaxie strahlte ihr helles Sternen-Licht auf den Heimat-Planeten der Zierrakies. Die große Galaxie im Sternbild der Jagdhunde, wies eine ausgeprägte Spiral-Struktur auf. In den Kartenarchiven des Neuen-Imperiums wurde sie auch unter dem Namen M 51 geführt. Von den starken Weltraum-Teleskopen von Tarid aus betrachtet, leuchtete sie mit einer scheinbaren Helligkeit von 8,4 mag (Magnitudo). Die Entfernung wurde mit 28 Millionen Lichtjahren in den Karten angegeben. In einem geringen Abstand, unterhalb dieser Galaxie gelegen, lag der Methan-Planet der vogelköpfigen Wesen, die sich Zierrakies nannten. Sie verstanden sich als wichtigste Rasse der Evolution und duldeten keine unterentwickelten Spezies neben sich. Jahrtausendelang konnten sie sich entwickeln und ihren Zielen nachgehen. Niemand war bisher auf sie aufmerksam geworden.

Sie breiteten sich aus und brachten Schrecken und Verderben über neue heranwachsende Rassen des Universums. Niemand, im weiteren Umkreis um ihre Sterneninsel herum, konnte ihnen Einhalt gebieten. Obwohl sie in früheren Jahrtausenden einen Vertrag über die Abgrenzung ihres Gebietes unterschrieben hatten, ignorierten sie dieses Dokument bereits viele Millenniums. Seit dem Rückzug der Aller-Ersten, aus dem bekannten Universum, nutzten sie die leicht zu manipulierenden Quallenwesen als ihr Hilfsvolk. Lediglich durch eine leichte gentechnische Veränderung dieser Spezies, konnte die Worgass zu einem zuverlässigen Hilfsvolk ihrer generiert werden.

Im Sinne ihrer Herren, führten sie alle befohlenen Angriffe auf unterentwickelte Völker und Zivilisationen aus. Wer sich nicht unterwerfen wollte, wurde gnadenlos vernichtet. Wie ein dunkler toter Steinbrocken im All, lag der kaiserliche Planet der Zierrakies, unterhalb der leuchtenden Sternspirale der Whirlpool-Galaxie. Ein unbeteiligter Raumfahrer hätte im Vorbeifliegen niemals erkannt, dass von diesen Planeten so viel Unheil ausgehen würde. Er war die Verwaltung, Produktions-Stätte und Kaiser-Sitz, des zierrakischen Imperiums.

Der Heimat-Planet der Zierrakies war in höchste Alarmbereitschaft versetzt worden. Dunkle Wolken waren vor dem kaiserlichen Imperium aufgetaucht. Erstmals nach langer Zeit, schien ein Plan des Groß-Kaisers nicht aufzugehen.

Der Herrscher war unzufrieden. Er hatte seine leitenden Stabs-Offiziere versammelt und wollte ihre Vorschläge hören. Lautes Gekreische und Zirpen erfüllte den Raum.

Als der Groß-Kaiser mit seinem engen Stab und seiner Sicherheits-Garde den Raum betrat, verstummte die

Geräuschkulisse schlagartig. Den Blick auf den Boden gerichtet, die Anwesenden mit keinem Blick gewürdigt, schritt der Groß-Kaiser auf seinen Thron zu. Der Körper des vogelartigen Wesens, war in einen weißen Umhang gehüllt. Hierunter schien der Kaiser eine Art Kampfanzug zu tragen. Schwer ließ er sich in seinen Thron fallen. Seine Berater stellten sich rechts und links, neben ihm auf. Grimmig musterten sie die anwesenden Offiziere. Langsam hob der Groß-Kaiser der Zyrithsyths-Dynasty seinen Kopf. Seine eiskalten schwarzen Augen blickten die Offiziere an.

Der stechende Blick ließ seine Offiziere erstarren. Erst nach einigen Minuten, ertönte seine tiefe, schneidende Stimme.

»Ich habe sie alle zu mir befohlen, weil ich mit dem Ablauf der Geschehnisse äußerst unzufrieden bin«, erklärte er.

Unruhe macht sich unter meinen Untertanen breit.

»Sie scheinen über Informationen zu verfügen, die mir nicht bekannt sind«, fuhr er fort. »Erklären sie mir, wie das möglich ist? «

Die anwesenden Offiziere duckten sich leicht. Sie standen in demütiger Haltung vor ihrem Kaiser.

»Sprecht endlich«, schrie der Groß-Kaiser außer sich. »Hat es meinen Offizieren die Sprache verschlagen? «

Admiral Virthsysth, ein ranghoher Offizier der Heimat-Verteidigung trat vor. Respektvoll verbeugte er sich vor dem Kaiser.

Die dunklen starren Augen des Kaisers musterten ihn.

»Haben sie neue Informationen? «, kreischte er.

Der kräftige Schnabel des vogelartigen Lebewesens klappte auf und zu.

Der Admiral der Heimat-Verteidigung schaute den Kaiser an. Er war einer der befehlshabenden Offiziere der Heimat-Verteidigung im zierrakischen Imperium.

»Darf ich frei reden? «, erkundigte er sich.

Kaiser Zyrithsyths machte eine ausfallende Bewegung mit der Hand seines rechten Flügels.

»Habe ich jemals einen Offizier hieran gehindert? «, antwortete er. » Es kommt nicht auf die Antwort an. Lediglich ihre Taten entscheiden darüber, ob sie im günstigsten Fall nur ihre Flügel gestutzt bekommen. «

Admiral Virthsysth trat erschreckt einen Schritt zurück.

»Hoheit, sie haben 10.000 Groß-Raumschiffe von unseren unterschiedlichen Fronten abgezogen«, monierte er mit leiser Stimme. »Das Volk ist ängstlich und weiß von ihrem Befehl. Wir haben Analysen angestellt. Die Heimat-Verteidigung rechnet stark damit, dass einzelne Flotten-Verbände unserer Feinde, unsere Kampfverbände unterfliegen werden. Nach ihre Meinung werden sie versuchen, das Heimat-System unseres Imperiums anzugreifen.

Mir ist es unmöglich, mit einer ausgedünnten Flotte von nur 300 Schlachtschiffen, eine ganze Flotte wütender Feinde abzuwehren. Ich benötige eine sofortige Aufstockung meiner Kampfverbände, ansonsten kann ich die Sicherheit für das Heimat-System und für den achten Planeten unseres Imperiums nicht mehr garantieren. «

Der Kaiser blickte ihn grimmig an. Sein Blick hatte sich noch verdunkelt.

»Hinterfragen sie meine Anordnungen? «, monierte er in einem gurrenden Ton.

Der Admiral der Heimat-Verteidigung trat verlegen von einer Kralle auf die andere.

»Keineswegs, Hoheit«, fiepte er. »Es ist eine ehrliche Antwort und die Schilderung unserer derzeitigen Situation. «

»Sie wissen um unsere Lage«, entgegnete der Groß-Kaiser mit tiefer Stimme. »Es stehen keine weiteren Schiffe zur Verfügung. Neubauten werden erst in Kürze aus den Werften kommen. Arbeiten sie mit den Schiffen, die ihnen zur Verfügung stehen. Gehen sie Bedacht hiermit um. Wenn sie das nicht schaffen sollten, dann werde ich einen fähigeren Admiral für das Oberkommando der Heimatflotte einsetzen. Haben sie das verstanden? «

Ein leitender Offizier der zierrakischen Raumüberwachung stellte sich neben Admiral Virthsysth.

Auch er verbeugte sich respektvoll.
»Darf ich reden? «, fragte er den Groß-Kaiser.

»Aus diesem Grunde sind wir hier«, erwiderte das Oberhaupt.

»Mein Name ist Commander Myritsith«, teilte er mit. »Wir haben vergleichbare Auswertungen angestellt. Unsere Ergebnisse stimmen nicht ganz mit den Angaben der Heimat-Verteidigung überein. Aus unseren Berechnungen geht hervor, dass in den nächsten 50 Tagen keine Gefahr eines ernsthaften auf unser Heimatsystem besteht. Die niederen Rassen, gegen die wir an vielen Fronten kämpfen, verfügen nicht über leistungsfähige Antriebe in ihren Raumschiffen. Sie können die große Entfernung zu unserem Heimat-Planeten nicht so schnell überbrücken. Wir haben Zeit, uns auf diese Situation einzustellen. «

Admiral Virthsysth blickte den Commander entsetzt an.

»Falls sie Unrecht haben, wird das den Kaiser in seinen Kriegsplänen um Jahre zurückwerfen«, monierte er. »Denken sie, unsere Analysen sind falsch? «

»Unsere Daten sind realistischer«, antwortete der Commander. »Bedenken sie doch, wenn die Unterstützungs-Flotte aus der weißen Anomalie hier eintrifft, dann stehen ihnen weitere 10.000 Schiffe zur Verfügung. Hiermit werden sie die minderwertigen Flotten der Fremdrassen abzuwehren können? «

»Falls unsere Flotte überhaupt hier ankommt, sagte der Admiral der Heimat-Verteidigung. »Wir erhalten derzeit sehr widersprüchliche Hyperkomm-Funknachrichten? «

Erstauntes Gekreische füllte den kaiserlichen Saal.

»Wie können wir ihre Hinweise interpretieren? «, fragte der Groß-Kaiser.

Der Admiral der Heimat-Verteidigung konnte dem durchdringenden Blick des Groß-Kaisers nur schwer standhalten.

Dieser wurde langsam ungeduldig. Er lehnte sich in seinem Hoch-Stuhl zurück und schlug dreimal mit seinem Zepter-Staub auf dem Boden auf. Dröhnende Schläge wurden in dem Saal hörbar.

»Antworten sie endlich«, schrie er Admiral Virthsysth an. »Habe ich nur unfähige Offiziere um mich versammelt? «

Admiral Virthsysth schaute betreten auf dem Boden.
»Wir haben diese Informationen von Fluchtlinien erhalten«, stammelte er. »Sie kamen aus der weißen Anomalie in der zweiten Dimension. Ihren Informationen konnten wir entnehmen, dass unser Brückenkopf zerstört wurde. Das Schiff von Prinz Sirthrith, ihrem geschätzter

Neffen, wurde im Kampf zerstört. Ebenso alle Groß-Kampfschiffe, die sich den Feinden entgegengestellt haben. Prinz Sirthrith wurde getötet.«

Betretenes Schweigen breitete sich im Saal aus. Keiner der Offiziere wagte etwas zu sagen.

»Es standen 4.420 Schiffe zur Verteidigung bereit«, sagte der Kaiser. »Wurde diese alle zerstört? «

Admiral Virthsysth blickte immer noch auf den Boden.
»Es liegen keine bestätigten Informationen vor«, teilte er mit. »Die Fluchtlinie sind gelandet und haben sich unter das Volk gemischt. Es waren überwiegend Bedienstete der Verwaltung von Zierraki 2. Wir konnten nur wenige von ihnen gefangen nehmen und befragen. Zahlreiche unschlüssige Fakten wurden von uns notiert. Die Befragten teilten mit, dass alle Schiffe mit Worgass-Personal, unter dem Befehl von Admiral Dragphan, dem Befehl des Prinzen die Gefolgschaft verweigerten und sich weigerten, die Flotte der eindringenden Ablonder anzugreifen. Unser eigenes Hilfsvolk hat sich gegen uns erhoben. Sie verlangen ihre Freiheit. Alle 3.900 Schiffe, unter dem Kommando des Admirals, sind zum Feind übergelaufen. Sie stehen uns nicht mehr zur Verfügung. «

Wütend sprang der Groß-Kaiser auf und stampfte mit seinen Krallenfüßen auf den Boden.

»Das gibt es nicht«, kreischte er.
Er griff nach seiner Laser-Pistole und erschoss einen Diener, der an der Wand stand. Er war ein Angehöriger, einer von der zierrakischen Flotte besiegten Rasse.

Schwer atmend blickte der Kaiser seine Offiziere an.
»Das ist eine schwerwiegende Beleidigung des zierrakischen Kaiserreiches«, gurrte der Kaiser. »Ich werde Admiral Dragphan und die Verantwortlichen finden und ihrer gerechten Strafe übergeben. Sie werden verurteilt und erhalten die Todesstrafe. Ab dem heutigen Tage sind sie Vogelfrei. Schreibt sie zur Fahndung aus. Setzt ein Kopfgeld auf sie aus. «

Der Groß-Kaiser blickte wieder den Admiral der Heimat-Verteidigung an.

»Stimmen diese Informationen? «, fragte er

»Sie sind von verschiedenen Flüchtlingen aus der weißen Anomalie gleichlautend bestätigt worden«, antwortete Admiral Virthsysth. »Wir haben keine Veranlassung, diesen Personen nicht zu glauben. «

»Unsere Flotten-Verbände sind nicht zu besiegen«, riefen die Offiziere der kaiserlichen Versammlung. »Die Informationen müssen falsch sein. «

Ein weiterer schriller Schrei erfüllte den Saal. Der Kaiser hatte den Unmut über die neuen Erkenntnisse hinausgeschrien.

Mit einem tödlichen Blick schaute er seine Offiziere an. »Wie konnte es so weit kommen? «, fragte er. » Haben meine Offiziere nicht alle technischen Möglichkeiten, um solche Vorkommnisse zu unterbinden? Wie ist es für den Abschaum der niedrig Geborenen möglich, unseren starken Flottenverbänden solchen Widerstand zu leisten?«

Wild schlug er mit dem Zepter-Stab um sich. Er war außer sich. Hass stand in seinen Augen.

Nur langsam beruhigte er sich wieder.

»Nach ihren Angaben ist mein verkommener Neffe getötet worden? «, fragte er.

Der Admiral der Heimat-Verteidigung nickte.

»Das sind die Informationen, die uns zur Verfügung stehen«, antwortete er.

»Das ist gut, entgegnete der Kaiser. »Er hat sich so unserer Verurteilung entzogen. Unfähigkeit wird in unserem Imperium immer noch hart bestraft. «

Er blickte seine Offiziere an.
»Ich hoffe nicht, dass dieses Schicksal sie auch ereilen wird«, sprach er mit leiser Stimme aus. »Jedoch kann das schnell eintreffen, falls sie mir keine Lösung des Problems anbieten können. «

Der Groß-Kaiser suchte den Offizier der Fern-Aufklärung. Seine Augen glitten über die anwesenden Personen. Dann hatte er ihn in der Menge gefunden.

»Lord-Admiral Öythrisyth, treten sie vor«, befahl er.

Der Angesprochene beeilte sich, neben den Admiral der Heimat-Aufklärung Aufstellung zu nehmen.

»Mein Kaiser? «, antwortete er fragend.

»Können sie die Angaben des Admirals der Heimat Verteidigung bestätigen? «, fragte Kaiser Zyrithsyths.

Admiral Öythrisyth schüttelte seinen Kopf.

»Wir haben keine Hinweise, auf einen bevorstehenden Angriff«, erklärte er. »Noch weniger Hinweise, auf eine Vernichtung unseres Brückenkopfes in der zweiten Anomalie. Wir werden erst genaue Informationen erhalten, wenn Admiral Lirthryth mit seiner Flotte zurückgekehrt ist. Alles andere halte ich für Spekulationen. Wir sollten nicht voreilig handeln. Falls und noch 50 Tage Zeit zur Verfügung stehen sollte, empfehle ich alle Raumschiffe von unterwürfigen Rassen in unserem Imperiums einzuziehen und als Kriegs-Schiffe umzurüsten. Entsenden sie eine Kampf-Flotte, die alle verfügbaren Raumschiffe beschlagnahmt. Sie werden für eine kaiserliche Mission benötigt. Das ist mein Ratschlag.«

Dem Groß-Kaiser gefiel der Vorschlag.
»Seht alle hin«, sagte der Kaiser in einem schmeichelnden Tonfall. »Das ist ein hilfreicher Offizier. Wer kann dieses Kommando übernehmen? «

»Das übernehme ich natürlich«, antwortete Lord-Admiral Öythrisyth. »Ihr Einverständnis vorausgesetzt, werde ich 10 Groß-Raumschiffe mit diesem Auftrag versehen. Ich habe ausgesuchtes Personal hierfür. «

Der Groß-Kaiser stampfte mit seinem Zepter-Stab auf. Ein dumpfes Drohnen hallte durch den Saal.

»Dieser Punkt gilt als beschlossen«, befahl er. »Kümmern sie sich bitte sofort hierum. Wir sollten keine Zeit verlieren. «

Lord-Admiral Öythrisyth verbeugte sich.
»Gewürdigt sind die Zierrakies«, rief er in den Saal.
Im Anschluss drehte er sich um und schritt aus der kaiserlichen Räumlichkeit. Die anderen Offiziere beneideten ihn. Er hatte sich mit wenigen Worten aus der Misere gezogen.

Einige der Offiziere blickten den Groß-Kaiser hasserfüllt an. Nicht alle waren dem Monarchen wohl gesonnen. Der Kaiser hatte sich durch einen Putsch an die Macht gebracht. Seine Familie entstammte nicht von adeligen Clans des Planeten ab. Normalerweise war für diese Gruppierungen der Zutritt zum Hofe verboten. Doch irgendwie hatte es die Familie geschafft, die Macht an sich zu reißen. Viele Offiziere waren bereits aufgrund geringerer Verfehlungen, in die feuchten Arrestzellen der Kaiser-Garde verfrachtet worden.

Der Kaiser spürte die Ablehnung, die ihm entgegenschlug. Das spornte ihn zu weiteren erniedrigenden Äußerungen an.

»Die vor uns liegende Aufgabe, entscheidet über ihren Verbleib in der Administration unseres Imperiums«, schmunzelte er. » Unfähigkeit wird rückhaltlos geahndet. Eine nicht berechenbare Gefahr rollt auf uns zu. Der Name dieser Gefahr heißt Ablonder. Eine minderwertige Rasse, die von uns bereits niedergerungen wurde, erlaubt sich uns erneut anzugreifen. Die ganzen Errungenschaften ihrer Zivilisation wurden von unserer glorreichen Flotte dem Erdboden gleich gemacht. Jetzt sind sie auferstanden.

Sie konnten sich wie Ungeziefer vermehren, sich wieder zusammenraufen und bedrohen erneut unserer Imperium in einer Art und Weise, wie es noch niemals eine Rasse gewagt hat. Dieses Volk sollte aus den Geschichtsbüchern des Universums getilgt sein. Das ist uns scheinbar nicht gelungen. Die Verantwortlichen müssen zur Rechenschaft gezogen werden. Es ist eine Schande für unsere Clans, dass wir uns jetzt erneut mit dieser Rasse herumschlagen müssen. «

Lord Syrithsyths trat vor. Er verbeugte sich tief vor dem Kaiser.

»Darf ich sprechen? «, fragte er.

Der Groß-Kaiser nickte ihm zu.

»Mein Name ist Lord Syrithsyths«, stellte er sich vor. »Ich bin der Vorsitzende, des größten Clans auf unserem Planeten. Wir alle haben ihnen immer vorbehaltlos gedient. Unsere Raumschiffe und Truppen stellten wir ihnen bedenkenlos zur Verfügung gestellt. In letzter häufen sich jedoch die vielen Verluste an Schiffen und Besatzungen. Wissen sie, wie viele Verluste die zierrakischen Clans durch ihre unzähligen Kriege erleiden mussten? Glauben sie wirklich, die Schiffe und die Besatzungen stehen in unendlicher Anzahl zur Verfügung? Bisher brauchten sie nur mit ihrem kaiserlichen Flügel zu schlagen und wir haben ihnen bedingungslos weiteren Nachschub übergeben. Sind ihre absurden Beleidigungen der Dank für unsere imperiale Loyalität? «

Der Kaiser zog eine unschuldige Grimasse und verzichtete auf eine öffentliche Schelte des Lords.

»Seit den großen Vernichtungs-Kriegen sind über 250.000 Jahre vergangen«, ergänzte Lord Syrithsyths. »Nicht sie haben den Einsatz befohlen, sondern einer ihrer kaiserlichen Vorfahren war es. Nach den damaligen Erkenntnissen unserer Flottenführung, wurden die

Schiffe der Ablonder von unseren Kampfverbänden vollständig ausgelöscht. Ihre Planeten bombardiert und die Angehörigen ihres sogenannten Flotten-Oberkommando exekutiert. Es ist völlig unerklärlich, wie sich dieses Volk wieder zu alter Große entwickeln konnte, dass es jetzt eine Gefahr für uns darstellt. Haben sie nähere Angaben für uns? Über welche Kampfstarke verfügt der Feind? Mit wie vielen Schiffe wird er uns angreifen? Das alles sind notwendige Informationen, um eine Verteidigung planen zu können. «

Der Kaiser blickte Admiral Virthsysth, den Befehlshaber der Heimat-Verteidigung an.

Dieser schüttelte seinen Kopf.
»Es wird von zahlreichen Schiffen gesprochen«, erklärte er. »Eine exakte Zahl liegt uns noch nicht vor. «

Der Kaiser hatte über die vorgetragenen Worte nachgedacht. Obwohl ihm die Äußerungen von Lord Syrithsyths missfielen, wusste er instinktiv, dass er den Zusammenhalt seiner Offizier benötigte.

»Es lag nicht meiner Absicht, sie zu beleidigen«, erklärte er sichtlich zurückhaltender. »Es ist sicherlich verständlich, dass wir uns in einer Situation befinden, die es bisher noch nicht gegeben hat. Sie erfordert unsere ganze Aufmerksamkeit. Es geht um die Zukunft unseres Imperiums. Der Angriff auf unsere Bastion, verlangt eine entsprechende Antwort von uns. Ich habe sie rufen lassen, um über das Wie und Wann zu beraten. «

»Hiergegen ist nichts zu sagen«, antwortete Lord Syrithsyths. »Ihnen ist aber bewusst, dass wir erst durch ihre zahlreichen Kriegsschauplätze in diese Misere gelangt sind. Nur durch ihren Wahn nach Expansion, kämpfen unsere Raumflotten synchron an mehreren Fronten. Hierdurch wird die imperiale Kampfkraft massiv geschwächt. Ihr verzweifelte Schrei nach mehr Ressourcen bedeutet für alle zierrakischen Clans, dass wir die Suppe jetzt wieder für sie auslöffeln können. «

Ein Raunen ging durch die Zuhörer in dem kaiserlichen Saal.

»Wir sind den Ablondern in der Kampfkraft überlegen«, teilte der Admiral der Heimat-Aufklärung mit. »In der Regel verfügen sie über Angriffs-Schiffe einer 250- Meter-Klasse. Der Nachteil ist, sie scheinen von diesen wendigen Schiffen sehr viele zu haben. «

Lord Syrithsyths bestätigte die Aussage.

»Aufgrund unserer dezimierten Anzahl von Schiffe der Heimat-Verteidigung, ist es durchaus möglich, dass die Ablonder sich zahlenmäßig im Vorteil befinden«, erklärte er. »Mit anderen Worten, sie könnten uns erhebliche Probleme bereiten. Das erklärt auch die Vernichtung des Flaggschiffes von Prinz Sirthrith. Zu allem Unglück vergrößern sich unsere Verluste, durch die Rebellion der Worgass in der zweiten Dimension. Wie wir erfahren haben, konnten die Aufständischen 3.900 Zerstörer unter ihre Kontrolle bringen. «

Der Groß-Kaiser nickte.

»Das ist leider richtig«, antwortete er. »Auch die rebellischen Worgass werden ihre Strafe erhalten. Ob die Flotte von Admiral Lirthryth unsere Zerstörer nach Hause holen kann, das entzieht sich meiner Kenntnis. Die Worgass sind seit ewigen Zeiten mit unserer Technik unserer Zerstörer vertraut. Wir haben sie ausgebildet. «

Die Betroffenheit unter den Offizieren zeigte sich deutlich.

»Was sind die Ablonder für Kreaturen? «, fragte ein Offizier. » Macht es einen Sinn, wie Tiere über unsere Schiffe herzufallen? «

Ärgerlich blickte der Kaiser den Offizier an.

»Über ihre Aussage kann ich mich nur wundern«, entgegnete der Kaiser. »Würden wir es anders machen? Die Ablonder wollen uns eindeutig für unsere Taten in der Vergangenheit bezahlen lassen. Das sollte hier jedem Anwesenden klar sein. «

Die Anspannung unter den zierrakischen Offizieren, die alle unterschiedlichen Clans abstammten, wuchs spürbar an.

»Sie werden ihre Götter um Hilfe angefleht haben«, bemerkte Lord Byrdrasith. »Alle Offiziere in diesem Saal wissen, dass wir schon gegen viele unterschiedliche Rassen gekämpft haben. Jedes Mal konnten wir gewinnen. Warum sollte das jetzt anders sein? Stellen wir einen Strategieplan auf, der ihrem Angriff gerecht wird. Überlegen wir uns eine Falle, für das minderwertige Volk der Ablonder. «

Der Kaiser lächelte.
»Das ist die richtige Einstellung«, dachte er. »Hier und heute müssen die Weichen gestellt werden.

»Über wie viele Kampf-Jets verfügen wir? «, fragte der Groß-Kaiser seine Militärberater.

Diese flüsterten sich die aktuellen Zahlen zu. etwas zu.

»Alle übergroßen Zerstörer verfügen jeweils über die 300 Jets pro Schiff«, teilte ein Berater mit. » Das ist die Standardbestückung auf unseren großen Zerstörern. Zusammen wären das 90.000 Jets. Weitere 200.000 Maschinen sind auf dem kaiserlichen Regierungs-Planeten stationiert. Die 17 weiteren Planeten befehlen über die Anzahl von 50.000 Jets. Wie sie wissen, nehmen diese ausschließlich Polizei- Aufgaben wahr. Sie sind auf den Einsatz im Weltall nicht vorbereitet. «

Der Groß-Kaiser hob einen Flügel und beendete die Erläuterungen seines Beraters. Dieser zog sich tief verbeugend zurück.

»Nach meiner Rechnung stehen uns im ganzen Imperium 1.140.000 Kampf-Jets zur Verfügung«, teilte der Kaiser mit.

»Hinzu kommen noch alle zivilen Raumschiffe, die für den interplanetaren Transport zuständig sind«, antwortete Lord Syrithsyths. »Auch diese sollten wir einziehen und umrüsten

Er blickte den Kaiser und die Offiziere an.

»Ich befehle alle Kampf-Jets und zivilen Schiffe, zusätzlich mit Antimaterie-Raketen zu bestücken«, schlug Lord Syrithsyths vor. »Das ist unser stärkstes Waffen-Potenzial. Wir brauchen diese Gefechtsköpfe, um kurzen Prozess mit den Angreifern machen. Alle Schiffe, ausgenommen die Jets, sollten mindestens mit zehn dieser Raketen bestückt werden. Ich hoffe inständig, dass eine Rakete ausreicht, um ein 250- Meter-Schiff der Ablonder in Stücke zu reißen. «

Der Kaiser hatte sich aufgerichtet und applaudierte mit seinen Flügelkrallen. Die Offiziere blickten irritiert in seine Richtung. Dann unterstützten sie den Applaus des Kaisers.

»Bravo«, kreischte der Kaiser. »Das ist ein Plan nach meinem Geschmack. Bravo, Lord Syrithsyths. «

Der Kaiser drehte sich zu seinem Produktions-Minister um.

»Wie schnell können wir die Produktion von Raketen, Bomben und Torpedos umzusetzen? «, erkundigte er sich. » Können sie uns etwas hierzu sagen? «

Der Minister verbeugte sich und nickte.

»Werte Hoheit«, antwortete er. »Wenn ich alle Produktionskapazitäten einsetzen darf, dies bedeutet die Produktion neuer Raumschiffe auszusetzen, dann können wir die benötigten Antimaterie-Bomben in 14 Tagen herstellen. Synchron mit den ersten Chargen, kann auf allen Werften begonnen werden, die Jets und die Raum-Schiffe umzurüsten. Es sollten keine großen Arbeiten entstehen. Die Aufnahmen für die Raketen in den Schiffen, sind bereits standardmäßig vorhanden. «

Der Kaiser blickte seinen Produktions-Minister an.
»Eine erfreuliche Nachricht«, bemerkte er. »Ich danke ihnen. «

Sein Kopf drehte sich wieder seinen Offizieren zu.
»Wir bauen ein Netz von fliegenden Antimaterie-Gefechtstürmen auf«, erklärte er. »Unsere Jets werden sich vor der Angriffs-Linie der Ablonder positionieren und abwarten bis sie angreifen. Im richtigen Zeitpunkt schießen sie die Antimaterie-Raketen ab. «

»Sie wissen, was das bedeutet? «, fragte Lord Syrithsyths. » Sie entfesseln Urgewalten in unserem eigenen System. Wenn unsere Jets eine große Menge an Antimaterie-Bomben gleichzeitig freisetzen, dann kann keiner unserer Wissenschaftler beantworten, welche Folgen das haben kann. Diese Raketen und Bomben sollte unsere letzte

Trumpfkarte sein. Ich empfehle die 10.000 Schiffe, die sie zur Unterstützung der weißen Anomalie entsandt haben, sofort zurückzurufen. Zurzeit werden sie in unserem Heimat-System dringender benötigt. «

»Das ist guter Rat, Lord Syrithsyths «, antwortete Commander Myritsith. »Leider ist die Flotte von Admiral Lirthryth schon zu weit entfernt. Wenn unser Hyperkomm-Funkspruch sie erreicht, wird sie die weiße Anomalie bereits erreicht haben. Die Zerstörer fliegen mit Höchstgeschwindigkeit und sind nur noch drei Stunden von ihrem Zielort entfernt. «

»Können wir weitere Raumschiffe von den unseren Fronten abziehen? «, fragte Admiral Virthsysth.

Commander Myritsith schüttelte seinen Kopf.

Nur wenn wir auf bereits erkämpftes Territorium verzichten«, antwortete er. »Ferner werden sich die Fronten zwangsweise in unsere Richtung verlagern. «

»Mit wenigen Schiffen gewinnen wir keinen Krieg«, bemerkte ein Offizier vorlaut. »Nur wenn wir alle Schiffe von den Fronten zurückbeordern, dann können wir den Angriff des Feindes brechen. «

»Das Kriegsglück hat sich im Laufe meiner Regierungszeit gegen mich gewandt«, unterbrach der Herrscher den Redner. »Bevor ich das Amt an meinen Nachfolger abgebe, möchte ich unser Imperium als die befehlsgebende Macht in der ganzen Whirlpool-Galaxie behauptet wissen. Erhobenen Hauptes werden wir unsere Position einnehmen und als einzige intelligente Rasse in unserer Sternen-Insel über alle unterprivilegierten Zivilisationen befehligen. «

Der Kaiser holte tief Luft.
»Wir werden der Angriffslinien der Schiffe der Ablonder durchbrechen und eine Schneise für unsere Schiffe schlagen«, befahl er. » Unsere Raketen werden ihre Schiffe zerstören und ihre Rasse endgültig aus dem All tilgen. «

Zahlreiche Freudenrufe drangen durch den Saal. Alle Offiziere stimmten mit ein und huldigten dem Kaiser.

Admiral Virthsysth räusperte sich.

Verärgert blickte der Kaiser ihn an.

»Sie haben sicherlich wieder Einwände? «, fragte er Kaiser grob.

Der Admiral nickte.

»Was der Plan in dem Fall, wenn wir es nicht schaffen würden? «, fragte er. » Wären sie dann zu einem Waffenstillstand bereit? «

Laute Schreie halten durch den Saal. Die Offiziere starrten mit aufgerissenen Augen den Admiral der Heimat-Verteidigung an.

Kaiser Zyrithsyths gurrte und blickte seinen Admiral ebenfalls durchdringend an.

»Es scheint mir so, als ob sie in den vielen Jahren als Admiral der Heimat-Verteidigung verweichlicht wurden «, sagte er. » Das ist leider nicht verwunderlich. Unsere tapferen Offiziere an den Fronten haben ihnen die Arbeit abgenommen. Durch ihre grandiosen Erfolge, konnten sie nie richtig an einem Kampf-Einsatz teilnehmen. Das sollten wir vielleicht in der Zukunft ändern. Sie werden ihre Tapferkeit an unser Front beweisen können. «

Admiral Virthsysth verbeugte sich tief und zeigte somit seine Unterwürfigkeit an.

Der Groß-Kaiser hatte sich wieder beruhigt. Er blickte alle Offiziere mit festem Blick an.

»Ein Waffenstillstand kommt für das zierrakische Volk nicht infrage«, erklärte er. » Es kann nur ein primäres Ziel geben. Dieses lautet, alle minderwertigen Rassen müssen vernichtet werden. Es werden keine Gefangenen gemacht. Unsere Angreifer werden vernichtet. Nur so ist eine Reinigung des Universums möglich. «

Leiter Beifall hallte durch den Saal. Dem Kaiser war es gelungen, seine Offiziere positiv auf die zukünftigen Aufgaben einzustimmen.

* * *

Sergeant Hausmann steuerte das Schiff zu den neuen Koordinaten, die als Rendezvouspunkt ausgemacht waren. Hier wollte sich die Crew der Termar 1 mit den Aller-Ersten und mit dem befehlshabenden Admiral der Worgass-Flotte, treffen. Auch das Schiff der Ablonder, mit Sil'drock, Ras'ekin und Marschall War'drock, eiferten dem ersten Treffen nach vielen Jahrtausenden entgegen. Insgesamt 3.900 zierrakische Schiffe, die unter dem Befehl von Worgass Kommandanten standen, hatten ihren zierrakischen Herren den Befehl verweigert, einen Vernichtungs-Kampf gegen die Ablonder aufzunehmen. Sie waren es überdrüssig, als Hilfsvolk der Zierrakies an vorderster Front verheizt zu werden. Durch die Eliminierung der weißen Anomalie durch lantranische

Evolutions-Schiffe, hatten die Schiffe der wartenden Gemeinschafts-Flotte eine freie Sicht, auf die 8.300 Planeten des Planetenhaufens.

»Das ist eine große Anhäufung von Planeten und Sonnen auf einem kleinen Fleck«, staunte Major Travis.

Sein lantranischer Freund nickte.
»Das ist ein seltenes Naturereignis«, bestätigte Heran.
»Doch es wird nicht von Dauer sein. Durch die Beseitigung der übergroßen Sonnen-Giganten und deren Gravitation, werden sich die Planeten und Sonnen immer weiter auseinanderziehen. Das benötigt wieder Jahrhunderte, wenn nicht Jahrtausende, um aus dieser extremen Ansammlung wieder normale Sternen-Systeme zu erschaffen. In dieser Zeit können sich die unterschiedlichen Rassen entwickeln und untereinander Kontakte knüpfen. «

»Hoffentlich haben sie aus der Unterdrückung gelernt und gehen friedlich aufeinander zu«, sagte der Major.

»Wenn nicht, dann gibt es immer noch die Aller-Ersten«, bemerkte Heran. »Ich bin sicher, dass sie ein Auge auf die Ansammlung von Planeten haben werden. «

»Wir nähern uns dem Rendezvouspunkt«, meldete Sergeant Hausmann.

»Auf den Schirm legen«, befahl Major Travis.

Der große zentrale Bildschirm flammte auf und zeigte die Annäherung an die wartenden Schiffe. In geordneter Formation lagen 3.900 übergroße Raumschiffe der Worgass in dem Sektor. Ihnen gegenüber stand die Flotte der Ablonder und deren Unterstützung. Trotz einiger Ausfalle war die ablondische Flotte nicht wesentlich geschwächt worden.

Die Hypertronic-KI der Termar teilte monoton die exakten Zahlen mit.

Ich habe meine Zählung abgeschlossen, teilte sie mit. Es handelt sich um nachfolgende Schiffsgattungen:

1.275.000 Schiffe einer   250-Meter-Klasse,
43.000 Schiffe einer 1.000-Meter-Klasse,
3.552 Schiffe einer 1.500-Meter-Klasse,
5.000 Schiffe einer 2.000-Meter-Klasse,
500 Schiffe einer   250-Meter-Klasse,
5 Schiffe einer   500-Meter-Klasse.«

Alle Schiffe hatten sich in geordneten Formationen ihren Verbänden angeschlossen. In der Mitte des Flotten-Aufmarsches, wurde ein Rendezvouspunkt von 50.000 Metern Durchmesser Platz gelassen.

Die Termar 1 hatte an dem Flaggschiff von Admiral Dragphan angedockt. Das natradische Schiff war als Spezial-Edition von Noel und der natradischen Groß-Hypertronic-KI konzipiert worden. Es wirkte wie ein Beiboot an dem zierrakischen Groß-Zerstörer der 2.500-Meter-Klasse.

Major Travis hatte ein Team zusammengestellt, dass aus Commander Brenzby, Heinze, Heran, Tart 1 und Tart 2, Commander Sirgphan, dem Worgass Commander Rantero, sowie Sergeant Hardin mit sechs ausgesuchten Marines und sechs Kampf-Robotern bestand.

»Verbindungs-Rüssel ausgefahren und verbunden«, meldete Sergeant Hausmann. »Die Atmosphäre wurde hergestellt. Sie können die Schleuse öffnen. «

»Danke, « antwortete Major Travis und steckte seinen Communicator ein.

»Sergeant Hausmann hat die Termar 1 verbunden, teilte er Commander Brenzby.

Der Commander schritt vor und kontrollierte die Kontroll-Anzeigen des Verbindungs-Tunnels. Dann nickte er.

»Die Anzeigen bestätigen die Aussage von Sergeant Hausmann« meldete er. »Ich öffne jetzt die Verriegelung.«

Der Commander gab einen Code in die Tastatur an der Wand ein. Dann zog er einen Hebel an dem Schott nach unten. Langsam öffnete es sich. Der Sogeffekt blieb aus. Die Schiffe waren perfekt miteinander verbunden.

Der Schott auf der Seite des zierrakischen Schiffes war bereits geöffnet. Helles Licht strömte in den Verbindungs-Gang.

Major Travis wollte in den Verbindungskanal einsteigen, doch Sergeant Hardin hielt ihn zurück.

»Wir gehen zuerst«, bemerkte er.

Major Travis nickte kurz.
Es war die Aufgabe seines Sicherheitsexperten für eine sichere Umgebung zu sorgen.

Sergeant Hardin befahl seine sechs Kampf-Roboter in den Tunnel. Die 2,20 Meter großen Boliden hatten auf ihr

Kampf-System umgeschaltet. Ihre tiefroten Augen unterstützte das gefährliche Aussehen der Boliden. Mit leichten mechanischen Schritten traten sie in den Tunnel. Auf der anderen Seite angekommen nahmen sie alles auf, was gefährlich für ihre menschlichen Kollegen werden könnte. Sergeant Hardin und sechs Marines folgten ihnen.

Die Soldaten blickten sich um und prüften den Hangar des anderen Schiffes. Alles war ruhig. Sergeant Hardin winkte den verbliebenen Personen in der Termar 1 zu.

»Alles gesichert«, rief er. »Sie können mir folgen. «

Das Team der Termar 1, wechselte in das zierrakische Schiff über. Auf der einen Seite angekommen, erkannte das Team der Termar 1 drei wartende Personen in zierrakischer Offiziersuniform stehen. Sie beobachteten die natradischen Roboter mit gemischten Gefühlen. In Begleitung von Tart 1 und Tart 2, trat Major Travis auf sie zu.

»Sie müssen Admiral Dragphan sein? «, sprach Major Travis den Vordersten der drei Personen an.

Ihre Körperformen der Worgass ähnelten dem ablondischen Körperbau, bis auf wenige Ausnahmen.

Dieser nickte und antwortete in reinem Natradisch.

»Habe ich die Ehre mit Major Travis? «, erkundigte er sich.

Major Travis lächelte ebenfalls.
»Das ist richtig«, erwiderte er. »Danke, dass sie einem Treffen auf ihrem Schiff zugestimmt haben. «

»Nicht dafür«, entgegnete Admiral Dragphan. »Wir treten hier als Bittsteller auf. Sie erfüllen uns mit ihrer Absicht, uns einen Planeten in der Milchstraße zur Verfügung zu stellen, den langersehnten Wunsch nach Selbstständigkeit und Unabhängigkeit. Er keimt bereits lange in uns. «

»Leider ist er auch an diverse Vorschriften gebunden«, antwortete Major. »In unserem Universum herrscht ein friedliches Miteinander aller Rassen. Nur wenn sie sich ebenfalls hierzu entschließen sollten, dann stehen ihnen unsere Türen offen. «

»Etwas anderes beabsichtigen wir nicht«, antwortete Admiral Dragphan. »Glauben sie uns bitte. Wir sind froh die Last der Unterdrückung abwerfen zu können. «

Die Hand des Admirals zeigte nach rechts.

»Darf ich ihnen Commander Breckphan vorstellen«, sagte der Admiral. »Er ist mein Stellvertreter. Mein zweiter Begleiter ist Captain Fragphan. Er dient unter als mein Sicherheits-Offizier. «

Die Gäste aus der Termar 1 begrüßten die Worgass-Offiziere.

»Wie der Admiral bereits mitteilte, suchen wir eine neue Heimat für unser geknechtetes Volk«, bemerkte Commander Breckphan. »Ihr Vorschlag hat uns sehr gefreut. Sie können sicher sein, dass wir nur ehrliche Absichten haben. «

Major Travis und Heran sahen sich an.

»Jede Rasse hat eine Chance verdient«, bemerkte Heran. »Änderungen können später immer noch vorgenommen werden. «

Der Major nickte. Er blickte dieser die zierrakischen Worgass-Offiziere an.

»Ich habe hier noch Jemanden für sie«, teilte Major Travis dem Admiral der Fern-Aufklärung mit. »Sicherlich haben sie ihren Commander bereits vermisst. «

Er holte seinen Communicator aus der Innentasche seiner Uniform und öffnete eine Verbindung.

»Commander Sirgphan, folgen sie uns bitte durch den Verbindungs-Tunnel«, sprach der Major in das Gerät.

Erstaunt blickte der Admiral Dragphan in den Verbindungsgang. Commander Rantero begleitete den zierrakischen Commander. Die beiden Worgass traten langsam aus dem Verbindungs-Rüssel.

»Das ist Commander Rantero aus der Andromeda-Galaxie«, erklärte Major Travis mit. »Wie sie bereits erkannt haben, ist er ebenfalls ein Worgass. Die Netzwerk-Denker haben ihn zum Tode verurteilt. Er hat bei uns um Asyl gebeten. Sie sehen also, wir Humanoiden nicht so schlecht sind, wie es immer behauptet wird. «

Hinter ihm trat Commander Sirgphan heraus. Er blickte lächelnd Admiral Dragphan an. Die beiden Worgass traten auf die wartende Gruppe zu. Der Admiral blickte den Commander mit großen Augen an.

»Mit ihnen hätte ich nicht gerechnet«, stotterte der Admiral. »Uns wurde mitgeteilt, dass sie mit der Vernichtung ihrer Schiffe getötet wurden? « »Ich bin noch unter den Lebenden«, antwortete

Commander Sirgphan. »Glücklicherweise war ich zu Konsultationen auf dem Schiff der Terraner, als mein Kriegsschiff von den ablondischen Abwehr-Stellungen getroffen wurde. Leider wurden meine drei Schiffe zerstört und die kompletten Besatzungen getötet. Ich konnte es nicht verhindern. Schuld hieran war der Befehl des zierrakischen Hauptquartiers. «

Admiral Dragphan blickte ihn fragend an. »Mir ist es gut ergangen«, lächelte Commander Sirgphan mit. »Ich wurde nicht gefoltert, die Verpflegung war anständig. Meine Behandlung entsprach der Weise, wie es sich für Kriegsgefangene gehört. Mehr konnte ich nicht erwarten. So wären die Zierrakies nicht mit ihren Gefangenen umgegangen. «

»Seien sie froh, dass es so gekommen ist«, antwortete Admiral Dragphan. »Unsere großzügigen Herren, haben sie in ihrer Abwesenheit zum Tode verurteilt. Von einer Rückkehr in die weiße Anomalie, rate ich dringend ab. «

Commander Sirgphan schüttelte seinen Kopf. »Ich hoffe, dass ich niemals mehr mit de Zierrakies kontaktiert werde«, erwiderte er. »Ich kann sie nicht mehr sehen. «

»Die Abneigung tragen wir alle in uns«, bestätigte der Admiral.

Er wandte sich wieder Major Travis zu. »Danke, dass sie unseren Commander zurückgebracht haben«, entgegnete er. »Wir brauchen jetzt gute Befehlshaber. «

Sein Blick richtete sich auf die natradischen Roboter, die dem Geschehen mit eisernen Blicken zusahen. Ihre Lasergewehre waren aktiviert und bereit.

»Ihre Kampf-Roboter werden sie hier nicht brauchen«, erklärte Admiral Dragphan. »Wir versuchen eine aufrichtige Annäherung an sie. Alle Sicherheitsmaßnahmen wurden dreifach verstärkt. Unser Personal weiß, worauf es ankommt. «

»Das haben wir erwartet«, antwortete Major Travis.

Er zeigte auf Tart 1 und Tart 2.
»Auf diese beiden Gehilfen kann ich leider nicht verzichten«, erklärte er. »Das ist eine Anordnung unseres obersten Raumkommandos. Es sind meine Personenschutz-Roboter. Sie weichen mir nicht von der Seite. Für ihr Personal besteht keine Gefahr. Sie werden

nur im Notfall eingreifen. Ohne sie, können keine weiteren Gespräche erfolgen. «

»Ich verstehe«, antwortete der Admiral. »Wir akzeptieren ihren Entschluss. «

Major Travis wies Sergeant Hardin an, mit seinen Marines und den Kampf-Robotern den Durchgang zur Termar 1 zu sichern.

Der Sicherheits-Offizier bestätigte.

»Folgen sie mir bitte«, sagte Admiral Dragphan. »Wir haben einen Raum vorbereitet, in dem wir uns ungestört unterhalten können. «

Mit diesen Worten drehte sich der Admiral und seine Begleiter um. Mit schnellen Schritten gingen sie voraus. Die Gäste der Termar 1 setzten sich in Bewegung. Sie durchquerten den großen Hangar, der eine geschätzte Größe von 1.500 Metern aufwies. In den zahlreichen Buchten, standen Kampf-Jets auf dem Boden. Weitere Jäger standen in breiten Aufzügen. Es war offensichtlich, dass diese aus den unteren Stockwerken in den Hangar transportiert worden waren.

Das Worgass-Personal hielt sich dezent im Hintergrund. Es kümmerte sich um die Wartung der Flugmaschinen.

Major Travis und Heran erkannten, dass sie keine Kampfanzüge trugen, sondern in normaler Schutzkleidung ihre Tätigkeiten verrichteten. Diese waren unverzichtbar, wenn während eines Kampfes die äußere Hülle des Schiffes durchschlagen wurde. Diese Anzüge schützten das Personal.

Die Gruppe von der Termar 1 schritt eine breite Rampe herauf. Diese mundete in eine weitere große Halle. Es schien der Maschinenpark zu sein. Er war mit Generatoren und schweren Maschinen vollgestopft.

»Hier wird die Energie für unserer Schiffe produziert«, teilte Admiral Dragphan stolz mit. »Das ist das energetische Herz dieses Schiffes. «

»Das sind viele Maschinen? «, bemerkte Heran. » Kann diese Energie nicht besser mit leistungsfähigeren Generatoren erzeugt werden? «

Der Admiral blickte ihn an.
»Sie haben vermutlich Recht«, antwortete er. »Doch die Zierrakies erklärten uns immer, dass keine unterentwickelte Rasse ihren technischen Standard

erreichen würde. Sie haben ihre Technik nicht weiterentwickelt. Jetzt wissen wir, wohin das geführt hat.«

»Die zahlreichen Generatoren liefern die Energien für alle Anlagen auf diesem Schiffe«, fuhr Commander Breckphan mit den Erläuterungen fort. »Es sind sogenannte dezentralisierte Systeme. Leider benötigen die Generatoren viel Platz. Bei einem Zufallstreffer in einen oder mehrere Energieerzeuger, können immer noch andere intakte Generatoren für die Schiffssysteme eingesetzt werden. Aufgrund dieser Denkweise wurde die Größe der zierrakischen Schiffe entwickelt. «

»Wir verstehen«, erwiderte Major Travis. »Jede Rasse entwickelt nach ihren eigenen Denkansätzen. «

Der Major sah sich unauffällig um, konnte aber keine größeren Beschädigungen feststellen. Das Schiff schien aus dem Kampf unversehrt hervorgegangen zu sein. Als sie die Halle durchquert hatten, folgte ein kurzer Verbindungskorridor. Von ihm bog Admiral Dragphan in einen neun Raum ab. Marc schätzte die Größe auf etwa 200 Meter. In der Mitte der Halle standen mehrere Energie-Transmitter-Points. Die Techniker blickten den Eintretenden skeptisch entgegen. Sie standen an den Schaltpulten.

»Haben sie etwas gegen Transmitter? «, fragte Admiral Dragphan schmunzelnd. » Hiermit kommen wir in den oberen Teil des Schiffes. Sie werden keine körperlichen Verletzungen erleiden. «

»Wir setzen die Transmittertechnik ebenfalls ein «, antwortete Commander Brenzby.

Er blickte Major Travis und Heran an. Diese zuckten nur mit ihren Schultern.

Der Blick des Majors Blick fiel auf Heinze. »Ich empfange keine negativen Gedanken«, flüsterte der Ro. »Alle Besatzungsmitglieder sind froh, auf einer neuen Welt anfangen zu können. «

Das Team Termar 1 stieg auf die Plattform. Die drei Offiziere des Worgass-Schiffes folgten. Admiral Dragphan hob seinen rechten Arm und winkte den Technikern zu. Danach entstofflichten die Personen auf der Transmitter-Plattform.

Nur Sekunden später materialisierten sie in einem kleinen Raum. Hier stand nur eine Transmitter-Gegenstelle. Ein Worgass-Offizier bediente die Konsole. Admiral Dragphan nickte ihm kurz dankend zu.

»Folgen sie mir«, sagte er. »Es ist nicht mehr weit. «

Die Gruppe schritt aus dem Raum in einen breiten Korridor. Hier waren im Gegensatz zu den technischen Hallen, die Wände fein verkleidet. Nichts wies auf Leitungen, Schläuche oder Kabelkanäle hin.

»Wir sind auf der Kommandoebene unseres Schiffes«, erklärte Commander Breckphan. »Von diesem Korridor aus, können alle wichtigen Abteilungen erreicht werden.«

Die Gäste der Termar 1 blickten sich interessiert um. Der Korridor zog sich in die Länge. Major Travis vermutete, eine größere Wegstrecke zurücklegen zu müssen. Doch nach 30 Metern bog der Admiral in ein Zimmer ab. Es war zweckmäßig eingerichtet und verfügte über keine üppige Ausstattung. Es war lediglich ein langer Tisch mit 20 Stühlen ersichtlich. Dieser bildete den Mittelpunkt des Raumes.

»Das ist unser Briefing-Raum« erklärte der Admiral. »Hier werden unsere Piloten mit ihren neuen Aufträgen vertraut gemacht. Nehmen sie bitte Platz. Die anderen Gäste werden gleich eintreffen. Sie wurden bereits informiert, dass sie angedockt haben. «

Die Offiziere aus der Termar 1 setzen sich. Tart 1 und Tart 2 positionierten sie jeweils seitlich von Major Travis. Die drei Worgass-Offiziere beäugten immer noch kritisch die beiden Roboter. Besonders wohl war ihnen anscheinend nicht in ihrer Haut.

»Heute ist ein ganz besonderer Anlass für uns«, teilte der Admiral mit. »Erstmalig werden fremde Lebewesen auf einem zierrakischen Schiff empfangen. Das gab es noch nie. «

»Dann hoffen wir einmal, dass dies keine einmalige Situation bleibt«, antwortete Major Travis. » Gespräche sind die Voraussetzung für ein gutes Miteinander. Kriege werden nicht mit Waffen, sondern mit Worten geführt. Sie brauchen Diplomaten, die vernünftige Verträge für sie aushandeln können. «

»Wir werden uns gerne anpassen«, antwortete «. »Nach den vielen Jahrtausenden der zierrakischen Unterdrückung, wird uns der letzte Feinschliff im Verhalten gegenüber fremden Rassen fehlen. Das bitten wir zu entschuldigen. «

Heran lachte.
»Das ist der erste Weg zur Einsicht«, bemerkte er. »Auch wir waren den Worgass gegenüber lange skeptisch. Einen

Schritt der Verständigung haben wir durch Commander Rantero erfahren. Er hat nicht lockergelassen, um in unserem Imperium integriert zu werden. Durch ihn wurden wir belehrt, dass bereits ein Umdenken von Angehörigen vieler Worgass-Stämme erfolgt ist."

Admiral Dragphan nickte.
»Das haben wir auch festgestellt«, bestätigte er.

»Sie sollten wissen, dass ich nicht vom Volk der Terraner abstamme«, erklärte Heran. »Ich bin ein Lantraner. Nachdem eine von Worgass kommandierte Schiffs-Flotte in den frühen Jahrtausenden eine Forschungs-Flotte von uns angegriffen und gnadenlos vernichtet hat, steht ihre Rasse bei uns auf der schwarzen Liste. Wir folgen der Einschätzung von Major Travis nicht bedenkenlos. Unsere Rasse braucht länger, um ihnen Vertrauen schenken zu können. Lediglich unsere Freundschaft zu den Terranern, lässt uns keinen Einwand gegen ihre Ansiedlung in der Milchstraße erheben. Wir haben viele negative Dinge von ihrer Rasse gehört. Verspielen sie diese einmalige Chance nicht, die ihnen Major Travis anbietet. «

Die drei Worgass-Offiziere blickten den Lantraner an. Sie fanden keine Worte.

Admiral Dragphan räusperte sich nach wenigen Sekunden.

»Ich verstehe sehr gut, was sie meinen«, entgegnete er. »In dem Namen der Worgass wurden jahrtausendelang Unheil und Schrecken in der Galaxie verbreitet. Das war es, was unsere Herren beabsichtigten. Die Worgass sollten als Urheber der Misere dargestellt werden. Erst durch eine Genmanipulation an unserer Rasse, konnte es so weit kommen. Zu den Zeiten der Aller-Ersten waren wir ein ganz normales Hilfsvolk, das nichts mit der Vernichtung und der Auslöschung junger Völker zu tun hatte. Nach dem Rückzug der Götter aus dem Universum, wurden andere Rassen auf uns aufmerksam. Es lag nicht in unserer Macht, dieses zu verhindern. «

»Ich muss Admiral Dragphan zustimmen«, bestätigte Commander Rantero. »Nach dem Rückzug der Aller-Ersten hat sich die Situation für die Worgass-Stämme schlagartig verändert. Ganze Raumschiffs-Flotten von unterschiedlichen Herrenrassen, fielen über die Brut-Seen unserer Rasse her. Sie wurden von ihnen förmlich leer gefischt. Gegen die anschließenden Genmanipulationen, waren unsere jungen Brutgelege machtlos. «

»Diese Geschichten kennen wir zur Genüge«, antwortete Heran. »Niemand will später die Schuld für das Geschehene übernehmen. «

Major Travis unterbrach Heran. »Wir sind nicht hier, um Schuldzuweisungen zu überbringen«, sagte. » Dieses Treffen soll die weitere Vorgehensweise unserer Flotte klären. «

Heran beruhigte sich. Er blickte den Admiral an.
»Es ist auch für uns auch nicht leicht, in die Rolle eines Bittstellers zu treten«, erklärte Admiral Dragphan »Dennoch erkennen sie unsere ehrliche Absicht, einen neuen Weg einzuschlagen. Wir sind aufrichtig zu ihnen. Unser einziges Ziel ist es, einen Planeten zu finden, diesen selbständig zu verwalten, um uns weiterzuentwickeln. «

Die Türe des Besprechungs-Raumes öffnete sich. Ein Worgass-Offizier trat ein.

»Die Vertretung der Ablonder ist eingetroffen«, teilte er mit.

Admiral schaute ihn an.
»Geleiten sie bitte die Ablonder herein«, erwiderte er.

Der Offizier ging zurück und führte Sil'drock, Ras'ekin und Marschall War'drock herein.

Die Ablonder blickten sich skeptisch um. Als sie Major Travis erblickten, hellten sich ihre Mienen auf.

»Sie sind schon hier? «, bemerkte Sil'drock erfreut. » Das ist aber auch eine große Metallkiste. «

Major Travis lachte laut auf.
»Etwas größer als ihre 250-Meter-Schiffe«, ergänzte er.

Dann wurde er wieder ernst.
»Darf ich ihnen Admiral Dragphan und seine Begleiter vorstellen?«, sagte er.

Die Ablonder nickten ihm zurückhaltend zu.

Der Major schritt zu dem Befehlshaber.
Admiral Dragphan ist der Kommandeur der Worgass-Flotte", sagte er. »Commander Breckphan fungiert als sein Stellvertreter und Captain Fragphan der der Sicherheits-Offizier des Flaggschiffes. Berücksichtigen sie bitte bei ihren Überlegungen, dass ohne die Befehlsverweigerung der Kommandeure der Worgass-Schiffe, ein Sieg nicht so einfach gewesen wäre. «

Trotzdem ändert es nichts an der Tatsache, dass es Schiffe unter einem Worgass-Kommando waren, die unsere Zivilisation und unsere Planeten vernichtet haben«, erinnerte Marschall War'drock.

Major Travis schaute ihn verärgert an. Er bemerkte die Frustration unter den Ablondern.

»Es ist für sie nicht einfach, mit der Vergangenheit abzuschließen«, sagte Major Travis. »Doch jetzt haben sie die einmalige Chance, diesen Krieg zu beenden. Verspielen sie diese Möglichkeit nicht. «

»Wir würden sie lieber tot sehen, als mit ihnen zu verhandeln«, erklärte Marschall War'drock.

»Mäßigen sie sich Marschall«, rief eine Stimme im Rücken der Gäste.

Ohne dass es von jemandem bemerkt wurde, standen plötzlich fünf Mitglieder der Aller-Ersten in dem Besprechungszimmer. Sie waren im Rücken der Gäste materialisiert.

»Wirkliche Größe beweist ein Volk erst, wenn es auch vergeben kann«, entgegnete der Vorderste der Delegation. »Entschuldigen sie bitte unsere Verspätung.

Wir kommen direkt aus einer wichtigen Ratssitzung unseres Volkes. Mein Name ist Geoffwan. Ich bin der Sprecher des Ältestenrates. Dieser Rat bildet unsere Regierung, wenn sie so wollen. Alle Macaronus halten sich an seine Anweisungen. «

»Wie kommen sie hier herein? «, fragte Marschall War'drock entsetzt.

Geoffwan beachtete ihn nicht weiter.
Major Travis und sein Team drehte sich um. Die fünf Macaronus wirkten weise und wissend. Sie waren in weiße Kapuzenmäntel gehüllt. Eine mystische Aura umgab sie.

Alle anwesenden Personen blickten die neuen Gäste an, die scheinbar aus dem Nichts aufgetaucht waren. Selbst Heran war sichtbar am Grübeln.

»Darf ich ihnen meine Begleiter vorstellen? «, erkundigte sich Geoffwan.

Major Travis nickte.
Der Sprecher des Ältestenrates zeigte mit einer Hand auf seine Begleiter. Major Travis erkannte sofort, dass seine Hand nur Fingerglieder aufwies.

»Balswan und Halswan sind beides alte erfahrene Mitglieder unseres Ältestenrates«, erklärte er. »Nadewan ist der Befehlshaber unserer Wolkenstädte und Talswan der Oberbefehlshaber unser Raumstreitkräfte. Über dieses Thema erfahren sie zu einem späteren Zeitpunkt mehr. «

»Es freut uns sehr, sie kennenzulernen«, bemerkte Major Travis. »Wir haben bereits viel von ihnen gehört und konnten rätselhafte Spuren von ihnen finden. «

Geoffwan lächelte geheimnisvoll.
»Unsere Rätsel prüfen die Intelligenz von Lebewesen«, erklärte Geoffwan. »Eine hochstehende Technik hat unter den nicht bereiten Völkern in der Galaxie nichts zu suchen. Wir achten auf eine Ausgewogenheit und ein frühes Verständnis zwischen den heranwachsenden Species. Nach unserer Auffassung ist das der Schlüssel, um Neid Hass und Auseinandersetzungen zwischen den Rasse zu vermeiden. «

Major Travis stellte sein Team vor.

Die Macaronus traten vor und gaben jeder Person die Hand.

»Wir wissen, dass diese Geste auf ihrem Planeten geschätzt wird«, sagte Nadewan. »Gerne stellen wir uns auf alle Rassen ein, mit denen wir Gespräche führen. «

»Ihre natradischen Personenschutz-Roboter sind sehr beachtlich«, bemerkte Geoffwan. »Sie werden ihnen sicherlich gute Dienste leisten. «

Major Travis nickte.
»Sie sind sehr hilfreich«, antwortete er.

»Das glaube ich gerne«, erwiderte Geoffwan. »Einen Ro haben sie auch dabei? «

Der Sprecher des Ältestenrates schritt zu dem pelzigen Heinze und kraulte ihn am Pell seines Kopfes.

Heinze schien es sichtbar zu gefallen. Er gurte wollig.

»Du bist ein wichtiger Partner der Menschen«, sagte Geoffwan. »Wir kennen deine außergewöhnlichen Fähigkeiten. Du wirst in der Zukunft eine wichtige Rolle im Neuen-Imperium spielen. Doch sei ohne Sorge. Lange wirst du nicht allein bleiben. «

Heinze blickte ihn an und versuchte die Gedanken seines Gesprächspartners zu ergründen. Doch Geoffwan lächelte nur. Heinze konnte nicht in seine Gedanken vordringen.

Der Blick des Ratsmitgliedes richtete sich auf Heran.
»Sie sind ein Lantraner«, bemerkte er.

Heran nickte nur.
»Ihre Hohe-Empore hat uns in den frühen Jahrtausenden des Öfteren unterstützt«, erinnerte er sich. »Das vergessen wir nicht. Bestellen sie Aritron unsere besten Grüße. Wir werden uns irgendwann nochmals wiedersehen. «

»Ich richte es gerne aus«, erwiderte der Lantraner.

»Ihnen brauchen wir nichts mehr zu erklären«, teilte Geoffwan mit. »Sie gehören selbst zu einer der ältesten Rassen des Universums. Ihrem Volk ist es gelungen, sich über die Zeit zu retten und den zahlreichen Kriegen in den Sternen-Inseln zu entsagen. Dies allein verdient bereits unseren Respekt. «

Geoffwan blickte die Worgass-Offiziere an.

»Admiral Dragphan«, lächelte er. »Sie haben sich an unsere Abmachung gehalten. Obwohl sie uns nicht kannten, vertrauten wie unseren Worten. Das war gut. Ab diesem Moment haben sie die Weichen für ihr Volk in eine neue Zukunft gestellt. Doch auch in der Zukunft werden sie wichtige Aufgaben übernehmen müssen. Die zahlreichen Worgass-Stämme müssen ihrem Beispiel folgen, um den Frieden in der Galaxie langfristig zu sichern. «

Der Sprecher der Macoronarus ließ seine Worte wirken. Der Admiral blickte ihn fragend an.

»Doch wir wollen nicht über eine Zukunft reden, wenn die Aufgabe der Gegenwart noch nicht abgeschlossen ist«, ergänzte er.

Geoffwan blickte sich kurz um.

»Wir hoffen, dass sie auch für uns Sitzgelegenheiten eingeplant haben«, fragte er.

Der Admiral erwachte aus seinen Gedanken.
»Natürlich«, antwortete er. »Platz ist genügend vorhanden. Setzen sie sich bitte. «

Die Teilnehmer suchten sich einen Platz. Nachdem sich jeder gesetzt hatte, blickte Geoffwan die Mitglieder seines Hilfsvolkes an.

»Ich habe versäumt, die anwesenden Ablonder zu begrüßen«, entschuldigte er sich. »Wir danken ihnen, dass sie so treu unseren Absprachen gefolgt sind. Sie Sil'drock, kennen wir noch aus der ersten Generation unseres Hilfsvolkes. Ihrem Kollegen Ras'ekin sind wir noch nicht persönlich begegnet, doch auch ihn heißen wir aufrichtig Willkommen. «

ein Blick schwenkte auf Marschall War'drock. »Sie sind ein Ablonder der zweiten Generation«, bemerkte Geoffwan. »Leider sind sie ohne den Einfluss unserer Werte aufgewachsen. Wir haben erkannt, dass der letzte Feinschliff bei ihrem Volk noch fehlt. Ihr Verlangen nach Rache, hat uns sehr überrascht. Trotzdem danken wir ihnen, für ihre Unterstützung, die sie Sil'drock, Ras'ekin und unserer aktivierten Flotte angedeihen ließen. «

Marschall War'drock wollte aufbegehren, doch Geoffwan ließ ihn durch eine kurze Handbewegung verstummen.

»Ihre Gedanken können sie später vortragen«, sagte Geoffwan. »Sie alle sind Ablonder. Ein Mitglied einer von uns künstlich erschaffenen Lebensform. Von daher können sie sich fast mit den Worgass vergleichen, die ebenfalls von uns mit Intelligenz beseelt wurden. Doch ihre Entwicklung wurde von uns gezielt nach anderen

Gesichtspunkten gestaltet, als dass bei den Worgass der Fall war. Ich werde auf mögliche Fragen später noch eingehen, wenn wir die vor uns liegende Mission besprochen haben.

Unsere getreuen Gehilfen, die nach langen 250.000 Jahren aus ihren Stasis-Kammern gestiegen sind, haben den vorbereiteten Nachschub organisiert. Dieser Plan wurde zu der Zeit erarbeitet, als wir noch nicht wissen konnten, wie sich die Situation heute darstellen würde. Es betrübt uns sehr, dass ihr Volk durch unsere leidige Niederlage, so viele Opfer zu beklagen hatte. Bitte verzeihen sie uns. Wir befanden uns damals in einem Übergang, in eine neue Stufe unserer Evolution. Vielleicht ist es auch unserer gemäßigten Wachsamkeit zuzuschreiben, dass ein erstes Zusammentreffen mit den Zierrakies als Niederlage für uns ausging. Es ist unverzeihlich, dass hierdurch zahlreiche Schiffe ihres Volkes verloren gingen, geschweige von den zahlreichen Besatzungen, die den ungewollten Tod fanden.

Leider erkannten wir damals noch nicht das zerstörerische Potenzial dieser Rasse. Ihre ganzen Planeten, Zivilisationen und auch das von ihnen so geschätzte Flotten-Oberkommando, wurde von den Zierrakies angegriffen und vernichtet. Dieser Schaden ist von uns nicht mehr gutzumachen. Wir sind jedoch hier, um mit ihnen und ihren Verbündeten, den Zierrakies den Weg des Friedens zu zeigen. Wir werden sie auf ihren eigenen Planeten begrenzen und sie daran hindern, zukünftig heranwachsende Species anzugreifen und auszurotten. «

»Da haben sie sich aber viel vorgenommen«, bemerkte Heran. »Wie wollen sie das realisieren? «

»Das können wir ihnen sagen«, erwiderte Talswan. »Indem wir ihre Kriegsmaschinerie zerstören und sie daran hindern, diese wieder neu aufzubauen. Wir werden ihr eigenes Hilfsvolk, die unterdrückten Worgass ihres Heimat-Planeten als Wächter einsetzen. Sie werden zukünftig dafür sorgen, dass sie Zierrakies sich auf ihren Planeten beschränken. «

Admiral Dragphan blickte den Flotten- Befehlshaber der Aller-Ersten erstaunt an.

»Wer sagt ihnen denn, dass sich die Worgass-Kolonie auf dem zierrakischen Heimat-Planeten, nicht bereits mit dem Gedanken der Selbstverwaltung beschäftigt hat? «, fragte er.

Geoffwan schmunzelte geheimnisvoll. »Die Evolution hat uns den Vorteil des erweiterten

Sehens beschert«, erklärte er. »Wir sehen vieles, was anderen Rassen verborgen bleibt. «

Er blickte Heran an.
»Diese Fähigkeiten sind vergleichbar mit ihrem allwissenden Energie-Rad und dem Akteur-System ihres Volkes, lächelte er. »Unsere Sinne nehmen weit mehr Informationen auf, als ihnen das mit ihrer Technik möglich ist. «

Das schaffen sie ohne technische Hilfsmittel? «, staunte Heran.

Die fünf Macaronus sahen sich geschmeichelt an.

Geoffwan lächelte.
»Es ist kein Geheimnis«, antwortete er. »Wir beobachten seit Millionen von Jahren das Universum. Stets waren wir Entdecker und Forscher. Wir sahen wertvolle Rassen aufwachsen, andere wieder untergehen. Sternenreiche wurden gegründet, ältere Imperien vergingen. Wir erkannten, dass erst durch einen Übergang in die nächste Stufe der Evolution, auf das komplette Wissen und die mächtigen Energien des Zwischenraumes zugegriffen werden kann. Diese Kräfte halten das Universum zusammen. Ohne die geballten Verflechtungen des Zwischenraumes, würde nichts existieren. Wir sind dort

angekommen. Uns ist bekannt, dass ihr Volk kurz vor dieser Entwicklung steht.«

»Erzählen sie mir mehr«, bat Heran.

Geoffwan schüttelte seinen Kopf.
»Jede Rasse muss seinen eigenen Weg finden«, erklärte er. »Es gibt viele Wege zum Übergang in die nächste Stufe der Evolution, doch nur einen in das Zentrum des Wissens.«

»Genug der Vorrede«, monierte Halswan. »Noch stehen wir vor einigen wichtigen Aufgaben. «

Geoffwan nickte.
»Leider ist das wahr«, entgegnete er. »Eine zierrakische Flotte ist auf dem Weg zu diesen Koordinaten. In knapp 3 Stunden wird eine Armada von 10.000 Groß-Kampfschiffe eintreffen, um Vergeltung für die Vernichtung ihres Brückenkopfes nehmen. Der Groß-Kaiser hat sie als Unterstützung entsandt. Er weiß noch nichts von der Flucht der zierrakischen Kommandantur. «

»Wie gehen wir vor? «, erkundigte sich Major Travis.

Geoffwan blickte ihn an.
»Wir werden sie erwarten«, antwortete er. »Sie

versuchen, uns zu überraschen. Dieses Manöver wird ihnen jedoch nicht gelingen. «

Sein Blick schweifte zu Sil'drock.
»Sie sind mit einer sehr großen Flotte zu unserer Befreiung erschienen? «, lächelte er. » Können sie 8.300 Schiffe entbehren? «

Sil'drock bestätigte sofort.
»Befehlen sie diese Anzahl von Schiffen zu den Reservat-Planeten der Anomalie«, entgegnete er. »Lassen sie jeden Planeten anfliegen und bestellen sie den dort lebenden Rassen Grüße von uns. Evakuieren sie die Lebewesen, die nicht mehr auf diesen Planeten leben möchten. Sie werden uns in eine andere Dimension folgen. Alle die bleiben möchten, bieten sie unsere Unterstützung an. Versorgen sie diese Lebewesen mit Vorräten, Wasser und Medikamenten. Teilen sie ihnen mit, dass die Knechtschaft unter den Zierrakies vorüber ist. «

Sil'drock nickte.
»Ich werde einen geeigneten Offizier meines Vertrauens hierfür auswählen«, antwortete er. »Er wird alles Erforderliche in die Wege leiten. «

Geoffwan zeigte sich zufrieden.
Er blickte Admiral Dragphan an.

»Eine schwierige Aufgabe kommt auf sie zu«, sagte er. »Sind sie bereits so weit, dass sie gegen Worgass des zierrakischen Heimat-Planeten eine eindeutige Position beziehen wollen? «

Die drei Worgass-Offiziere blickten ihn irritiert an.
»Die Flotte von 10.000 zierrakischen Groß-Raumschiffen wird natürlich auch wieder zum größten Teil von Worgass-Personal kommandiert. Mein Wunsch ist es, dass sie diesen Offizieren von ihrer neugewonnenen Freiheit berichten. Bieten sie ihnen an, ihnen zu folgen. Jede Besatzung eines Schiffes, die nicht die Befehle ihre Groß-Kaisers ausführen, darf sich ihrer Gruppe anschließen und wird verschont. Teilen sie mit, dass diese Chance nur einmalig angeboten wird. Trauen sie sich das zu? «

»Das bereitet uns keine Schwierigkeiten«, teilte Commander Breckphan mit.

»Freuen sie sich nicht zu früh«, bemerkte Geoffwan. » »Der schwierige Teil kommt noch auf sie zu. Es werden auch auf treue Offiziere der Schiffsbesatzungen treffen. Diese werden weiterhin ihre zierrakischen Herren unterstützen wollen. Dies bedeutet, dass sie sich nicht von dem Angriffsbefehl des Kaisers abbringen lassen.

Können sie sich vorstellen, gegen Angehörige ihres Volkes zu kämpfen, um ihre neue Freiheit zu verteidigen? «

Nach einer kurzen Denkpause, antwortete Admiral Dragphan.

»Was bleibt uns anderes übrig«, erwiderte er. »Diese Worgass befinden sich vollständig unter dem Befehl des zierrakischen Kaisers. Sie sind Feinde, die unsere Pläne vereiteln wollen. Alle Worgass unter meinem Kommando, werden diese einmalige Chance nicht mehr verstreichen lassen. «

Geoffwan nickte.
»Darüber sind wir informiert«, antwortete er. »So hat es Aahnn, der größte Prophet unseres Volkes, in seinem Buch der Erkenntnisse niedergeschrieben. Sprechen sie ihren Offizieren Mut zu. Ganz ohne Verluste, ist der Weg in die Freiheit nicht zu beschreiten. Doch wir können ihnen versichern, dass diese sein werden. «

»dürfen sie nicht eingreifen, wie beim letzten Mal? «, fragte der Admiral.

»Das konnten wir«, entgegnete Talswan. »Doch das Ziel ist hier anders definiert. Die Kriegsmaschinerie der

Zierrakies muss zerstört werden. Mit anderen Worten, ihre Schiffs-Flotten müssen vernichtet werden. «

»Hierdurch werden auch die zierrakischen Besatzungen getötet», bemerkte Major Travis.

Talswan blickte ihn an. »Die Zierrakies sind zu vergleichen mit den Rigo-Sauroiden, die ihnen aus den Überlieferungen der Natrader bekannt sind«, erklärte er. »Sie ergeben sich niemals. Lieber ziehen sie einen Suizid vor. Dieses Verfahren wird von vielen nicht humanoiden Rassen praktiziert. Jetzt zahlen sie für das große Unheil, dass sie über viele Völker und Zivilisationen gebracht haben. «

»Wir sollten ihnen trotzdem die Möglichkeit zur Kapitulation anbieten«, entschied Major Travis. »Es liegt in unserer Natur, dass wir nicht auf einen Vernichtungs-Feldzug aus sind. «

»Mit ihrem Einwand haben wir gerechnet«, antwortete Geoffwan. »Es bestehen keine Einwände. Versuchen sie ihr Glück. «

»Dürfen wir auch über ihre Schiffe verfügen, Heran? «, fragte der Sprecher des Ältestenrates der Macoronarus.

»Auch wir sind zur Unterstützung und zu der Befreiung ihres Volkes aufgebrochen«, entgegnete der Lantraner. »Wir werden nicht nur zuschauen. «

»Das habe ich nicht anders erwartet«, entgegnete Geoffwan.

Er blickte die Ablonder und speziell Marschall War'drock an.

»Kommen wir zu unserer Strategie«, schlug Geoffwan vor. »Ich schlage folgenden Schlachtplan vor. Wir haben erkannt, dass es ihnen gelungen ist, mit 100 Schiffen ihrer 250-Meter-Klasse, ein zierrakisches Groß- Kampfschiff auszuschalten. «

Geoffwan drehte seinen Kopf und blickte Sil'drock und Ras'ekin an.

»Das war nur durch einen synchronen Laser- Beschuss möglich«, erklärte der junge Ablonder. »Nicht zu vergessen ist bei dieser Strategie der stetige Positionswechsel unserer Schiffe. Die Zierrakies gelingt es nur schwer, sich auf unsere kleineren Schiffe einstellen. « »Das ist eine gute Taktik, die ihnen Major Travis empfohlen hat«, bestätigte Geoffwan. »Wenn ich die Flotte ihrer kleinen Angriffs-Kreuzer um 8.300 Schiffe reduziere, die sich um die Rassen der Reservats-Planeten kümmern sollen, dann verbleiben ihnen exakt noch 1.236.700 Schiffe. Nach meiner Rechnung würden ihnen dann 123 Schiffe zur Verfügung stehen, die sich jeweils um ein zierrakisches Schiff kümmern konnten. «

Sil'drock bestätigte die Angabe.
»Befehlen sie den Piloten ihrer Flotte, sich bereits in diese Gruppen aufzuteilen«, empfahl Geoffwan. »Sie werden leider die Hauptarbeit leisten müssen. Dafür sind von uns ausgebildet worden. «

Der Sprecher des Rates der Aller-Ersten, verharrte kurz und blickte die Zuhörer an. Er sah keine Einwände.

»Die 43.000 Schiffe der 1.000 Meter Klasse, möchte ich oberhalb der zierrakischen Flotte stationiert wissen«, klärte er Sil'drock auf. »Sie werden ein Abdrehen der kaiserlichen Flotte verhindern. Befehlen sie ein Dauerfeuer der Schiffe. Somit werden die Zierrakies erst gar nicht versuchen, diese Abwehr-Blockade zu durchbrechen. «

Geoffwan blickte Marschall War'drock an.
»Können ihre Schiffe die untere Seite der zierrakischen Armada angreifen? «, erkundigte er sich.

Der Marschall blickte den Aller-Ersten mit großen Augen an.

»Mir stehen dann nur noch 3.552 Schiffe unserer 1.500-Meter Klasse zur Verfügung«, antwortete er. » Wie sollen wir mit dieser Anzahl ein Durchbrechen der zierrakischen Schiffe verhindern? «

»Beruhigen sie sich Marschall«, antwortete Geoffwan. »Sie werden von 3.900 Groß-Kampfschiffen der Worgass unterstützt. Damit sind die größten Schiffe unseres Verbandes, an der Unterseite der zierrakischen Angriffs-Flotte positioniert. Nicht zu vergessen ist der Verband von 50.000 Raumschiffen, die von ihren Robotern gesteuert werden. «

»Meinen Offizieren fehlt die Kampferfahrung«, monierte der Marschall. »Sicherlich wird es zahlreiche Verluste geben? «

»Ich hoffe, sie haben uns aufmerksam zugehört?«, fragte Geoffwan ruhig. »Auch sie werden den Schiffen ihrer Flotte befehlen, kontinuierliche Stellungswechsel durchführen. Wenden sie die Breitseiten ihrer Schiffe einem angreifenden Schiff der Zierrakies zu. Lassen die Schiffe ihres Verbandes sich gegenseitig unterstützen.«

Geoffwan drehte seinen Kopf und blickte Admiral Dragphan an.

»Auch die Worgass werden kämpfen«, fragte Geoffwan er. »Interpretiere ich das richtig? «

»Wir geben unser Bestes«, antwortete der Admiral. »Die Freiheit gibt es nicht umsonst. Das ist uns allen klar. «

»Darüber sind wir uns einig«, lächelte Talswan der Flotten-Befehlshaber der Aller-Ersten. »Sie wurden im Gegensatz zu unserem Marschall bereits in viele Schlachten befohlen und sind ein erfahrener Stratege. «

Geoffwan blickte Major Travis an. »Dürfen wir weiterhin auf ihre Unterstützung hoffen? «, fragte er.

»Natürlich«, antwortete der Major. »Sollen wir die linke Flanke übernehmen? «

»Das wollte ich vorschlagen«, entgegnete Geoffwan. »Ihre Schiffe und die lantranischen Einheiten verfügen über ausgereichte Tarnvorrichtungen. Ich schlage vor, dass ihre Zerstörer getarnt zu den Flanken der Schiffsverbände der eingedrungenen zierrakischen Armada vorstoßen. Zu einem geeigneten Zeitpunkt, enttarnen sie ihre Schiffe, greifen sie die linken Schiffsseiten der gegnerischen Schiffe an. Schwächen sie dort den Kampfverband Armada der Zierrakies. «

»Einverstanden«, stimmte der Major zu. »Wir werden unsere Verbände entsprechend einweisen. «

»Darüber bin ich mir bei ihnen sicher«, lächelte der Macoronarus. »Danke für ihr Verständnis. «

»Ich habe noch eine Frage an Admiral Dragphan«, bemerkte Major Travis.

»Fragen sie«, antwortete der Admiral. »Wie kann ich ihnen behilflich sein? «

»Verfügen die zierrakischen Schiffe auch über Tarnvorrichtungen? «, fragte Major Travis. » Wir haben auf unserem Planeten eine zierrakische Späh-Station ausgehoben und vernichtet. Hier war ein kleine Fluggerät stationiert, das mit einer Tarnvorrichtung ausgestattet. «

Admiral Dragphan überlegte kurz.
»Diese alten Späh-Stationen wurden mit einer Flugkapsel bestückt, die mit einem rotierenden Energie- Schirm ausgestattet waren«, erklärte er. »Mit normalen Ortungsgeräten sind diese Kapseln nicht zu erfassen. Es

handelt sich jedoch nicht unbedingt um eine Tarnvorrichtung. Wenn sie mit sensibleren Ortungsgeräten gesucht hätten, dann wäre ihnen die Kapsel aufgefallen. Daher verneine ich ihre Frage. Die zierrakischen Groß-Kampfschiffe sind mit keiner Tarnvorrichtung ausgestattet. Aufgrund der Größe der Kampfschiffe, ist ein rotierendes Schutzfeld hier unwirksam. Die zierrakische Technik ist noch nicht so weit. «

»Danke für ihre ehrliche Antwort«, entgegnete der Major.

»Dann wäre alles geklärt«, bemerkte Geoffwan.

Sein Blick wendete sich Heran zu.
»Sie verfügen zwar nur über 500 Schiffe, doch den Zierrakies wird es nicht gelingen, auch nur eines hiervon zu beschädigen«, erklärte Geoffwan. »Wurden sie die rechte Flanke übernehmen und absichern? Verhindern sie mit ihren starken Waffen-Systemen ein Ausbrechen der zierrakischen Flotte. Wenden sie das gleiche Manöver an, wie Major Travis. «

»Wir sogen hierfür«, antwortete Heran ernst.

Er wusste, dass die zierrakischen Schiffe den Geschützen der Evolutions-Schiffe nicht standhalten konnten.

Geoffwan nickte ihm dankbar zu.

»Wir werden uns für ihre Hilfe revanchieren«, antwortete er knapp.

»Ist unsere Vorgehensweise allen Anwesenden verständlich? «, erkundigte sich Talswan.

Der Flotten-Befehlshaber der Aller-Ersten schaute die Zuhörer mit einem ernsten Gesicht an. Diese nickten einstimmig.

»Dann gehen sie bitte auf ihre Schiffe zurück«, empfahl Geoffwan. »Die zierrakische Armada wird nicht mehr lange auf sich warten lassen. Sie alle wissen, was zu tun ist. «

Die Gruppe stand auf. Major Travis ging zu Commander Sirgphan.

»Ich danke ihnen für ihre Unterstützung«, sagte er. »Sie werden sicherlich bei ihrem Admiral bleiben wollen? «

»Mein Dank gilt ihnen für ihre guten Absichten«, erwiderte der Commander. »Aber ich gehöre zu meinen Leuten. Ich hoffe sehr, dass Admiral Dragphan mir wieder eine Flotte anvertraut. «

Der Admiral war hinzugetreten.

»Das können sie sofort haben«, entgegnete er. »Melden sie sich bei Commander Trangohas. Er wartet bereits auf sie. «

Der Worgass Commander nickte und drehte sich um und ging auf dem Konferenzsaal.

»Ich möchte mich ebenfalls noch einmal bei ihnen bedanken«, sagte Admiral Dragphan. »Wenn wir diese Mission beendet haben, beginnt eine neue Zukunft für uns. Wir freuen uns hierauf. «

Major Travis lächelte ihn an. »Da bin ich mir sicher«, entgegnete er. » Gehen wir auf unsere Schiffe und bereiten uns vor. «

Der Admiral nickte.

Die Offiziere des Sicherheitsdienstes geleiteten die Abordnungen der Ablonder und der Terraner wieder in den großen Hangar des Schiffes. Hier waren ihre Schiffe angedockt. Die weitere Vorgehensweise war besprochen. Jetzt mussten nur noch die Kampfeinheiten informiert werden.

Angriff der zierrakischen Unterstützungs-Flotte

Admiral Lirthryth war der vertrauensvolle Befehlshaber des zierrakischen Groß-Kaisers, der die Unterstützungs-Flotte von 10.000 Gross-Kampfschiffen in das Kampf-Gebiet der weißen Anomalie befehligen durfte. Er verfügte nur über notdürftige Informationen. Der Admiral war kurzfristig zu dem Einsatz befohlen worden. Es wurde ihm mitgeteilt, dass eine fremde Rasse im Begriff war, den Brückenkopf der Zierrakies anzugreifen.

Das Oberkommando hatte ihn informiert, dass er mit starker Gegenwehr zu rechnen hatte. Nach den Informationen des zierrakischen Geheimdienstes, sollte die Flotte der zweiten Dimension bereits schwere Verluste erlitten haben. Zahlreiche Hilferufe hatten verstümmelt das Heimat-System der Vogelwesen erreicht.

Admiral Lirthryth befahl einen Alarmstart der Hilfs-Flotte. Noch im zierrakischen Heimat-System beschleunigte, die Flotte auf Höchstwerte und entmaterialisierte. Eine Flugdauer von sechs Stunden war bereits absolviert. Der Admiral schaute auf den Zeitmesser.

»Noch zwei lange Stunden-Flugzeit«, fluchte er. »Dann werden wir das Kampfgebiet erreichen. «

Admiral Lirthryth rief seinen 1. Offizier. Dieser kam zu ihm getreten. Mit ernstem Gesicht blickte Captain Rithphan seinen Vorgesetzten an.

»Was halten sie von unserem Auftrag? «, fragte der Admiral.

»Unser Brückenkopf in der 2. Dimension wird angegriffen«, erwiderte der Captain. »Scheinbar liegt er unter einem sehr starken feindlichen Beschuss. Wir sollten nicht zu voreilig an die Geschichte herangehen. «

Der Admiral blickte seinen Ersten Offizier an.

»Was wollen sie hiermit andeuten? «, fragte er. » Die Zierrakies in der weißen Anomalie brauchen Hilfe. Ihnen werden vermutlich bereits die Füße brennen. «

»Ich schere mich einen Dreck um ihre Vogel-Krallen«, antwortete der 1. Offizier. »Jeder von ihnen, der in seinem Schiff verbrennt, ist ein Tyrann weniger. «

»Seien sie vorsichtig mit ihren Äußerungen«, flüsterte der Admiral. » Die Zierrakies hören solche Worte nicht gerne. Wenn sie einen Spion auf unserem Schiff eingeschleust haben, dann enden sie schnell vor ihrem Kriegsgericht. Sie wissen ja, wie schnell unsere Herren Regime-Gegner hinrichten. «

»Ich habe die schlechte Vorahnung, dass dies wieder ein weiteres Gemetzel geben wird, das in den zierrakischen Geschichtsbüchern als glorreiche Schlacht eingepflegt wird«, antwortete der 1. Offizier. »Auch hierbei werden wieder viele unserer Offiziere und zahlreiche Angehörige unserer Schiffs-Besatzungen ihr Leben verlieren. Haben wir zu irgendeiner Zeit einmal erlebt, dass sich die Zierrakies selbst die Finger schmutzig machen? «

»Ich hasse es ebenfalls, das Leben unseres Personals leichtfertig aufs Spiel zu setzen«, antwortete Admiral Lirthryth. »Trotzdem haben wir den Auftrag, dem Brückenkopf in der weißen Anomalie schnellstens Unterstützung zu gewahren. «

»Wissen sie vielleicht, an wie vielen Fronten der Groß-Kaiser unsere Leute schon verheizt hat? «, bemerkte Captain Rithphan. » Es gibt zahlreiche Erhebungen hierüber. Diese wurden alle von unserem Volk angefertigt. Die große Gier des Kaisers nach mehr fremden Territorien, ist einfach unersättlich. Dieser Kaiser bringt uns alle in Gefahr. «

Der Admiral schüttelte beiläufig seinen Kopf. »Diese Informationen kenne ich nicht«, antwortete er. »Vermutlich sind sie nicht öffentlich zugänglich. «

»Das ist richtig«, entgegnete der Offizier. »Es wäre aber gut, sie zu kennen. Hierdurch betrachtet man die Machenschaften der Zierrakies in einem anderen Licht. Die ganzen zierrakischen Kriege haben bereits mehr als 3.000.000 Worgass das Leben gekostet. Bei jeder neuen Mission des Groß-Kaisers erhöht sich die Zahl. «

Der Admiral blickte irritiert seinen Ersten Offizier an. »Wie gesichert sind diese Angaben? «, fragte er.

»Sie sind bestätigt und wurden überprüft«, antwortete Captain Rithphan.

Der Admiral pfiff durch seine Zähne. »Das hätte ich nicht erwartet«, erwiderte er. »Die Zierrakies reden immer von ihrer ausgereiften Technik und der Überlegenheit ihrer Schiffe. «

»Das alles ist nur geheuchelt«, flüsterte der 1. Offizier. »Sie verwenden uns als billiges Kanonenfutter. Ihnen ist es egal, wie viele von unserer Art bei ihren Einsätzen sterben. «

Verdrossen blickte der Admiral auf die Anzeigen. »Das setzt alles in ein neues Licht«, bemerkte er. »Unter diesem Aspekt fallt sämtlicher Enthusiasmus von uns ab. «

»Das versuche ich ihnen ja die ganze Zeit begreiflich zu machen«, entgegnete der Captain. »Wir fliegen vermutlich zu einer Schlachtbank. Darum haben sie uns auch nur spärliche Informationen gegeben. «

Admiral Lirthryth dachte intensiv nach.

»Welche Möglichkeiten haben wir denn? «, fragte er. » Eine Befehlsverweigerung ist nicht möglich. Die Zierrakies werden es herausbekommen. Damit ist unsere Karriere, vermutlich auch unser Leben, besiegelt. Wohin konnten wir flüchten? Welche Optionen stehen zur Verfügung? «

»Das ist tatsächlich ein schwieriges Thema«, antwortete Captain Rithphan. »Wir können nirgendwo hin. Letztendlich müssen wir uns organisieren. Allein sind wir gegen unsere Herren machtlos. Rebellion heißt die Lösung in der Zukunft. «

»Wissen sie welches Blutbad die Zierrakies an unserer Bevölkerung anrichten werden, falls sie von diesen Plänen erfahren? «, fragte der Admiral. » Das ist ein sehr schwieriges Unterfangen. Der Geheimdienst der Vogelwesen ist allgegenwärtig. «

»Wir müssen als erstes ihre Flotte unterwandern«, bemerkte der Captain. »Wenn wir ihre Groß-

Kampfschiffe übernommen haben, dann ist das bereits der wichtigste Erfolg. Hiermit könnten wir dann auch ihre Militäreinrichtungen ausschalten. «

»Wie denken die anderen Offiziere der Flotte über diese Pläne? «, erkundigte sich der Admiral.

»Nichts«, antwortete der Captain. »Es ist alles noch im Anfangs-Stadium. Sie sind bisher nicht informiert. Wir sind erst eine kleine Gruppe, denen die Machenschaften der Zierrakies aufgefallen sind. «

»Ich verstehe«, antwortete Admiral Lirthryth.
Er blickte auf seine Instrumente. Die Zeit verging sehr langsam.

»Wissen wir, mit wie vielen feindlichen Schiffen wir es zu tun bekommen? «, fragte der 1. Offizier.

»Auch diese Angaben sind sehr undeutlich mitgeteilt worden«, entgegnete Admiral Lirthryth.

»Warum wurden sie für diese Aufgabe ausgewählt? «, ergänzte der 1. Offizier seine Frage.

»Vermutlich, weil ich einen zierrakischen Namen trage und auf ihrem Heimat-Planeten die Körperform eines Zierrakies annehme«, lächelte der Admiral.

»So einfach ist es ihr Vertrauen zu erlangen? «, erkundigte sich der 1. Offizier.

»In der Tat«, erwiderte antwortete Admiral Lirthryth. »Wichtig ist für die Zierrakies, dass man Erfolge vorweisen kann. In meiner Akte befinden sich bisher keine negativen Einträge. «

»Daher weht der Wind«, lächelte der 1. Offizier. » Wir müssen immer perfekt funktionieren, dann sind die Zierrakies zufrieden. «

»Leider ist es komplizierter, als sie vielleicht vermuten«, antwortete der Admiral. »Hierüber sprechen wir später noch einmal. «

Sein Blick suchte wieder die Anzeigen und die Monitore des Flaggschiffes. Doch alle Daten waren in positiven Bereichen.

»Ich möchte mit unserer Flotte in den Normal-Raum wechseln«, befahl Admiral Lirthryth. »Eine neue

Abstands-Messung ist notwendig. Geben sie bitte den Befehl an die Flotte weiter. «

Der 1. Offizier bestätigte den Befehl. Er drehte sich um und eilte in die Richtung der Funkabteilung davon. Der Funk-Offizier sendete den Befehl an alle Schiffe.

»In 60 Sekunden verlassen wir synchron den Hyperraum«, bestätigte er. » Alle Schiffe sind instruiert. «

»Danke, erwiderte Admiral Lirthryth. »Schauen wir uns einmal an, was wir vorfinden. «

Innerhalb weniger Sekunden, brach die große Flotte aus dem Hyperraum. Sofort drosselten die Schiffe ihre Geschwindigkeit und schwebten im All Der Navigator nahm Messungen vor. Die sensiblen Schiffssensoren meldeten neue Ortungsdaten. Diese Daten wurden direkt auf den zentralen Bildschirm des Flaggschiffes übertragen.

»Unsere Flugzeit beträgt nur noch 104 Minuten«, meldete der 1. Offizier. »Wir kommen sehr gut voran. «

Admiral Lirthryth winkte den Offizier zu sich. »Wir brauchen eine gute Strategie, wenn wir dort angekommen sind«, äußerte er sich. »Vermutlich werden wir bereits erwartet. «

»An was denken sie? «, erkundigte sich der Captain.

Der Admiral schaute ihn lange an. »Gleichzeitig mit dem Übergang in den Normalraum werden wir unsere Waffentürme aktivieren«, befahl er. »Die Schutzschirme sämtlicher Schiffe werden auf Maximum geschaltet. Wir bilden eine breite Angriffs-Linie zum Gegner. Kein feindliches Schiff darf unserem Angriff entkommen. Alle Laser-Geschütze dürfen ohne Vorwarnung auf das nächste erreichbare Ziel feuern. «

»Ich wird den Befehl an die Schiffe geben«, antwortete Captain Rithphan. »Nach Möglichkeit sollten wir unsere Waffentürme synchronisieren, um so mehr geballte Feuerkraft auf die gegnerischen Schiffe abgeben zu können. Ich empfehle, dass alle 30 Geschütztürme je Schiffsseite immer nur auf nur ein gegnerisches Schiff feuern. Diesem konzentrierten Beschuss, sollten die Schiffe der Gegner nicht standhalten können.

»Es kommt auf die Größe der angreifenden Schiffe an, bemerkte Admiral Lirthryth. »Ihnen ist sicherlich klar, dass wir nicht so schnell reagieren können, wenn wir von allen erdenklichen Positionen aus beschossen werden.

Wir werden uns einen Weg durch das Kampfgebiet freiräumen. Ein entsprechender Handlungsspielraum ist für unsere großen Schiffe unerlässlich. «

»Ich gebe ihren Befehl an die Flotte durch«, bestätigte der 1. Offizier.

Mit schnellen Schritten verschwand er in die Richtung der Funk-Abteilung. Kurze Zeit später kam er bereits zurück.

»Die Schiffe wurden informiert«, meldete er. »Die Bestätigungen gehen bereits ein. Ihre Anweisung wurde klar verstanden. «

Der Admiral bedankte sich.
»Was machen unsere Konverter? «, erkundigte er sich.

»Sie haben sich bereits wieder regeneriert und sind auf voller Leistung«, erwiderte der Maschinist. »Wir können die nächste Flugstrecke absolvieren. «

Admiral Lirthryth lächelte seine Crew an. »Machen wir uns bereit«, sagte er in die Runde seiner Offiziere. »Wir fliegen ins Unbekannte. Die letzte Etappe des Fluges liegt vor uns. Dann werden wir erkennen, was in der weißen Anomalie vor sich geht. Ich befürchte, dass wir in ein großes Schlamassel geraten. «

»Entschuldigen sie, dass ich sie unterbreche«, rief der Funk-Offizier. »Ich erhalte automatische Nachrichten einer defekten Hypertronic-KI. Es sind verstümmelte Datenfetzen. Wir haben einen geringen Teil dekodieren können. «

»Wie lautet dies? «, erkundigte sich der Admiral.

»Es sind nur 14 Datenfragmente, die zu dekodieren waren«, antwortete der Funk-Offizier. »Sie weisen auf die Vernichtung des Flaggschiffes von Prinz Sirthrith hin. Es wurde völlig zerstört. Der Neffe des Groß-Kaisers ist gefallen. «

Der Admiral blickte seinen 1. Offizier an. « »Wir kommen zu spät«, fluchte er. » Der Kaiser wird nicht mit uns zufrieden sein. «

»Konnten wir ihn schon einmal erfreut erleben? «, entgegnete der 1. Offizier. » Einem Zierrakie können wir nichts recht machen. Das sollte uns klar sein. Das Beste wäre es, wenn die Fremden die ganze zierrakische Flotte vernichtet hätten. «

»Jetzt reißen sie sich aber zusammen«, schellte der Admiral seinen 1. Offizier. »Fühlen sie sich nicht zu sicher.

Die Zierrakies haben bereits viele gute Offiziere, wegen solcher Äußerungen, ohne weitere Anhörung verhaftet gesehen. Dann hilft ihnen auch keine Fürsprache mehr. «

Der 1. Offizier blickte ihn an. »Ich bin schon ruhig«, antwortete er. »Die Zierrakies kann ich im Moment nur nicht mehr ausstehen. «

»Achtung«, rief der Steuer-Offizier des Schiffes. »In fünf Sekunden wechseln wir in den Hyperraum ein. «

Gespannt blickten die Offiziere auf den Monitor. In geordneter Formation entschwanden die Groß-Raumschiffe im Hyperraum.

***

Die Abordnung der Termar 1 war auf ihr Schiff zurückgekehrt und hatte sich im Konferenz-Saal des Schiffes versammelt. Major Travis hatte die kommandierenden Offiziere der Flotte eingeladen. Commander Stuart, Commander Malley, Commander Cottle, Commander Haught und Commander Lindsey Fontana, waren der Einladung gefolgt. Die Termar- Schiffe verfügten über eine Transmitter-Plattform. Hiermit war es für die Commander sehr einfach, an der Zusammenkunft teilzunehmen Auch Thoran und Heran waren hinzu gebeten worden. Sie hatten mit einem Evolutions-Schiff an dem Schiff von Major Travis angedockt.

»Ich darf sie alle recht herzlich auf der Termar 1 begrüßen«, sprach Major Travis seine treuen Commander an. »Wir haben uns mit den Ablondern und den Aller-Ersten getroffen. Der Worgass-Admiral, der die 3.900 Groß-Kampfschiffe der Zierrakies befehligt, war ebenfalls zugegen. In der Population seiner Rasse keimt seit langer Zeit der Wunsch, der Tyrannei ihrer Herren zu entfliehen, um weit ab einen eigenen Planeten zu suchen, auf der die Worgass in Ruhe und in Selbstverwaltung können.

Wir werden diesem Wunsch Rechnung tragen und sie in die Milchstraße evakuieren. Dort hoffe ich, sie vor der Verfolgung durch anderen Herrenrassen kann. Ich weise ausdrücklich darauf hin, dass es sich hierbei um ein neues Projekt handelt. Diese Vorgehensweise hat bei den Green-Lizards bereits erfolgreich funktioniert. Geben wir den Worgass die gleiche Chance. «

»Ich halte den Versuch für risikoreich«, antwortete Commander Fontana, der weibliche Commander der Termar 6. »Eigentlich wissen wir zu wenig über diese Rasse. Falls sie so schnell genmanipuliert werden kann, sitzen wir auf einem Pulverfass. Wer sagt uns denn, dass nicht über Hyperfunk ausgesendete Signale, die implantierte Genmanipulation wieder aktivieren? «

»Ihr Einwand ist berechtigt«, bemerkte Heran. »Doch wir werden es nicht schaffen, alle Worgass-Stämme im Universum zum Umdenken zu bewegen. Hieran sind bereits die Aller- Ersten gescheitert. Major Travis und ich hoffen auf einen Flächenbrand. Weitere Worgass-Stämme werden von der Freiheit und Selbstverwaltung ihres zierrakischen Ablegers erfahren. Dann sollten auch bei diesen Stämmen entsprechende Denkprozesse anlaufen, vorausgesetzt die Genmanipulation ist ebenfalls nicht mehr aktiv. «

»Ich verstehe«, entgegnete Commander Fontana. »Trotzdem empfehle ich auf dem Planeten, den sie ihnen später zuweisen, ein Konsulat des Neuen-Imperiums zu installieren. Von dort könnten wir direkt mit aktuellen Informationen versorgt werden, falls sich ihre inaktive Manipulation ins Gegenteil dreht. «

»Der Vorschlag ist ausgezeichnet«, antwortete Major Travis. »Ich werde General Poison versuchen, hiervon zu überzeugen. Unabhängig hierzu wird er über unseren Vorschlag nicht gerade begeistert sein. «

»Jedenfalls können die Worgass uns mit geheimen Informationen versorgen«, bemerkte Commander Brenzby. »Wir wissen derzeit noch nicht allzu viel über diese Rasse. «

»Alle Denkansätze sind richtig«, bemerkte Major Travis. »Sehen es zunächst als einen einmaligen Versuch an. Wir tasten uns in Neuland vor. «

»Welche Erkenntnisse konnten sie über die Aller-Ersten gewinnen? «, fragte Commander Cottle.

Major Travis blickte Heran an.
»Ich bin mir noch unschlüssig über sie«, bemerkte er. »Hattet ihr die Aller-Ersten so in Erinnerung? «

Der Lantraner schüttelte seinen Kopf.
»Sie haben scheinbar einen großen Evolutions-Sprung gemacht«, entgegnete er. »Sie bewegen ihre Körper durch Raum und Zeit. Es ist ihnen gelungen die Macht und die Energie des Zwischen-Raumes für sich nutzbar zu machen. Sie sind tatsächlich einen Schritt weitergekommen, als das für unser Volk möglich war. Aber das ist nicht verwunderlich, da wir die Körperform eines humanoiden Wesens zu schätzen wissen und auf diese Eigenschaften nicht verzichten möchten. Unsere Wissenschaftler vermuten bereits lange, dass der

unbekannte Zwischenraum, den Schlüssel für weitere Entwicklungen und Evolutions-Stufen darstellt. «

Major Travis blickte seine Commander an.
»Die Aller-Ersten teilten uns mit, dass eine Flotte von 10.000 zierrakischen Groß-Kampfschiffen im Anflug ist«, erklärte er. »Der Groß-Kaiser hat sie als Unterstützung für die Anomalie entsandt. Vermutlich hat das Kaiserreich Funksprüche von geflüchteten Zierrakies aufgefangen. «

»Eine geballte Flotte von 10.000 zierrakischen Schiffen ist ein nicht zu unterschätzender Flotten-Verband«, bemerkte Commander Stuart. »Wie gehen wir damit um?«

Major Travis pflichtete seinem Commander bei.
»Das ist richtig«, antwortete er. »Die Macoronarus haben einen Plan ausgearbeitet. Nach dieser Strategie werden die Ablonder die größte Arbeit vor sich haben. Die Aller-Ersten haben ihr Hilfsvolk gebeten, ihre Flotte der 250-Meter Angriffs-Kreuzer in kleine Gruppen aufzuteilen. Sie greifen in Geschwadern mit 123 Schiffen, einzelne Groß-Raumschiff der Zierrakies an.

Bereits vorher wird Admiral Dragon es probieren, die vor Worgass geführten Kampfschiffe zu einem Umdenken zu bewegen. Er hofft, dass die Besatzungen gedanklich ebenfalls so weit sind, dass sie der Knechtschaft und der Tyrannei entkommen möchten. Er und die Aller-Ersten hoffen, dass es möglich sein kann, dass Schiffe aus der Flotte ausscheren und ihre Waffentürme einfahren. Den Ausgang dieser Planungen können wir jedoch nicht erraten. Es ist möglich, dass die Zierrakies bei ihrem Hilfsvolk die Genmanipulation bereits aufgefrischt haben. Wir werden es sehen. «

Major Travis blickte in die Runde der Zuhörer. »Kommen wir wieder zurück zu der Verteidigungs-Strategie«, bemerkte er. »Wie bereits erwähnt, haben die Aller-Ersten einen Strategieplan ausgearbeitet. Diesen halte ich, als auch Heran, als nicht schlecht. Es bestehen unsererseits keine Einwände hiergegen. Der Plan sieht folgendermaßen aus. Die Schiffe der Zierrakies werden wohl aus dem Hyperraum kommen und in breiter Front auf die fremden Eindringlinge zufliegen. Die Haupt-Flotte der Ablonder wird auf Abfangkurs gehen. Während des Fluges, werden die Schiffe ihrer Flotte in kleine Gruppen zu je 123 Schiffe zerfallen. Diese einzelnen Geschwader stürzen sich gezielt auf die großen Kampf-Schiffe der Zierrakies. Sie machen Jagd auf sie.

Sil'drock befiehlt seine 43.000 Schiffe der 1.000- Meter-Klasse, oberhalb der zierrakischen Flotten-Formation, in eine Abwehrstellung. Dieser große Verband wird oberhalb ihrer Armada einen massiven Dauerbeschuss auf die Schiffe eröffnen. Es soll verhindert werden, dass einzelne Kampf-Schiffe der Zierrakies, sich aus ihrem Verband lösen können. Weitere 3.552 Schiffe der neuen ablondischen Flottenführung, wurden an die Unterseite der einfliegenden zierrakischen Formation befohlen. Auch diese Seite ihrer Flotte wird unter einen massiven Beschuss stehen Hinzu kommen noch 50.000 Schiffe, die von Robotern gesteuert werden.

Zu ihnen gesellen sich 3.900 zierrakische Groß-Kampfschiffe, unter dem Worgass-Kommando von Admiral Dragphan. Er hat uns seine Unterstützung zugesagt, um seine Clans aus der Anomalie in die Freiheit zu führen. Er hofft immer noch, dass auch die Worgass-Clans des Heimat-Planeten der Zierrakies von seinem Freiheitsgedanken überzeugt werden können. Leider entzieht sich dieser Wunsch unserem Einflussbereich. «

Die Commander des Neuen-Imperiums hörten Major Travis gespannt zu.

»Jetzt kommen wir ins Spiel«, fuhr der Major Travis fort. »Unsere Flotte wird getarnt Positionen an der linken Flanke der einfliegenden zierrakischen Flotte einnehmen. Sie alle werden jeweils 1.000 Schiffe befehligen. Positionieren sie ihre Kampf-Verbände in einem ausreichenden Abstand voreinander. Erst nachdem die zierrakische Flotte vollständig in Schussreichweite gekommen ist, enttarnen sie ihre Schiffe und greifen die Flanken an. Die Waffentürme einer Schiffsseite werden synchron lediglich auf ein einzelnes Ziel feuern. Die Koordination der Ziele, erfolgt über die Hypertronic-KI der Termar 1. Ein Erstschlag erfolgt mit unseren Hyper-Space-Kanonen.

Diese Geschosse werden die Schutz-Schirme der gegnerischen Schiffe kollabieren lassen. Im Anschluss setzen sie alle 25 Waffentürme, der den Feinden zugewandten Schiffsseite ein. Wird die Gegenwehr zu stark, verändern sie bitte ihre Positionen und greifen sie neue Ziele an. Geben sie diese Befehl an ihre Schiffs-Commander weiter. «

»Verfügen die Zierrakies auch über eine Tarnvorrichtung? «, erkundigte sich Commander Malley. » Ich habe Berichte von dem zierrakischen Schläfer auf Terra gelesen. Dieses Fluggerät war auch mit seiner solchen Vorrichtung ausgestattet. «

»Admiral Dragphan widerspricht dieser Frage«, antwortete Major Travis. »Er teilte mir mit, dass die zierrakischen Groß-Kampfschiffe nicht mit einer Tarnvorrichtung ausgestattet werden können. Aufgrund der Größe des Schiffes, wäre ein solches Tarnfeld unwirksam. Die zierrakische Technik scheint noch nicht so weit zu sein. «

»Das kommt unseren Plänen sehr entgegen«, bemerkte Commander Malley. »Ich möchte nicht einige ihrer Groß-Kampfschiffe plötzlich in meinem Rücken auftauchen sehen. «

Major Travis schmunzelte ihn an.
»Das möchte keiner von uns«, entgegnete er. » Bei aller Strategie ist ein gesundes Denkvermögen unverzichtbar. Wir dürfen die Kampfkraft der zierrakischen Groß-Raumschiffe in keinem Fall unterschätzen. «

Die anwesenden Commander nickten nachdenklich.

»Kommen wir zu unseren lantranischen Freunden«, ergänzte Major Travis. »Die rechte Flanke wird von den lantranischen Schiffen geschert. «

Major Travis blickte Thoran, den lantranischen Flotten-Befehlshaber an.

»Welche Überraschungen halten sie für die Zierrakies bereit? «, lächelte er
.

Thoran dachte kurz nach.

»Wir haben noch viele Überraschungen an Bord«, erwiderte er. »Unsere Schiffe werden sich entsprechend verteilen und ein energetisches Abfangnetz aufbauen. Unsere Evolutions-Schiffe werden sich an vorher errechneten Koordinaten positionieren und eine Energie-Verknüpfung aufbauen. Auf ihren Ortungs-Bildschirmen wird es wie ein dichtmaschiges Netz von Energie-Strahlen aussehen. Es wird den zierrakischen Schiffen nicht gelingen, es zu durchstoßen. Ich weise daraufhin, dass diese Manöver sehr viel Energie verbrauchen.

Unsere Schiffe werden hierzu weitere Generatoren anlaufen lassen. Zwischendurch werden wir ein komprimiertes Laserfeuer auf die anfliegenden Schiffe eröffnen. Vermutlich wird der Befehlshaber der zierrakischen Flotte die Dichte des Energienetzes testen wollen. Unsere komprimierten Laserstrahlen werden anfliegende Schiffe der Zierrakies zerplatzen lassen. Falls wir nur indirekt treffen, wird es in jedem Fall fluguntauglich gesetzt. Ein Volltreffer unseres komprimierten Laserstrahles, wird die zierrakischen Schutzschirme kollabieren lassen. Die Energiestrahlen fressen sich weiter durch die Außenhüllen ihrer Schiffe und suchen sich einen Weg zu den Energie-Generatoren.

Einmal bei den Energie-Generatoren angekommen, überfluten unsere Energiestrahlen die Generatoren mit komprimierter Energie. Das halten die zierrakischen Energieerzeuger nicht aus. Sie detonieren in massiver Urgewalt und reißen in der Regel das ganze Schiff mit in den Untergang. «

Major Travis und seine Commander blickten den Lantraner erschreckt an.

»Das hört sich nach der Entfesselung von ungeheuren Energien an«, bemerkte Commander Brenzby. » Wir können froh sein, dass Thoran und Heran auf unserer Seite stehen. «

»Das riecht nach purer Zerstörung? «, entgegnete Major Travis.

Thoran schüttelte seinen Kopf.
»Das ist eigentlich eine Defensivwaffe unserer Wissenschaftler«, antwortete er. »Es geht um die Ausschaltung fremder Aggressoren. Wir haben diesen Kampf nicht begonnen und beteiligen uns nicht an der Unterdrückung fremder Rassen. Letztendlich versuchen wir den Zierrakies Einhalt zu gebieten und sie auf das vertraglich vereinbarte Territorium zurückzudrängen. Die alten Verträge der ersten Rassen des Universums, sind

immer noch gültig. Ferner sollten wir nicht vergessen, warum wir hier sind. «

Major blickte in die Runde seiner Offiziere.
»Haben sie noch Fragen? «, entgegnete er.

»Wenn wir hier bereits auf eine Unterstützungs-Flotte von 10.000 zierrakischen Groß-Kampfschiffen treffen, wie viele Schiffs-Einheiten erwarten uns denn in dem Heimat-System der Zierrakies? «, erkundigte sich Commander Cottle.

Der Major blickte ihn an.
»Unsere letzten Informationen besagen, dass ihr heimatliches System nur leicht beschützt wird«, antwortete Major Travis. »Der Groß-Kaiser scheint alle seine Kampf-Verbände, zu unterschiedlichen Fronten befohlen zu haben. Durch den Abzug von 10.000 Schiffen als Unterstützung, kann es durchaus sein, dass die Fronten für die Zierrakies schwerer zu halten sind als bisher von uns angenommen. Jedenfalls teilt uns dies das Bildmaterial der ablondischen Aufklärungs-Sonde mit. Falls dieser Zustand sich geändert haben sollte, müssen wir vor Ort eine neue Strategie besprechen. «

»Ich habe den Berichten entnommen, dass die Zierrakies eine Rasse von Methan-Atmern sind? «, fragte Commander Cottle nach.

»Hiervon ist auszugehen«, antwortete Heran. »Sie treten auf Planeten mit Sauerstoff-Atmosphären immer in ihren Schutzanzügen auf. Jedenfalls kennen wir sie nur so. «

»Worauf wollen sie hinaus? «, erkundigte sich Major Travis.

»Wissen wir, wie hoch der Methan-Anteil in ihrer Atmosphäre ist? «, ergänzte Commander Cottle seine Frage. » Bekanntlich ist eine hohe Methan-Konzentration sehr explosiv. Bei einer extremen Dichte kann sich die Methan-Atmosphäre entzünden und ihren ganzen Planeten in Stücke reißen. «

Major Travis dachte kurz nach.
»Da sie ihre Raumschiff-Werften auf dem kaiserlichen Planeten angesiedelt haben, wird diese vermutlich nicht sehr hoch sein«, erwiderte Major Travis. »Sie starten die Triebwerke ihrer Schiffe in der Atmosphäre. Bei einer zu dichten Konzentration würde die Zündung eines Triebwerkes ausreichen, um ihre Atmosphäre in Brand zu stecken. «

»Eine Kettenreaktion wird vermutlich erst durch eine dichte Welle von Atom-Raketen ausgelöst werden«, entgegnete Commander Cottle. »Falls ihr Widerstand zu groß werden sollte, hätten wir noch diese Option. «

»Wir wollen nicht den ganzen zierrakischen Planeten vernichten«, bemerkte Major Travis. »Es reicht aus, wenn wir ihnen den Handlungsspielraum nehmen. Sie ihrer Flotte berauben und ihre planetaren Abwehr-Forts vernichten. Sie werden dann keine Möglichkeit mehr besitzen, weitere Vernichtungsfeldzüge zu planen. «
Heran hob seine Hand.

Major Travis blickte ihn an.
»Bist du anderer Meinung? «, fragte er.

Heran nickte beipflichtend.
»Die Gefahr besteht, dass die Fronten, an denen die Schiffe der Zierrakies kämpfen, auseinanderbrechen können«, erklärte er. » Die Flotten des zierrakischen Groß-Kaisers werden nicht besonders rücksichtsvoll mit ihren Gegnern umgegangen sein. Es ist möglich, dass die angegriffenen Rassen nachrücken und ihrerseits einen Angriff auf den Heimat-Planeten der gehassten Zierrakies durchführen werden. Ob sie davor zurückschrecken werden, den Planeten mit einem Bombenteppich zu belegen, das entzieht sich meiner Kenntnis. Vielleicht

erledigt sich dieses Kapitel des zierrakischen Imperiums von allein. «

Major Travis dachte nach.

»So weit darf es nicht kommen«, antwortete er. »Wir sind nicht ausgezogen, um fremden Rassen auszurotten. Unser Ziel bleibt es, den Frieden für alle Bewohner der Milchstraße zu sichern. Wir werden versuchen, die nachrückenden Rassen hiervon zu überzeugen. Falls uns das nicht gelingt, dann werden wir die Aller- Ersten mit ins Boot holen. Es ist ihr Heimatgebiet. Wir können nicht für das ganze Universum zuständig sein. «

Thoran lächelte.

»Ich wünsche ihnen viel Glück für ihre Absichten«, entgegnete er. » Jedoch ich bezweifle stark, dass sich der Hass der geschundenen Rassen allein mit Vernunft in eine andere Richtung lenken lässt. Warten wir es ab. «

***

Geoffwan und die vier Mitglieder des Ältestenrates der Aller Esten waren in ihre zentrale Wolkenstadt zurückgekehrt. Drei dieser verborgenen Städte schwebten über dem ehemaligen Reservats-Planeten 429, umgeben von einem Tarnfeld. Die Wolkenstädte waren für die Augen sterblicher Lebewesen nicht sichtbar. Seit die Aller-Ersten beschlossen hatten, die Gewohnheiten der Zierrakies zu studieren, war mindestens eine Stadt kontinuierlich über dem ihnen zugeteilten Reservat-Planeten positioniert.

Geoffwan stand an dem Geländer einer Aussichtsplattform und blickte hinunter auf den Planeten 429, den sein Volk trotz aller Widrigkeiten liebgewonnen hatte. Viel zu lange war er die Heimat ihrer Forschungen gewesen. Ein wenig Wehmut ereilte ihn, als er darüber nachdachte, dass jetzt eine neue Zeitepoche anbrechen würde.

Geoffwan war noch in Gedanken, als Halswan sich zu ihm gesellte.

»Eine beeindruckende Aussicht«, bemerkte das Mitglied des Ältestenrates. »Wir werden diesen Planeten bald verlassen. Wir haben eine lange Zeit hier verbracht. Welchen Sinn haben unsere Studien ergeben? Das Ergebnis ist überall das gleiche. Ich bin froh, endlich in neue Sektoren des Universums wechseln zu dürfen. «

Geoffwan blickte ihn irritiert an.
»So einfach ist das nicht«, antwortete Geoffwan. »Wir haben eine Verpflichtung gegenüber den Rasen in dieser Region abgegeben. Still und heimlich alle Brücken

abbrechen und uns aus dem Staub machen, das ist nicht zu unserer Art. Wir haben noch einige Aufgaben vor uns, die erfüllt werden müssen«.

»Steht das wieder in dem großen Buch des Aahnn geschrieben? «, fragte Halswan. » Warum dürfen wir die Prophezeiungen nicht lesen? «

»Das Buch des großen Aahnn wird von Generation zu Generation an den gewählten Ältesten des Rates übergeben«, erklärte Geoffwan. »Es wird weitergegeben, wenn eine neue Person diese anspruchsvolle Tätigkeit übertragen bekommt. Er wird mit der Annahme des Buches zu einem absoluten Stillschweigen verpflichtet. Dieses Buch schreibt den Weg des Universums vor. Es soll verhindert werden, dass Eingriffe in den Ablauf erfolgen. Je weniger Personen die Zukunft kennen, umso besser ist es für uns. «

Geoffwan bemerkte, dass Halswan ihn irritiert anblickte. »Die Ewigkeit ist hierin vorgegeben«, erklärte Geoffwan. »Es ist der Weg unserer Entwicklung und gleichzeitig die Zukunft unseres Volkes und des Universums. Wir werden von diesem Weg nicht abweichen. Eine hoheitliche Aufgabe steht uns noch bevor. «

Geoffwan blickte seinen Kollegen in die Augen.

»Wir haben eine weite Reise vor uns, spürst du es nicht auch? «, fragte er. » Das Transitions-System der Mächtigen ist in unserer Galaxis eingetroffen. Sie werden nicht lange bleiben. Wir müssen schnell handeln, bevor sie ins nächste System transferieren. Ich spüre ihre große Präsenz deutlich. «

Halswan nickte langsam zustimmend.
»Das ist richtig«, erwiderte er. »Ich spüre ihre Aura ebenfalls. Ihre Präsenz ist eindeutig. Die Meister der Sternen-Inseln sind eingetroffen. «

»Wir müssen zu ihnen und sie um etwas bitten«, entgegnete Geoffwan.

»Werden sie uns überhaupt anhören, geschweige unserer Bitte entsprechen? «, fragte Halswan.

Geoffwan dachte nach.

»Sie wirken auf uns, wie aus einer anderen Dimension«, erklärte Geoffwan. » Ihre geistige Entwicklung ist phänomenal. Sie haben uns den Weg in unsere nächste Evolutions-Stufe geebnet. Ihnen haben wir es zu verdanken, dass wir die Energie und die große Macht des Zwischen-Raumes nutzen können. Ich habe immer an sie geglaubt. Und sie haben nicht gelogen. Sie teilten uns mit, dass sie alle 75 Jahre für eine kurze Zeitspanne, die alten Koordinaten ihrer Sternen-Inseln ansteuern, um für junge Rassen gesprächsbereit zu sein. Sie hoffen, ihnen den weiteren Weg ihrer Evolution zeigen zu können. Sie spüre ihren Standort in unserer Galaxie. Rufe die Andern zusammen. Wir werden uns auf ihren Planeten versetzen und um eine Audienz bitten. Das schaffen wir jedoch nur mit der gemeinsamen Kraft unserer Gedanken. Die Wegstrecke ist weit. «

»Sollten wir nicht erst hier die weitere Entwicklung abwarten? «, fragte Halswan. » Der Angriff der Zierrakies steht kurz bevor. Wenn uns etwas dazwischenkommt und wir nicht rechtzeitig zurückkehren können, dann werden die Ablonder auf sich allein gestellt sein. «

»Was sollte uns daran hindern, schnell zurückzukommen? «, fragte Geoffwan. » Die Kon-Ra-Tak sind manifestierte Energiewesen, ehemaligen humanoiden Ursprungs. Wenn sie wollen, können sie die Zukunft des kompletten Universums beeinflussen, oder den Fluss der Zeit anhalten. «

»Sicherlich liegt das nicht gerade in ihrer Absicht«, bemerkte Halswan. »Sie mischen sich schon lange nicht mehr in die Belange der einzelnen Rassen ein. «

»Das wird berichtet«, bemerkte Geoffwan. »Sie haben mir bei der letzten Zusammenkunft erklärt, dass ich sie jederzeit ansprechen dürfte. Sie haben eine großes Interesse daran, dass die Zukunft des Universums in die richtige Richtung gelenkt wird. «

»Welche Wünsche haben wir an sie? «, stutzte Halswan.

»Ich möchte mit ihnen über die Terraner sprechen «, entgegnete Geoffwan. » Sie sind bedeutend besser als alle anderen Rassen, welche bisher der Schöpfung entsprungen sind. Ihnen obliegt es, Ordnung in die Milchstraße und die angrenzenden Galaxien zu bringen. «

»Vermutlich werden sie vorrangig in der Milchstraße für Sicherheit sorgen? «, antwortete Halswan. » Leider verfügen die Menschen nur über eine sehr kurze Lebensdauer. Auch ein Major Travis wird irgendwann nicht mehr das sein. «

Geoffwan lächelte ihn an.
»Deswegen kontaktiere ich die Kon-Ra-Tak«, erklärte Geoffwan. » Ihnen ist es gegeben, Abhilfe zu schaffen. «

»Du willst sie um einen Unsterblichkeits-Chip für diesen Major Travis bitten? «, staunte Halswan.

Geoffwan blickte seinen Gesprächspartner an.

»Muss ich hierauf eine Antwort geben? «, fragte er. » Du kannst selbst die Komplexität seiner Aktivitäten überblicken. «

»Das wird dir nicht gelingen«, Halswan. »Bisher waren für solche Zugeständnisse der Mächtigen, immer große Gegenleistungen nötig. Die Unsterblichkeit muss man sich verdienen. «

»Nichts Anderes macht Major Travis«, antwortete Geoffwan. »Ich brauche ihn als zentrale Figur, um das Universum zu befrieden. Das große Buch des Aahnn weissagt uns voraus, dass die Terraner in Verbindung mit den natradischen Hinterlassenschaften, große Dinge in der Zukunft bewegen werden. Sie sind das richtige Leit-Volk in der Milchstraße und bringen allen Unterdrückten die Erlösung. Du weißt, dass wir uns in naher Zukunft aus dieser Galaxis zurückziehen und in eine andere Dimension wechseln werden. Von dort aus können wir die Vorgänge hier im normalen Universum nicht mehr kontrollieren. Das werden zukünftig Andere für uns erledigen. «

»Sind die Terraner schon so weit? «, fragte Halswan. » Es ist erst eine kurze Zeit her, seit sie den Weg ins Universum gefunden haben. «

»Sagt das etwas über ihren Charakter aus? «, fragte Geoffwan. » Die einzigartige Verbindung zwischen Natradern und Terranern ist ein Glücksfall. Diese Symbiose ermöglicht dem Universum endlich zur Ruhe zu kommen. «

»Das wäre ein guter Weg, falls er funktioniert«, bestätigte Halswan nüchtern. »Versuchen wir mit den Mächtigen zu reden. «

»Rufe die Andern zusammen«, sagte Geoffwan ein zweites Mal. »Unsere Kräfte müssen miteinander verbunden werden, um ihren Transitions-Planeten erreichen zu können. «

Halswan nickte zustimmend und drehte sich um. Er ging durch einen weißen Torbogen in die große Wolkenstadt hinein und verschwand.

***

Das System war eigenartig. Eine übergroße rote Sonne bildete den Mittelpunkt des Sternen-Systems. Um sie herum kreisten acht Planeten, alle auf der gleichen elliptischen Bahn. Keiner der Planeten fiel aus der Rolle. Alle Planeten standen in dem gleichen Abstand und in der gleichen Entfernung zu ihrem zentralen Muttergestirn.

Alle Planeten schienen einzigartig zu sein. Jede von ihnen besaß eine andere Oberfläche. Ein Wasserplanet war ebenso erkennbar, wie eine ursprüngliche Dschungelwelt. Diese wurde durch einen Eisplaneten abgelöst, der durch die Hitze der großen Sonne gar nicht vorhandenen sein dürfte.

Ihm folgte ein Planet, mit unterbrochenen Kontinenten und Wassergebieten. Der nächste wies große Kraterlandschaften auf und verfügte über keine Atmosphäre. Der fünfte Planet vermittelte ein Bild, vergleichbar mit großen Wüstengebieten. Riesige Sandgebiete reihten sich aneinander. Er war trocken, keine Regen fiel auf diese Welt. Die übergroße Sonne strahlte ihre Hitze auf toten Boden des Planeten. Alles sah so unwirklich aus, wie ein verbrannter toter Lebensraum. Nichts konnte hier existieren und gedeihen. So sah es für die Besatzungen vorbeifliegender Raumschiffe aus. Doch dies alles war nur Illusion. Das wussten die Ablonder bereits sehr lange.

Ein breites weißes Flimmern baute sich auf und dehnte sich weiter aus. Es schien fast so, als ob ein Transmitter-Tor aus dem Nichts entstand. Aus diesem Flimmern traten fünf Mitglieder des Ältestenrates der Aller-Ersten. Sie kniffen ihre Augen zu. Die Sonne am Firmament blendete sie. Sie drehten sich um und blickten über die nicht endende Sandwüste.

»Sie haben das Gesicht ihrer Planeten erneut verändert«, erkannte Halswan. » Uns wird eine andere Zeit-Epoche vorgespielt. «

»Diesmal stehen wir auf einer öden und toten Welt «, erklärte Geoffwan. »Rufen wir die Kon-Ra-Tak. Sie wissen bereits, dass wir angekommen sind. Ich fühle ihre starke Präsenz. «

Die fünf Ratsmitglieder fassten sich an der Hand. Ihre Gedanken wurden eins. Sie riefen intensiv nach den Meistern. Einige Sekunden vergingen, ehe sich ein weißes Energiefeld, nur wenige Meter vor ihren Füßen aufbaute.

Nadewan blickte an dem Feld hoch, dem Himmel entgegen. Der Befehlshaber der Wolkenstädte der Aller-Ersten, konnte das Ende des weißen Energiefeldes nicht erkennen.

»Das ist ein gewaltiger Energieschirm«, sagte er. »Er schützt den bewohnbaren Bereich der Mächtigen vor der heißen Sonne. «

»Es ist auf allen ihren Planeten so«, erklärte Geoffwan. »Die Kon-Ra-Tak haben immer wieder neue Überraschungen für uns. «

»Warum treiben sie dieses Spiel mit uns? «, erkundigte sich Balswan.

Talswan lächelte ihn an.

»Das ist ihre Art von Humor«, antwortete er. »Sie spielen gerne und wollen uns beeindrucken. «

Die Aller-Ersten verstärkten ihren gedanklichen Ruf nach den Mächtigen. Wieder vergingen einige Sekunden. Dann schienen die Kon-Ra-Tak ihre Lust auf weitere Spiele verloren zu haben.

»In dem weißen Energie-Schirm baute sich ein transparenter Durchgang auf, wie eine Art Torbogen. Gespannt blickten die fünf Rats-Mitglieder auf das glasig werdende Tor. Obwohl der Eingang immer transparenter wurde, spiegelte sich nichts in ihm.

Geduldig warteten die Rat-Mitglieder der Aller-Ersten ab. Nach wenigen Sekunden tat ein Energiewesen, in humanoider Körperform, aus dem Torbogen heraus.

Er musterte die Gäste intensiv.

»Ihr seid vom Zweig der Macoronarus? «, sprach er sie an. » Warum habt ihr uns gerufen? «

Seine Stimme wies einen freundlichen Klang auf.
»Es ist lange her, seit eurem letzten Besuch bei uns«, fuhr er fort. »Nennt uns bitte den Grund eures Besuches? «

»Wir ersuchen euch um Hilfe und hoffen als Bittsteller vor der Zusammenkunft der Mächtigen sprechen zu dürfen? «, teilte Geoffwan mit.

Das Energiewesen in humanoider Form, blickte nach und nach alle Gesichter der Aller-Ersten an.

»Was können wir euch gewähren, dass ihr selbst nicht bereits erreicht habt? «, fragte er. » Ihr steht auf der gleichen Stufe mit uns. «

Geoffwan verbeugte sich demütig.
»Niemand ist den Konstrukteuren des Universums gleichzusetzen«, entgegnete er. »Im Vergleich zu euch sind wir klein und unbedeutend. Es ist richtig, dass wir eine Stufe der körperlichen Entstofflichung erreicht haben. Doch ihr seid bereits viele Millionen Jahre auf dieser Stufe und konntet Dinge erforschen, die wir erst

noch finden müssen. Wir sind zu euch gekommen, um den Rat der Meister zu hören und um seine Unterstützung zu bitten. «

»Was für eine Unterstützung könnten wir euch gewähren? «, fragte die Energiegestalt. » Wir haben uns bereits lange von dem realen Universum abgewendet. Unser Interesse gilt anderen Dingen.«

»Das widerspricht sich mit euren planmäßigen Transitionen in die alten Raumsektoren eures ehemaligen Lebensraumes«, antwortete Geoffwan. »Es geht um den Erhalt des realen Universums und um das Zusammenführen junger Rassen, die auch aus eurer Aussaat hervorgegangen sind. Die großen Kriege aggressiver Herrenrassen, die das Unterjochen und das Ausrotten vieler andersartiger Species zum Ziel haben, müssen endlich beendet werden. «

»Die Kriege lassen sich niemals beenden«, antwortete die weiße Gestalt traurig. »Sie sind ein Teil des Ganzen. Wer sie beendet, der greift auch in den natürlichen Erneuerungs-Prozess ein. «

»Widersprüche halten die Suche nach dem Neuen offen«, antwortete Geoffwan. » Hierdurch werden die alten

Weisheiten und die Offenbarungen vielen Zivilisationen nachfolgenden Species zugänglich gemacht. «

»Die Suche nach den Neuen kann erst stattfinden, wenn das Alte bereinigt ist«, bemerkte der Kon-Ra-Tak. »Wir erkennen in euren Worten den Ansatz der großen Macht.«

Geoffwan lächelte.
»Wir sind hier, um die alten Probleme zu bereinigen und uns hiernach neuen Aufgaben zu widmen«, entgegnete Geoffwan.

»Das ist der Sinn der Macht«, antwortete die Energiegestalt. »Folgt mir, die Meister der weisen Zusammenkunft werden euch empfangen. Tretet mit mir durch dieses Energie-Tor. Es bringt uns in eine andere Zeitebene. «

Geoffwan und seine Kollegen verbeugten sich respektvoll. Dann folgten sie dem Energie-Wesen durch den klaren Torbogen. Dieser schien flüssig zu sein, vergleichbar mit einem Entstofflichungsfeld. Nacheinander schritten sie in den ovalen Torbogen hinein. Nur Sekunden später traten sie auf der anderen Seite des Durchganges heraus. Ein unerwartetes Schauspiel erwartete sie. Eine nicht vermutete, wunderschöne Welt mit saftigen grünen

Feldern und Wiesen wurde sichtbar. Die fünf Ratsmitglieder der Aller-Ersten standen auf einem modernen Planeten. Ihre Blicke erkannten viele Seen und Flüssen vor ihnen. Der Himmel glänzte in hellem Licht. Er war mit zahlreichen Wolken verhangen. Eine Kunstsonne strahlte ihr violettes Licht auf den Planeten.

Die Ratsmitglieder der Aller-Ersten atmeten tief ein. Die Luft war unverbraucht, schmeckte nach würzigen Tannen und Nadelbäumen.

Der Kon-Ra-Tak beobachte die Gäste schmunzelnd. Er erkannte, wie ihre Blicke zu Boden sanken und den Planeten musterten.

Ein Teil der Seen wurde von den Fels-Barrieren abgetrennt. In ihnen waren Torbogen eingelassen. Sie dienten vermutlich den Schiffen auf dem Wasser als Durchgang. Die Gäste konnten unterschiedliche Boote erkennen, die Architekturen von unterschiedlichen Zivilisationen in sich vereinten. Der erste Eindruck betätigte eine intakte, technisch hochstehende Kunstwelt. Sie wirkte, wie der Zufluchtsort aus ihren Träumen. Am Horizont wurden halbrunde Gebäude sichtbar. Sie schienen aus glänzendem Stahl und massivem Glas erbaut worden zu sein. Geoffwan schätzte die Höhe der Gebäude mindestens auf 3.000 Meter.

Die Ratsmitglieder ließen die Eindrücke auf sich wirken. Geoffwan erkannte, dass die Gebäude auf runden Plattformen erbaut worden waren. Das Dach schien die Funktion einer riesigen Sonnenterrasse zu haben. Sie wurde von vier gewaltigen Stützen getragen. Den Abschluss bildeten gewaltige Figuren unterschiedlicher Species.

»Jedes Gebäude vermittelt Lebensformen aus anderen Galaxien an«, flüsterte Halswan.

Geoffwan nickte nachdenklich.
»Vermutlich sind das alles Wesen, die von den Mächtigen unterstützt und gefördert wurden«, antwortete er.

Das Geisteswesen beteiligte sich nicht an den Vermutungen.

Er zeigte unverhofft auf ein Gebäude, dass humanoide Lebewesen auf der Spitze der Träger trugen.

»Das ist unser Ziel, « bemerkte er. » Es ist der Tempel der Anhörung für humanoide Lebensformen. Dort wird sich die Zusammenkunft der Mächtigen für euch anhören. «

»Wir verstehen«, antwortete Geoffwan. »Wie kommen wir dort hinüber? Sollen wir uns geistig versetzen? «

»Diese geistige Fähigkeit wird innerhalb unseres Schirmes blockiert«, antwortete der Kon-Ra-Tak. »Ich werde eine Brücke aufbauen. «

Er machte eine ausfallende Bewegung mit seinem Arm. Von dem besagten Gebäude aus, bildete sich eine Energiebrücke, die sich immer weiter ausdehnte, bis sie mit dem Gebirge der wartenden Gäste verbunden war.

»Tretet bitte auf die Energieplattform der Brücke«, sagte das Energiewesen. »Sie führt sich selbstständig. «

Er machte eine einladende Bewegung mit seinem Arm. Die Gäste betraten auf die Brücke. Diese setzte sich langsam in Bewegung und zog sich wieder ein.

Die Aller-Ersten richteten ihre Blicke auf das Gebäude, welches langsam näherkam. Es war ein Etagenbau. Die unterste Plattform war mit zahlreichen Grünanlagen ausgestattet. Die nächste kreisrunde Plattform, schien der Zugang zu den unteren Ebenen des Gebäudes zu sein. Hierüber war eine kleinere runde Platte angelegt, die vermutlich dem öffentlichen Bereich Zugang gestattete. Unzählige Plätze mit Sonnenschirmen waren zu sehen.

Hierauf stand das gigantische Verwaltungs- und Technikgebäude. Es schien fast nur aus eingelassenen Glasscheiben zu bestehen.

Zur linken Seite war ein großer Kegel in das Bauwerk integriert. Er stellte vermutlich den Hangar und den Landebereich für kleinere Flug-Jets dar. Geoffwan erkannte vier Kampfjets auf der äußeren Landezone stehen. Das überdimensionierte Einflugs-Tor war geöffnet. Es schien ein Parkhaus für Raumgleiter zu sein. Auf mehreren Etagen waren zahlreiche Jets geparkt. Alles war symmetrisch und kreisrund angeordnet. Auf dem Dach des Gebäudes war eine großflächige Grünanlage erstellt worden.

Die Anordnung der Pflanzen, Sträucher und Bäume schien ebenfalls akribisch genau geplant zu sein. Zwischendurch wurden die Grünanlagen durch zur Wasser-Anlagen unterbrochen. Fontänen aus Wasser wurden in die Luft gesprüht. Scheinbar sorgten sie für ein angenehmes Klima. Im Hintergrund wurde ein palastartiger Palast sichtbar. Das war die Residenz der Mächtigen.

Die Gruppe hatte das gigantische Gebäude erreicht. Am Ende der Brücke standen zwei Gardisten in bunter Uniform.

»Wo möchten sie hin? «, fragte einer von ihnen. Geoffwan blickte den Kon-Ra-Tak an. Diese drehte seinen Kopf ab und schien keine Anstalten zu machen, die Frage der Uniformierten zu beantworten.

»Wir bitten um eine Audienz bei dem Rat der Zusammenkunft«, antwortete er. »Uns wurde der Besuch gestartet. «

»Ihnen wurde bisher nur der Eintritt gestattet«, erwiderte einer der Soldaten. »Können sie bitte den Namen ihres Volkes nennen? Ich werde ihre Berechtigung abfragen. «

»Unsere Rasse wurde unter dem Namen Macoronarus bei ihnen registriert«, erklärte Geoffwan.

Der Soldat zog ein kleines Gerät aus der Tasche seiner Uniform und richtete es auf die Aller-Ersten.

Sein kurzes Summen bestätigte die Aktivität des Scanners. »Ja«, bestätigte der Soldat. »Das Gerät erkennt ihre Herkunft. «

Er nickte den fünf wartenden Gästen zu.
»Ihre Berechtigung wurde erneuert«, antwortete er. »Das Konzil der Wissenden erwartet sie bereits. «

Der Soldat blickte das Energiewesen an.

»Führe deine Gäste zu dem Konzil«, sagte er. Sie werden bereits erwartet.

Er machte eine ausfallende Bewegung mit seinem Arm und zeigte auf den zentralen Eingang.

Die Gäste bedankten sich und folgten dem Energiewesen, welches anscheinend die Funktion eines Begleiters innehatte. Die Gruppe schritt auf eine große Pforte zu.

Diese öffnete sich selbstständig.

»Der Lift bringt uns zu dem oberen Bereich der Verwaltung, teilte das Energie-Wesen mit. »Treten sie bitte in den zentralen Lift ein. «

Die Gäste folgten der Anweisung. Die Türen schlossen sich automatisch. Der gläserne Lift beschleunigte und preschte mit unvorstellbarer Geschwindigkeit in die Richtung den oberen Etagen. Obwohl er förmlich an Stockwerken vorbeiflog, dauerte die Fahrt ganze 16 Sekunden. Dann bremste der Lift ab, seine Türen öffneten sich selbstständig. Die Aller-Ersten und ihr energetischer Begleiter stiegen aus. Interessiert schauten sich die Gäste um. Die Dachterrasse beeindruckte durch eine völlig abgeschlossene Umgebung. Eindrucksvoll architektonisch angeordnet, wechselten Grünflächen mit Baumaterialien aus Stein und mit Glaselementen ab. Die Gruppe durchquerte einen langen Verbindungsgang, der sie zu dem Eingang des Verwaltungs-Palastes brachte. Auch hier standen zwei Soldaten in humanoiden Körperformen Spalier. Ihre fremdartigen Laser-Waffen hingen schwer in ihren Kampfgürteln.

Fast schon gelangweilt, blickten die Soldaten die Gruppe von Besuchern an.

»Wir haben eine Audienz bei dem Konzil der Mächtigen«, teilte Geoffwan ihnen mit.

»Sie wurden uns angekündigt«, antwortete einer der Soldaten. »Auf der Brücke wurden sie gescannt. Treten sie bitte ein, es wurde ihnen gestattet. «

Das Energie-Wesen ging voraus. Die Gruppe trat in den beeindruckenden Palast ein. Vor ihnen lag ein langer Korridor. Überall waren Standbilder zu sehen, die scheinbar herausragende Persönlichkeiten aus der jüngeren Geschichte der Mächtigen darstellten. Die Wände waren mit Fresken bemalt. Sie berichteten von der Geburtsstunde der Kon-Ra-Tak, bis zu ihrer körperlichen Verwandlung zu Energiewesen. Die Gruppe folgte dem langen Korridor. Neue Bilder vermittelten den Kontakt der Mächtigen zu zahlreichen unterschiedlichen

Kulturen. Interessiert verfolgten die Aller-Ersten die Szenen an den Wänden. Noch in Gedanken schritt die Gruppe auf eine große Pforte zu.

Das Energiewesen klopfte dreimal an die Türe. Unverhofft schwang sie nach innen auf. Auf einem großen Podest saßen 7 humanoide Gestalten, welche die Besucher interessiert mit ihren Blicken abtasteten. Eine leuchtende Aura umgab sie.

»Tretet näher«, sprach die mittlere Person auf dem Podest die Gäste an. »Bitte verzeiht unsere Dreistigkeit. Wir haben unsere alte humanoiden Körperformen angenommen, um das Gespräch mit euch lebendiger zu gestalten. Wir wissen, dass humanoide Lebensformen gerne einen direkten Ansprechpartner bevorzugen. Ihr wart bereits einmal bei uns und wurdet mit dem ewigen Leben gesegnet. Was führt euch erneut auf unsere Welt?«

Die fünf Macoronarus blickten die Mächtigen an. Es schienen organische Lebewesen zu sein, perfekt nachgebildet, ohne einen Hinweis auf ihre energetische Daseinsform. Geoffwan wusste, dass sie im Laufe von Jahrmillionen ihrer körperlichen Daseinsform entwachsen waren.

»Wir danken euch, dass ihr uns empfangt«, entgegnete er.

Die Gäste verbeugten sich und bezeugten ihren Respekt vor den Mächtigen.

»Tretet vor und sprecht eure Wünsche aus«, teilte der Mittlere der Gruppe mit.

Die Aller-Ersten richteten sich wieder auf.

»Wir stehen in Ehrfurcht und Respekt vor den Wissenden des Universums«, teilte Geoffwan mit. » Ihr seid es, die alles zusammengefügt und uns Raum für eine selbstständige Entwicklung gegeben haben. Ihr habt vor vielen Jahrmillionen die Sternen-Inseln geordnet und den Samen des Lebens im Universum gelegt. Hierfür danken wir euch. «

»Das ist richtig«, antwortete der Sprecher des Konzils. »Es erfreut uns, dass sich jüngere Rassen noch an diese Tatsache erinnern. Euer Besuch zeigt uns, dass unsere körperliche Form nicht umsonst gewesen ist. «

Er blickte die Besucher durchdringend an.

»Deswegen seid ihr aber nicht gekommen? «, fragte er mit sanfter Stimme. »Ihr seid vom Stammbaum der Macoronarus. Als Aller-Erste werdet ihr fälschlicherweise bezeichnet. Vermutlich aufgrund der geistigen

Entwicklung eurer Zivilisation, die von jungen Rassen bewundert wird. Ihr selbst habt unsere Arbeit fortgeführt und den Samen für viele neue Lebensformen im Universum ausgesät. Die Galaxien haben sich nach unseren Wünschen mit Leben gefüllt und sind bunter und reichhaltiger geworden. Dafür sind wir euch sehr dankbar. «

»Deswegen sind wir nicht hier«, antwortete Geoffwan. »Auch wir haben eine neue Schwelle der Evolution überschritten. Dieser eigene Sprung auf eine andere Ebene hat unsere Ansicht auf das reale Universum optimiert. Uns wurde der Zugang zu zahlreichen neuen Dimensionen und Sphären eröffnet. Wir werden uns aus dem realen Universum zurückziehen und möchten die Sicherheit und Steuerung der Abläufe einer großen Galaxie in die Hände einer anderen Rasse legen. «

»Wer außer euch ist prädestiniert für diese hoheitliche Aufgabe? «, fragte die Stimme des Sprechers des Konzils.

Geoffwan blickte die Mächtigen an.
»Was können wir euch mitteilen, dass ihr nicht bereits selbst wisst?«, erkundigte er sich «

Die Personen der Mächtigen schienen zu schmunzeln.
»Sprecht weiter, forderte der Sprecher des Konzils auf.

Geoffwan nickte.

»Es gibt eine junge Rasse, die sich verantwortungsvoll entwickeln konnte«, erklärte er. »Diese humanoide Rasse nennt sich Terraner. Sie sind noch jung, doch sie konnten sich bereits unseren Respekt erarbeiten. Durch die Nutzung und Weiterentwicklung der alten natradischen Hinterlassenschaften, haben sie in ihrer Entwicklung viele Jahrhunderte übersprungen. Innerhalb einer kurzen Zeit, konnten wir uns über ihre gewissenhafte Nutzung der technischen Hinterlassenschaften überzeugen.

Die Terraner sind ein Volk, denen ihre Nachbarn am Herzen liegen. Es liegt in ihrer Art, Frieden zu stiften. Das Universum wird durch sie neu geordnet werden. Wir sehen in den Terranern eine Rasse mit sehr viel Potenzial. Wir möchten für den Anführer dieses Volkes und für einige seiner Freunde und Begleiter, um mehr Zeit bitten. Diese steht den Terranern nur begrenzt zur Verfügung. «

»Die Zeit ist das Kostbarste im Universum«, antwortete der Sprecher des Konzils. »Erst wenn die Zeit beherrscht wird, kann ein Volk gelassen in die Zukunft blicken. Garantiert ihr uns, dass die Rasse der Terraner die Zeit positiv nutzen wird? «

»Wir wissen es«, antwortete Geoffwan. »So ist es in dem Buch des großen Aahnn vorherbestimmt. «

Die Mitglieder des Konzils schauten sich an.
»Der große Aahnn ist uns bekannt«, entgegnete der Sprecher der Kon-Ra-Tak. »Er war auch einmal bei uns zu Gast und sprach eine Bitte aus. Durch ihn verbindet uns eine alte Freundschaft mit euch. «

Die Gäste blickten den Sprecher fragend an.
»Die Gründe dieses Besuches darf ich nicht mitteilen«, antwortete er. »Es obliegt jedem Volk selbst, seine Vergangenheit aufzuarbeiten. «

Er blickte er seine Kollegen an. Diese nickten gemeinsam.
»Ihr werdet die Aller-Ersten genannt, obwohl ihr nicht die erste Species im Universum gewesen seid«, erklärte der Sprecher des Konzils. »Ist das nicht bereits ein Widerspruch in euren Aussagen? Habt ihr nicht vor vielen Dekaden die gleichen Wünsche für die Natrader erbeten? Ist euer Plan nicht aufgegangen? «

»Dieser Plan wurde von Rassen anderer Sternen-Inseln untergraben«, antwortete Geoffwan. »Wir konnten zu dem damaligen Zeitpunkt, noch nicht alle Galaxien einsehen. «

»Das wussten wir«, antwortete der Kon-Ra-Tak. »Doch auch das gehört zu der geistigen Weiterentwicklung einer Rasse. Deswegen haben wir auf eine Intervention verzichtet. «

»Hierdurch haben wir leider viel Zeit verloren«, entgegnete Geoffwan.

»Zeit ist für uns ein unbedeutender Begriff«, antwortete der Sprecher des Konzils. »Gemessen an dem Alter des Universums, war diese Zeit nur ein kleiner Bruchteil. Heute steht ihr wieder vor uns, mit der gleichen Bitte. Seid ihr sicher, dass euer Plan dieses Mal aufgeht? «

 »Wer weiß sicher, wie sich die Entwicklung fortsetzt? «, fragte Halswan. » Nach einem Ende kommt ein neuer Anfang, Dies hat uns die Zeit gelehrt. «

»Eine wahrlich weise Erkenntnis«, bemerkte der Sprecher des Konzils. »Wir erkennen eure beachtliche Weiterentwicklung. «

»Wir bitten nicht für uns, um dieses Geschenk«, bemerkte Geoffwan. »Diese Bitte ist für die Rasse der Terraner gedacht, die wir als vertrauensvolle Species ausgewählt haben. Sie benötigen mehr Zeit, um die Dinge im Universum ordnen zu können. «

»Wie heißt diese Person, denen ihr dieses Geschenk unterbreiten mochtet? «, fragte der Kon-Ra-Tak.

»Der Name der Person ist Major Marc Travis«, teilte Geoffwan mit. »Er ist der Anführer der Terraner, die sich bereits im Universum verdient gemacht haben. Ruft seine Taten auf, die überwiegend in der Milchstraße ihren Anfang gefunden haben. Er benötigt eine Gruppe von fünf Personen zur Unterstützung. Die Auswahl der Personen möchten wir ihm selbst überlassen. «

»Es ist ein ungeschriebenes Gesetz unserer absoluten Gutmütigkeit, dass jede Rasse, die wir als evolutionsberechtigt einstufen, nur zwei fremde Rassen vorschlagen darf«, antwortete der Mächtige. »Ist es euch wirklich bewusst, dass ihr mit dieser Kontingentierung leichtfertig umgeht? Bei einer Gewährung dieses Wunsches, können wir eurem Volk keine weiteren Wünsche mehr erfüllen. «

»Das ist uns bewusst«, antwortete Geoffwan. »Wir halten es erforderlich, den besten Weg der möglichen Entscheidungen auszuwählen. «

Die sieben Mitglieder des Konzils der Kon-Ra-Tak blickten sich an und unterhielten sich. Nach einer kurzen

Absprache drehte der Sprecher seinen Kopf wieder Geoffwan zu.

»Die Formalitäten wurden alle erfüllt«, teilte er mit. »Eurem Wunsch kann entsprochen werden. Wir stimmen einstimmig zu. Hört unsere Bedingungen an. «

Eine kurze Pause verstrich.

»Wir sind die Kon-Ra-Tak«, sprachen die sieben Mitglieder des Konzils in einer identischen Stimmlage. »Viele Rassen nennen uns die Erbauer des Universums. Wir haben euren Wunsch gehört und zugestimmt. Erneut gewähren wir einer Rasse Zeit, die ihr als würdig erachtet. Unser Sternen-System wird in einem Jahr, ab heute gerechnet, erneut in die Milchstraße transferieren. Dort werden wir für sieben Tage an dem Geburts-Planeten eines Mitgliedes unserer Rasse verweilen.

Instruiere diesen Major Travis und übergebe ihm unser Rätsel. Die Lösung beinhaltet die besagten Koordinaten, um zeitgerecht unser Transitions- System zu finden. Teile ihm mit, dass er nur innerhalb dieser sieben Tage zu uns kommen kann, um das von euch erbetene Geschenk an sich zu nehmen. Wird diese Frist vertan, verliert sich unweigerlich der Anspruch auf die zu gewährende Zeit. Ich weise euch daraufhin, dass mit diesem Wunsch eure Kontingentierung erloschen ist. Euren weiteren

Wünschen wird nicht mehr entsprochen werden. Ist euch das klar? «

»Wir werden auf die Einhaltung der Fristen achten«, antwortete Geoffwan. »Bisher hat uns Major Travis noch nicht enttäuscht. Wir setzen unser volles Vertrauen in ihn.«

So sei es«, entgegnete der Sprecher des Konzils. »Nehmt diesen Speicherkristall entgegen. Er informiert euch über das Rätsel, welches gelöst werden muss. «

Er hob seine Hand und öffnete sie. Der Speicherkristall schwebte langsam in die Richtung von Geoffwan. Fast wie von unsichtbarer Hand gesteuert, blieb er vor Geoffwan in der Luft hängen.

Dieser griff nach dem Kristall und steckte ihn ein.
»Damit wurde euer Wunsch erfüllt«, bestätigte der Mächtige.

Geoffwan nickte und verbeugte sich.

»Das war der Grund unseres Besuches ist erfüllt«, antwortete er. »Vielen Dank für eure Unterstützung. «

»Wir haben immer noch großes Interesse an dem Universum«, teilte der Mächtige mit. »Obwohl wir uns bereits in anderen Dimensionen des Universums bewegen, vergessen wir unsere Herkunft nicht. Unser Konzil kann über eine Neugestaltung des Universums entscheiden, wenn es notwendig wird. Geht jetzt, eure Zeit ist abgelaufen. Eure Anwesenheit wird vor Ort benötigt. Eine große Kriegsflotte nähert sich der ablondischen Flotte. «

Der Mächtige machte eine Handbewegung. Die Umgebung verschwamm und wurde undeutlich. Alles fiel in sich zusammen.

Irritiert bemerkten die fünf Aller-Ersten, dass sie wieder auf dem trockenen Sand des Wüstenplaneten standen. Nichts deutete auf eine Welt der Kon-Ra-Tak hin.

Die Ratsmitglieder fassten sich an ihre Hände und schlossen ihre Augen. Nur durch die gemeinsame geistige Kraft, versetzten sie sich zurück in ihre Wolkenstadt.

Die große Flotte der Ablonder wartete vor dem Planeten-Haufen, der ehemaligen weißen Anomalie der Zierrakies. Die Kommandeure der Schiffe rechneten stündlich mit dem Eintreffen der Unterstützungs-Flotte des Groß-Kaisers. Die Kommandeure dieses 10.000 Schiffe umfassenden Kampf-Verbandes, konnten noch nichts von der Vernichtung ihres Brückenkopfes wissen. Dank der lantranischen natradischen Zerstörer, konnte die Anomalie zerstört und die eingefangenen Planeten dem Universum zurückgegeben werden. Das Volk der Macoronarus konnte befreit werden.

***

Major Travis und Heran unterhielten sich hierüber. »Vermutlich hatten sich die Aller-Ersten, auch ohne die Hilfe der Ablonder, befreien können«, bemerkte der Major.

Heran pflichtete ihm bei.
»Die Gedanken der Macoronarus waren immer schon schwer zu ergründen«, bemerkte er. »Durch ihren Evolutions-Sprung, wäre es ein Leichtes für sie gewesen, in ihre Wolkenstädte zu wechseln und der Anomalie den Rücken zu kehren. Doch ich vermute, sie wollten das Schicksal der anderen Rassen teilen, die ebenfalls auf Reservats-Planeten inhaftiert waren. Vermutlich waren sie auch an neuen Erkenntnissen über die Rasse der Zierrakies interessiert. «

»Forschungen über einen Zeitraum von 250.000 Jahre sind lange«, sagte Major Travis. »Das kann nur einem Volk einfallen, die bereits die Stufe zur Unsterblichkeit erreicht hat. «

»Du meinst doch nicht uns? «, lächelte Heran.

»Natürlich nicht«, antwortete der Major. »Bei euch fallen Entscheidungen genauso schnell, wie bei uns auf Tarid. «

»Nicht alle Zivilisationen werden von einem Zeitdrang getrieben«, antwortete Heran. » Ich kenne viele Rassen, bei denen die Uhren langsam laufen. «

»Ich werde Geoffwan bei unserem nächsten Treffen, einmal nach den Erkenntnissen fragen, die sein Volk aus der langen Zeit der Forschung gewonnen hat«, entgegnete der Major.

Sein Blick wandte sich Sergeant Dantow zu.
Haben wir neue Ortungen? «, erkundigte er sich.

»Es ist alles ruhig«, erwiderte der Ortungs-Offizier. »Die zierrakische Flotte lässt auf sich warten. «

»Ich gehe auf mein Schiff und fliege zu meinem Verband«, bemerkte Heran. »Es wird sicherlich nicht mehr lange dauern, bis wir Besuch bekommen werden. «

Major Travis schlug ihm auf den Am.

»Mach das«, antwortet er. » Thoran wird sich freuen, dein Schiff zu sehen. «

Heran verabschiedete sich und begab sich in den Hangar der Termar 1, an dem sein Schiff angekoppelt war.

Commander Brenzby war neben Major Travis getreten. Beide blickten auf das CIC.

»Gebe bitte meinen Befehl an die Flotte weiter«, sagte der Major. »Wir nehmen unsere zugewiesenen Positionen ein. Alle Schiffe tarnen sich und nehmen Kurs auf die linke Flanke der errechneten Flugbahnen. «

Der Commander bestätigte und eilte in die Funkabteilung. Dort ließ er den Befehl an die Flotte senden. Die Bestätigungen kamen innerhalb von Sekunden zurück. Die große Flotte des Neuen-Imperiums setzte sich in Bewegung und nahm ihre Positionen ein.

Oberhalb der regulären zierrakischen Einflugs-Koordinaten, die Admiral Dragphan der Hypertronic-KI seines Schiffes entnommen hatte, lagen 43.000 ablondische Schiffe der 1.000.Meter-Klasse in Position. Sie hatten ihre Waffentürme aktiviert und beobachten den Sektor. Die Flotte sollte ein Ausscheren der zierrakischen Armada, in die oberen Sektoren des Weltraums verhindern.

Unterhalb des Einflug-Korridors lagen 3.552 Schiffe, einer 1.500-Meter-Klasse, in Stellung. Sie unterstanden dem neuen ablondischen Flotten-Oberkommando. Die Besatzungen dieser Schiffe, konnten bislang mit nur wenig Kampferfahrung aufwarten. Sie wurden verstärkt durch 50.000 Roboter-Schiffe der Flottenführung. Dem Plan der Aller-Ersten folgend, wurden sie von weiteren 3.900 abtrünnigen zierrakischen Schiffen unterstützt. Ihnen stand der ehemalige Leiter der zierrakischen Fern-Aufklärung, Admiral Dragphan, vor. Dieser erfahrene Befehlshaber war ein Haudegen und hatte bereits an zahlreichen Kampf-Einsätzen teilgenommen. Er wusste, worauf es ankam.

Die Schiffe des Neuen-Imperiums hatten sich in fünf Untergruppen, zu je 1.000 Schiffen, aufgeteilt. Major Travis hatte die Befehlsgewalt an seine erfahrenen Commander übergeben, die sich bereits in den Angriffen von Worgass, oder von Flottenverbänden der Piraten, erfolgreich ausgezeichnet hatten. In dem Zerstörer-Verband von Commander Stuart, standen 200 Schiffe der Kaiser-Klasse, unter dem erstmaligen Befehl von Commander Senga-Hol. Atlanta hatte ihr Einverständnis gegeben, dass sich ihr geschultes Flugpersonal an diesem

Kampfeinsatz beteiligen durfte. Auf den besonderen Wunsch von Commander Senga-Hol, sollte das atlantische Flotten-Personal wieder verstärkt Praxiserfahrungen im Kampfeinsatz gewinnen. Major Travis hatte gegen diesen Wunsch keine Einwände.

Der Major und Commander Brenzby betrachteten das CIC. Die Schiffe des Neuen-Imperiums flogen getarnt ihre Positionen an. Entgegen den Vollbild Darstellungen, wurden im getarnten Zustand nur die Konturen der Schiffe angezeigt. Der lantranische Schiffs-Verband, hatte auf den Befehl von Flottenbefehlshaber Thoran, die Tarnung ihrer Schiffe auf das Niveau der natradischen Schiffe konfiguriert. So konnten alle Schiffe, auf den sensiblen Ortungs-Monitoren beider Flotten erkannt werden, falls neue Angriffs-Strategien notwendig werden sollten. Die Schiffs-Verbände waren in äußerste Alarmbereitschaft versetzt. Leider konnten diese Schiffs-Verbände, von den veralteten Sensoren der ablondischen und den zierrakischen Schiffen, nicht erfasst werden. Sie mussten sich auf die Schätzungen ihrer KI verlassen.

Die Termar 1 war das Flaggschiff des ersten Verbandes von 1.000 Schiffen des Neuen-Imperiums. Sie flog an der Spitze ihres Verbandes und positionierte sich in der Nähe des zu erwartenden Kampfgebietes. Die fünf starken Schiffs-Verbände sollten die linke Flanke der einfliegenden zierrakischen Flotte attackieren. Die Schiffs-Geschwader hielten einen Abstand von zwei Minuten zueinander. So wurde ein Bewegungs- Spielraum für die Schiffe festgelegt. Der Befehl der Termar 1 an die Verbände des Neuen Imperiums war klar definiert. Angriff auf die linke Flanke der einfliegenden Armada von 10.000 zierrakischen Kampf- Schiffen.

Sie wurde als Unterstützung von dem Groß- Kaiser geschickt, um die weiße Anomalie zu halten. Der Befehl lautete, den Gegner mit allen Mitteln auszuschalten, gegebenenfalls manövrierunfähig zu setzen. In einem synchronisierten Zusammenspiel, sollten die fünf Teil-Verbände des Neuen-Imperiums, ein Ausscheren der zierrakischen Groß-Raumschiffe unterbinden, aber auch Schiffe der gegnerischen Flotte vernichten. Dem Groß-Kaiser sollte die Möglichkeit für weitere Angriffe auf junge Rassen des Universums genommen werden.

Commander Stuart hatte seinen Verband in die Position gebracht, welche ihm von der Hypertronic-KI der Termar 1 übermittelt worden war.

Nachdenklich stand er am CIC der Termar 2 und kontrollierte die Ortungsanzeigen seines Schiffes. Er beobachtete den Sektor im All. Doch so sehr er auch nach fremden Schiffs-IDs suchte, konnte er nur die Anzeigen der befreundeten Schiffe entdecken.

»Es ist noch kein Hinweis auf eine feindliche Schiffsgruppe ersichtlich«, meldete er seinem 1. Offizier.

Leutnant Clancy schritt auf ihn zu.
»Das wird die Ruhe vor dem Sturm sein«, entgegnete er.

Commander Stuart nickte.
»Ich besitze die umfangreichen Psi-Fähigkeiten von Heinze nicht«, antwortete er. »Ich verlasse mich lieber auf meinen guten Verstand. Meine Vorahnungen haben mich bisher in den wenigsten Fällen getäuscht. «

Die Termar 2 gehörte zu einer kleinen Flotte experimenteller Schiffe der Naada-Flotte. Auch dieses Schiff war von Noel als Sondermodell kreiert worden. Die Schaltflächen auf den Monitoren veränderten sich ohne manuelle Einwirken. Das war das Standardwerk der ausgereiften Hypertonic-KI des Schiffes.

Commander Stuart blickte auf Captain Mandjano. Der Steuermann des Schiffes schien längst mit dem Schiff eine Einheit gebildet zu haben. Er verließ in den seltensten Fällen seinen Arbeitsplatz. Schon gar nicht, wenn die höchste Alarmbereitschaft für das Schiff angeordnet war.

Captain Mandjano war davon überzeugt, mit der Termar 2 noch zu vielen Schauplätzen des Universums fliegen zu können.

Die große Gemeinschafts-Flotte, lag respektvoll im All und wartete auf die angekündigte Flotte der Zierrakies.

»Wir werden uns heute noch beweisen müssen«, sagte Commander Stuart trocken. »Ist unser Verband instruiert? «

Leutnant Jim Clancy blickte ihn an.
»Ihre Befehle sind durchgegeben und bestätigt worden«, meldete er. »Alle Waffentürme der Schiffe sind ausgefahren, unsere Tarnung ist aktiv. Sobald der feindliche Schiffsverband materialisiert und unsere zugewiesenen Koordinaten kreuzt, werden wir uns enttarnen und angreifen. «

»Perfekt«, erwiderte Commander Stuart. »Hoffen wir einmal, dass die Aller-Ersten nicht falsch liegen. Wahrsager habe ich früher immer als Spinner abgetan. Ich hoffe, dass ich eines Besseren belehrt werde. «

Der Erste Offizier lachte.
»Das habe ich auch erkannt«, entgegnete er. »Das Universum ist voller unbekannter Spinner. «

Die Alarmsirenen heulten auf.

»Ich messe eine starke Erschütterung im Raum-Zeit-Gefüge«, meldete der Ortungs-Offizier, Sergeant Michels.

»Ich brauche eine Bestätigung«, antwortete Commander Stuart. »Geben sie mir exakte IDs durch. Handelt es sich tatsächlich um die erwarteten Feind-Schiffe? «

»Die Daten aktualisieren sich«, rief Sergeant Michels. »Ich übertrage ihnen alles auf ihr CIC. «

Gespannt blickten Commander Stuart und Leutnant Clancy auf das große Display. Gleichzeitig mit den Warnhinweisen, erkannten beide Offiziere des Schiffes, dass eine sehr große Flotte in dem Sonnen-System materialisiert war.

»Den roten Alarm bestätigen«, befahl Commander Stuart. »Warnung an alle Schiffs-Verbände über eine verschlüsselte Hyperkomm-Funkleitung. Teilen sie mit, wir haben ungebetene Gäste im System haben. «

Von einem Moment zum anderen, fiel jegliche Lethargie von der Besatzung ab. Bewegung kam in die Brückencrew. In Sekunden waren die Offizier hellwach. Jeder Handgriff saß.

Die Hypertonic-KI des Schiffes benötigte nur 2 Sekunden, um die einfliegenden Schiffe zu identifizierenden.

»Einfliegende Groß-Raumschiffe werden den Zierrakies geortet«, meldete sie. »Es ist ihre bekannte 2.500-Meter-Schiffs- Klasse. Ihre Größe der Flotte umfasst exakt 10.000 Schiffe. Ihre Waffensysteme wurden aktiviert und sind schussbereit. Sie nähern sich der Flotte der Ablonder in einer seltenen Kubus-Formation. «

Die zierrakischen Schiffe waren gigantisch. Sie hielten einen Kollisions-Kurs, frontal auf die Hauptflotte der Ablonder zu. Die Zierrakies schienen sich ihrer Sache sicher zu sein, ihre Feinde aus dem All sprengen zu können. Die kleinen 250-Meter messenden ablondischen Angriffs-Kreuzer, betrachteten sie nicht als kampfstarke Gegner.

Die großen zierrakischen Schiffe, mit Kantenlängen von 2.500-Metern, wurden auf den Ortungs-Monitoren sichtbarer. Die Schiffe zeigten deutliche Bauten-Auswüchse auf dem Oberdeck und sie verfügten über zahlreichen Antennen. Sie waren den Schiffen des Neuen-Imperiums bereits bestens bekannt.

Obwohl die einfliegende Armada dem Schiffs-Verband von Commander Stuart sehr nahekam, behielt er seine sprichwörtliche Ruhe.

»Abwarten«, beruhigte der Commander die Brückenoffiziere. »Funkoffizier, teilen sie bitte der Flotte mit, dass sie ruhig bleiben und meine Befehle ausführen soll. Enttarnen erfolgt erst auf meine ausdrückliche Anweisung hin. Wir werden die feindlichen Schiffe zuerst mit der Hyper-Space-Kanone angreifen. Das einschlagende Geschoss wird ihren Schutzschirm aufreißen. Danach werden im Dauerbeschuss unsere Laser-Türme einsetzen. «

»Zu Befehl«, antwortete Leutnant Clancy unruhig. »Die Flotte wartet auf ihren Befehl. «

Die einfliegende Armada der zierrakischen Schiffe näherte sich einem Abstand von 5.500 Kilometern den Abwehr-Linien der ablondischen Angriffs-Kreuzer. Diese hatten sich zu einer chaotischen Formation gruppiert. Für Beobachter schien diese Formation ein heilloses Durcheinander darzustellen. Doch dies sollte sich schnell als optische Täuschung herausstellen.

**

Die Schiffe der Zierrakies näherten sich.

Sil'drock und Ras'ekin beobachteten den Einflug der Schiffe.

»Das sind sie«, grinste er. »Unsere Herren haben es vorausgesehen. «

»Unser Flotte wurde instruiert«, sagte Ras'ekin. »Gleich greifen wir an. Die feindlichen Schiffe sind noch nicht nahe genug. Auf sie wird unsere Formation, wie eine Anhäufung von Weltraumschrott, aussehen. «

»Ihre KI wird nicht in der Lage sein, die exakte Anzahl unserer Schiffe zu ermitteln«, bemerkte Sil'drock. »Alles läuft nach Plan. Gedulden wir uns noch etwas. «

Der junge Ablonder nickte beipflichtend.

Sil'drock zeigte auf den Monitor.

»Was ist jetzt? «, fragte er erstaunt. » Die Unterstützungs-Flotte der Zierrakies hat gestoppt und verhält sich abwartend. «

»Ich orte Hyperkomm-Funksprüche zwischen den zierrakischen Schiffen«, meldete die Hypertonic-KI des Schiffes.

»Können wir diese dechiffrieren? «, erkundigte sich Sil'drock.

»Ich beginne mit der Übersetzung«, bestätigte die KI.

»Bitte auf die Lautsprecher legen«, befahl Sil'drock.

Admiral Dragphan hatte mit seinen 3.900 Schiffe eine Position, an der Unterseite des errechneten Einflugs-Korridors, der zierrakischen Schiffe bezogen. In einem ausreichendem Abstand, standen die ablondischen Schiffe der Flottenführung in Bereitschaft. Die Waffentürme sämtlicher Schiffe waren ausgefahren.

»Wir orten eine Erschütterung im Hyperraum«, meldete der Ortungs-Offizier des Flaggschiffes. »Die Unterstützungs-Flotte ist eingetroffen. «

Admiral Dragphan blickte auf seine Monitore. Zahlreiche neue Schiffs-IDs wurden angezeigt.

»Öffnen sie einen Kanal zu dem Flaggschiff des Verbandes«, befahl er seinem Funk-Offizier.

»Die Verbindung steht«, antwortete dieser. »Sie können sprechen, Admiral. «

Der ehemalige Leiter der Fern-Aufklärung nickte.

»Hier spricht Admiral Dragphan«, sprach er in den Communicator. »Ich rufe alle Worgass-Offiziere, die unter der Knechtschaft der Zierrakies leiden. Wir haben uns von der selbsternannten Herren-Rasse abgespalten. Die Worgass in der weißen Anomalie werden nie mehr unter irgendwelchen Herren dienen und für sie die Schmutzarbeit erledigen. Ich fordere alle Worgass-Besatzungen auf, unserem Beispiel zu folgen. Verweigern sie ihren zierrakischen Herren die Gefolgschaft. Folgen sie uns auf einen eigenen Planeten mit eigener Verwaltung. Die Zierrakies sind Vogelwesen. Sie haben uns in der langen Zeit unserer Dienerschaft ausgenutzt und als Kanonenfutter verheizt.

Alle Offiziere von uns, die ihre Anweisungen hinterfragt haben, wurden von ihnen abgeurteilt und hingerichtet. Sicherlich wird es auf dem Heimat-Planeten der Zierrakies nicht anders gewesen sein. Lasst ab von ihren Befehlen und folgt uns. Lasst uns einen letzten Kampf bestreiten, gegen Knechtschaft und Unterdrückung, für unsere Freiheit. Alle Worgass, die es leid sind unter den Zierrakies zu leiden, schließen sich unserer Flotte an. Ich bin Admiral Dragphan, ehemaliger Leiter der zierrakischen Fern-Aufklärung in der zweiten Anomalie. «

Die große Flotte von Admiral Lirthryth war aus dem Hyperraum getreten. Sofort schlugen die Ortungstaster aus und zeigten die Präsenz starker Flotten-Verbände an. »Wir werden bereits erwartet«, lächelte der Admiral. »Ein Haufen kleiner Schiffe wartet auf uns. «

Er blickte auf seine Bildschirme. Plötzlich irritierte ihn etwas. Er rief nach seinem 1. Offizier.

Captain Rithphan eilte herbei.
»Sehen sie die Ansammlung der Planeten? «, fragte er.

Der Captain nickte.
»Ein sogenannter Planetenhaufen«, antwortete dieser. »In dieser Vielfalt ist er selten anzutreffen. «

»Darüber bin ich mir im Klaren«, entgegnete der Admiral. »Wo ist die Anomalie geblieben? Der Asteroidenwall ist verschwunden. Ebenso die übergroßen Sonnengiganten.«

Der Captain stutzte.
»Jetzt wo sie es sagen, stelle ich es auch fest«, erwiderte er. »Welche Rasse ist in der Lage, die großen Sonnen zu vernichten. «

Admiral Lirthryth schüttelte seinen Kopf.

»Da bin ebenfalls überfragt«, antwortete er. »Wir sollten die Fremden nicht unterschätzen. Sie haben die Anomalie und die Sonnen zerstört. Ihre Waffen müssen stark sein.«

»Wir orten nur ablondische Schiffe«, meldete der Ortungs-Offizier. »Ferner eine Flotte von 3.900 zierrakischen Groß-Raumschiffen. «

»Langsame Fahrt voraus«, befahl der Admiral. »Wir werden den Kampf aufnehmen. «

»Eingehender Hyper-Funkspruch des zierrakischen Flaggschiffes«, meldete der Funk-Offizier.

»Legen sie das Gespräch auf unsere Lautsprecher«, antwortete der Admiral. »Hören wir uns an, was sie zu sagen haben. «

»Die Leitung steht«, antwortete der Angesprochene. »Hier spricht Admiral Dragphan«, tönte es aus den Lautsprechern. »Ich rufe alle Worgass, die unter der Knechtschaft der Zierrakies leiden. Wir haben uns von der selbsternannten Herren-Rasse abgespalten. Die Worgass der weißen Anomalie werden nie mehr unter irgendwelchen Herren dienen und für sie die Schmutzarbeit erledigen. Ich fordere alle Worgass-Besatzungen auf, unserem Beispiel zu folgen. Verweigern sie ihren zierrakischen Herren die Gefolgschaft. Folgen sie uns auf einen eigenen Planeten und eigener Verwaltung.

Die Zierrakies sind Vogelwesen. Sie haben uns in der langen Zeit unserer Dienerschaft ausgenutzt und als Kanonenfutter verheizt. Die Offiziere von uns, die ihre Anweisungen hinterfragt haben, wurden von ihnen abgeurteilt und hingerichtet. Sicherlich wird es auf dem Heimat-Planeten der Zierrakies nicht anders gewesen sein. Lasst ab von ihren Befehlen und folgt uns. Lasst uns einen letzten Kampf bestreiten, aber gegen unsere Knechtschaft. Alle Worgass, die es leid sind unter den Zierrakies zu leiden, schließen sich unserer Flotte an. Ich bin Admiral Dragphan, ehemaliger Leiter der zierrakischen Fern-Aufklärung in der zweiten Anomalie. «

Der Admiral blickte seinen 1. Offizier an.
Keiner von ihnen wusste etwas zu sagen.

Der Admiral fing sich als erster.
»Befehl an alle Schiffe«, befahl er. »Die Antriebe stoppen und eine Warteposition beziehen. Alle Schiffe bleiben auf ihren derzeitigen Positionen. «

»Ihr Befehl wurde übermittelt«, antwortete der Funk-Offizier.

Die große Flotte der Zierrakies stoppte und wartete auf neue Befehle.

»Wir erhalten einen neuen Funkspruch«, meldete die Funkabteilung. »Diesmal über den offenen Flottenkanal. Alle Schiffe können mithören. «

»Legen sie auf die Lautsprecher«, befahl der Admiral.

»Hier spricht Lord-Admiral Öythrisyth, Leiter der zierrakischen Fern-Aufklärung«, schallte es aus den Lautsprechern. »Warum haben sie den Angriff der Flotte gestoppt? Wir haben eine Aufgabe zu erledigen. «

»Wir werden die Situation neu bewerten«, antwortete Admiral Lirthryth. »Vor uns stehen 3.900 Schiffe mit Worgass-Besatzungen. Sie erwarten doch nicht von uns, dass wir unsere eigenen Leute abschlachten? «

»Der Befehl des Groß-Kaisers ist eindeutig«, erwiderte der Lord-Admiral. »Befehlen sie sofort den Angriff fortzusetzen. Wer mit den Deserteuren verhandelt, wird als Kriegsverbrecher vor ein Gericht gestellt und abgeurteilt. Alle Worgass, die nicht unserem Befehl folgen, werden nach unserer Rückkehr hingerichtet. Eine Kapitulation kommt nicht in Frage. Sie alle kennen die Gesetze. «

»Deswegen bewerten wir die Situation neu«, erwiderte Admiral Dragphan trocken. »Wir werden unsere Leute nicht zu einer Schlachtbank führen. Sie können schon einmal voraus fliegen und mit ihrem Verband die Schiffe der Ablonder angreifen. «

»Ich verbitte mir ihren Zynismus«, schrie der Lord-Admiral. »Der Groß-Kaiser wird von ihrem Verhalten unterrichtet werden. Der enge Stab des Kaisers war im Vorfeld mit der Entscheidung des Imperators nicht einverstanden, ihnen das Kommando der Flotte zu Übertragen. Ich befehle ihnen, den Angriff unverzüglich fortzuführen. Verspielen sie nicht ihr Wohlwollen bei dem Groß-Kaiser. «

Admiral Lirthryth hatte genug gehört. Er machte eine eindeutige Bewegung seiner Hand und wies den Funk-Offizier an die Verbindung zu unterbrechen.

Der 1. Offizier blickte ihn irritiert an.
»Das wird nicht gut ausgehen«, flüsterte er.

»Ist es das nicht, was sie immer wollten? «, fragte der Admiral. » Sie konnten doch die Zierrakies nicht mehr sehen? Wollen wir jetzt die Besatzungen unserer Schiffe opfern? «

Der Admiral überlegte kurz.

»Wie viele Schiffe unseres Verbandes sind ausschließlich mit zierrakischen Offizieren besetzt? «, fragte er.

Captain Rithphan rief eine Datei der Hypertronic-KI auf.

»Das ist lediglich der Schiffs-Verband unter Lord-Admiral Öythrisyth«, antwortete er. »Er ist dem Groß-Kaiser treu ergeben und hat sich mit 2.000 Groß-Kampfschiffen seines Clans freiwillig beteiligt. Er hat sich bisher immer geweigert, das Kommando seiner Schiffe an Worgass-Offiziere zu übergeben. «

»Stellen sie eine Verbindung zu Admiral Dragphan her«, sagte der Admiral. »Ich möchte mit meinem Kollegen persönlich sprechen. «

»Die Verbindung baut sich auf«, entgegnete der Funk-Offizier.

»Hier spricht Admiral Lirthryth«, sprach er in den Communicator. »Ich rufe Admiral Dragphan, bitte melden sie sich. «

Nach einem kurzen Knistern in der Verbindung, meldete sich der ehemalige Admiral der Fern-Aufklärung.

»Hier ist Admiral Dragphan«, antwortete er.

»Hallo, Admiral Dragphan«, entgegnete Admiral Lirthryth. »Wir kennen uns. Ich war bereits einmal in ihrer Fern-Aufklärung. Sie bringen uns sprichwörtlich in einen Zwiespalt. Wir stehen vor einer schwierigen Entscheidung. Lord-Admiral Öythrisyth ist mit einem Geschwader von 2.000 Schiffen in unserer Flotte integriert. Er macht mir die Hölle heiß, sie umgehend anzugreifen und zu vernichten. «

»Das haben wir alles bereits erlebt«, antwortete Admiral Dragphan. »Die Zierrakies verheizen uns an der Front und halten ihre Klauen sauber. Wir sind es leid und werden ihren Befehlen nicht mehr folgen. «

»Das ist alles gut und schön«, erwiderte Admiral Lirthryth. »Doch was passiert mit unseren Familien auf Zierraky. «

»Wenn wir hier alles geregelt haben, fliegen wir zu dem Heimat-System der Vogelköpfe und bringen die Situation in Ordnung«, antwortete Admiral Dragphan. »Der Groß-Kaiser wird eine Kapitulation unterschreiben und auf sein Sternen-System beschränkt. Ihre Familien können sie evakuieren und mitnehmen. Für sie alle ist Platz auf unserem neuen Planeten. «

Der Admiral dachte nach.

»Sind sie sicher, dass wir dies realisieren können? «, fragte er nach. » Ihnen wird sicherlich klar sein, dass wir nicht zu den Zierrakies zurückkönnen. Sie werden Jagd auf uns machen. «

»Das wurde alles berücksichtigt«, antwortete Admiral Dragphan. »Sie können uns vertrauen. Wir haben mächtige Freunde gefunden. Sie beschützen uns und sorgen dafür, dass die Zierrakies zu keiner Zeit mehr Zugriff auf unsere Zivilisation bekommen, noch weniger auf unsere Gene. «

»Ich vertraue ihnen, lieber Kollege«, antwortete Admiral Lirthryth. »Ich werde ihr Angebot mit den Besatzungen meiner Schiffe besprechen. Verstehen sie bitte, dass ich diese Entscheidung nicht allein tragen kann. «

»Das konnte ich auch nicht«, antwortete Admiral Dragphan. »Beeilen sie sich. Der zierrakische Lord-Admiral wird ihnen sicherlich nicht viel Zeit lassen. «

»Ich melde mich wieder«, erwiderte Admiral Lirthryth. »Warten sie bitte so lange ab. «

Die Verbindung schaltete sich ab.

Admiral Lirthryth blickte seinen 1. Offizier an. »Stellen sie eine Konferenzschaltung zu allen Schiffen her«, befahl er. »Ich möchte allen Commandern die gleiche Frage zur Entscheidung stellen. Sollen wir im Kampf für die Zierrakies unterzugehen, oder mit unseren Familien endlich in Frieden auf einem eigenen Planeten leben. «

Der Captain nickte und eilte zu der Funkkonsole. Admiral Lirthryth blickte nervös auf den Bildschirm, der alle Standorte der Schiffe anzeigte. Noch verhielten sich die zierrakischen Schiffe ruhig. Das Geschwader von Lord-Admiral Öythrisyth machte keine Anstalten, den Gegner allein anzugreifen. Die Zeit verging sehr langsam.

Er drehte seinen Kopf und suchte die Funkabteilung. »Bekommen wir Antworten von den Schiffen? «, fragte der Admiral. » Wir haben keine Zeit für lange Entscheidungen. «

»Erste positive Bestätigungen kommen zurück«, meldete Captain Rithphan. »Bisher wurde noch keine Entscheidung gegen ihren Vorschlag getroffen. «

Admiral Lirthryth atmete erleichtert aus.
Weitere Zeit verstrich. Der 1. Offizier kam lächelnd zurückgeeilt.

»Fast alle Schiffe unter unserem Kommando tragen ihre Entscheidung mit«, meldete er. »Lediglich 80 Schiffe mit einem gemischten Worgass und einem Zierrakie-Kommando, haben sich gegen unseren Vorschlag ausgesprochen. «

»Vermutlich wurden unsere Offiziere von den Zierrakies unter Druck gesetzt«, antwortete der Admiral.

Er schüttelte seinen Kopf.
»Wenn sie in dieser Situation nicht das Kommando des Schiffes übernehmen, dann werden wir nichts für sie tun können«, ergänzte er.

Er blickte den Funk-Offizier an.
»Öffnen sie die Leitung zu Admiral Dragphan«, sagte er.

»Die Leitung steht«, antwortete dieser. »Sie können sprechen.

»Hier ist Admiral Lirthryth«, sprach er in den Communicator. »Ich rufe Admiral Dragphan. «

»Ich höre sie Admiral«, antwortete der ehemalige Leiter der zierrakischen Fern-Aufklärung. »Konnten sie eine Entscheidung treffen? «

»Unser Flotte ist mit ihrem Vorschlag einverstanden«, entgegnete der Admiral. »Lediglich 2080 Schiffe verbleiben unter dem Kommando der zierrakischen Führung. «

»Perfekt«, antwortete Admiral Dragphan. »Unterwerfen sie sich meinem Kommando. Schießen sie mit ihren Schiffen zu meinem Verband auf, gehen sie in eine Abfangstellung und warten sie auf den Angriff der Zierrakies. Unterstützen sie meinen Verband und verhindern sie Verluste an unseren Schiffen. Kann ich mich auf sie verlassen? «

»Natürlich«, antwortete Admiral Lirthryth. »Unsere Entscheidung steht und ist unumgänglich. Wir haben von den Zierrakies in dieser Situation nichts mehr zu erwarten. Wir schließen sie ihnen auf. «

Er beendete die Leitung und blickte seinen ersten Offizier an.

»Veranlassen sie bitte einen Befehl an alle unsere Schiffe«, teilte er mit. »Sie möchten Fahrt aufnehmen und sich um die 3.900 Schiffe unserer Kollegen aus der Anomalie positionieren. Alle Waffentürme werden ausgefahren. Die Kampffreigabe auf alle zierrakischen Schiffe wird von mir autorisiert. «

Der 1. Offizier nickte und lief davon.

»Ihr Befehl wurde gesendet«, bestätigte er nach wenigen Sekunden.

»Steuermann«, befahl der Admiral. »Fliegen sie uns zu den Koordinaten unserer wartenden Freunde. Kurs auf die 3.900 Schiffe des Planeten-Haufens nehmen. «

***

Laute Alarmsirenen heulten auf der Termar 1 auf. Major Travis und Commander Brenzby standen am CIC. Das Combat-Information-Center war eine ausgereifte, über die Hypertronic-KI des Schiffes gesteuerte, Gefechts-Informations-Zentrale. Hier liefen alle wichtigen Daten automatisch zusammen. Der Commander eines modernen Raumschiffes wurde hiermit in die Lage versetzt, reaktionsschnelle Entscheidungen zu treffen. »Ich orte eine starke Erschütterung des Raum-Zeit-Gefüges«, meldete Sergeant Dantow, der Ortungs-Offizier des Schiffes. »Es geht los, ich bekomme zahlreiche feindliche Schiffs-ID's gemeldet. «

»Um wie viele Schiffe handelt es sich? «, fragte Commander Brenzby? » Haben sie eine Zahl vorliegen? «

»Die Daten bauen sich neu auf«, erwiderte der Ortungs-Offizier. » Ich leite alles auf das CIC weiter. «

Gespannt blickten Major Travis und Commander Brenzby auf das fast zwei Meter große Display. Zahlreiche rote Fremdimpulse blinkten auf der Anzeige. Beide Offiziere realisierten, dass eine sehr große Flotte im dem Sonnen-System der ehemaligen weißen Anomalie materialisiert war.

»Roter Alarm ausrufen«, befahl Major Travis. »Warnung an alle Schiffs-Verbände über eine verschlüsselte Hyperkomm-Funkverbindung«, entschied der Commander. »Teilen sie unseren Schiffen mit, dass die Zierrakies eingetroffen sind. «

»Wir erhalten bereits den Warnhinweis von Commander Stuart«, meldete Sergeant Farmer. »Er hat ebenfalls die Armada auf seinen Ortungsmonitoren. «

Von einem Moment zum anderen, kam Bewegung in die Brückencrew der Termar 1. Jedes Besatzung-Mitglied wusste jetzt, dass der Ernstfall eingetreten war. Eine falsche Entscheidung konnte den Untergang des Schiffes bedeuten. Doch das Personal der Termar 1 war bereits öfter solchen Situationen ausgesetzt. Jeder Handgriff saß.

In Sekunden war die Crew hellwach. Die spezielle Hypertonic-KI des Schiffes benötigte nur Millisekunden, um die einfliegenden Schiffe zu identifizieren und die Anzahl zu bestimmen.

»Einfliegende Groß-Raumschiffe der Zierrakies geortet«, meldete sie monoton. »Es handelt sich um Schiffe der 2.500-Meter-Klasse. Die Größe der Flotte umfasst exakt 10.000 Schiffe. Die Waffensysteme wurden aktiviert und sind bereit zu Feuern. Sie nähern sich der Flotte der Ablonder in einer seltenen Kubus-Formation. Ihr Abstand beträgt 5.500 Kilometer. «

Major Travis blickte auf das CIC.
»Unsere Strategie geht auf«, bemerkte er. »Die zierrakischen Schiffe benutzen den gleichen Einflugs-Korridor. Wir warten ab, bis die Schiffe unsere Linie passieren. «

Commander Brenzby nickte.
»Ich gebe den Befehl weiter«, erwiderte er.

Er griff nach dem Communicator und instruierte die Schiffe seines Verbandes über den kodierten Flotten-Funk.

»Sie kommen als letzte Hilfe des Kaisers«, bemerkte Major Travis. »Sie wollen ihren Brückenkopf der 2. Dimension unter keinen Umstanden aufgeben. «

Commander Brenzby nickte beipflichtend.

»Sie wollen es den Feinden und den abtrünnigen Worgass zeigen, wie eine Herrenrasse mit solchen Deserteuren umgeht«, fluchte er.

»Sie wissen noch nicht, dass es nicht nur um die Ablonder geht«, entgegnete Major Travis. »Auch die Worgass werden ihre neugewonnene Freiheit, ihre Familien und alle Angehörigen, bis zu ihrem letzten Atemzug verteidigen, um nicht wieder unter die hinterlistige Knappschaft der Vogelwesen zu geraten. Alle hier geborenen Worgass werden die Wiege ihrer Familien nicht kampflos übergeben. Dessen bin ich mir sicher. «

»Ich empfange Hyperkomm-Funksprüche von Admiral Dragphan«, meldete Sergeant Farmer. »Er ruft das Flaggschiff der Unterstützungs-Flotte. «

»Dechiffrieren und auf die Lautsprecher legen«, befahl Major Travis.

Es knisterte in den Lautsprechern, dann wurde die Mitteilung klar verständlich.

»Hier spricht Admiral Dragphan«, tönte es aus den Wiedergabegeräten. »Ich rufe alle Worgass, die unter der Knechtschaft der Zierrakies leiden. Wir haben uns von der selbsternannten Herren-Rasse abgespalten. Die Worgass der weißen Anomalie werden nie mehr unter irgendwelchen Herren dienen und für sie die Schmutzarbeit erledigen. Ich fordere alle Worgass-Besatzungen auf, unserem Beispiel zu folgen. Verweigern sie ihren zierrakischen Herren die Gefolgschaft. Folgen sie uns auf einen eigenen Worgass-Planeten mit eigener Verwaltung durch unsere Clans.

Die Zierrakies sind Vogelwesen. Sie haben uns in der langen Zeit unserer Dienerschaft ausgenutzt und als Kanonenfutter verheizt. Die Offiziere von uns, die ihre Anweisungen hinterfragt haben, wurden von ihnen abgeurteilt und hingerichtet. Sicherlich wird es auf dem Heimat-Planeten der Zierrakies nicht anders gewesen sein. Lasst ab von ihren Befehlen und folgt uns. Hier und jetzt bestreiten wir unseren letzten Kampf gegen die Knechtschaft und Unterdrückung durch die Zierrakies. Alle Worgass, die es leid sind unter den Zierrakies zu dienen, schließen sich unserer Flotte an. Dieses Angebot erfolgt nur einmalig. Ich bin Admiral Dragphan, ehemaliger Leiter der zierrakischen Fern-Aufklärung in der zweiten Anomalie. «

»Das war vereinbart«, erklärte Major Travis. »Hoffen wir einmal, dass zumindest einige Schiffe der Zierrakies unter einem Worgass-Kommando auf das Angebot eingehen werden. «

»Die Unterstützungs-Flotte der Zierrakies hat ihre Antriebe ausgeschaltet und ihren Flug gestoppt«, meldete Sergeant Dantow.

»Sie werden überlegen«, bemerkte Commander Brenzby. »Das Angebot scheint verlockend für sie zu sein. «

»Ich empfange einen Hyper-Funkspruch aus dem Schiffs-Verband der Zierrakies«, sagte Sergeant Farmer. »Er ist in zierrakischer Sprache gehalten. «

»Kann unsere KI den Wortlaut übersetzen? «, fragte der Major.

Der Funk-Offizier nickte.
»Die Übersetzung wird übertragen«, erklärte er.

»Hier spricht Lord-Admiral Öythrisyth, Leiter der zierrakischen Fern-Aufklärung«, tönte es aus den

Lautsprechern. » Warum haben sie den Angriff der Flotte gestoppt? Wir haben eine Aufgabe zu erledigen. «

»Wir mussten die Situation neu bewerten«, antwortete Admiral Dragphan. »Vor uns stehen 3.900 Schiffe mit Worgass-Besatzungen. Sie erwarten doch nicht von uns, dass wir unsere eigenen Leute abschlachten? «

»Der Befehl des Groß-Kaisers ist eindeutig«, antwortete der Lord-Admiral. »Befehlen sie sofort den Angriff fortzusetzen. Wer mit den Deserteuren verhandelt wird als Kriegsverbrecher vor ein Gericht gestellt und abgeurteilt. Alle Worgass, die nicht unserem Befehl folgen, werden nach unserer Rückkehr hingerichtet. Eine Kapitulation kommt nicht in Frage. Sie alle kennen die Gesetze. «

»Deswegen bewerten wir die Situation neu«, antwortete Admiral Dragphan. »Wir werden unsere Leute nicht zu einer Schlachtbank führen. Sie können schon einmal voraus fliegen und mit ihrem Verband die Schiffe der Ablonder angreifen. «

»Ich verbitte mir ihren Zynismus«, kreischte der Lord-Admiral. »Der Groß-Kaiser wird von ihrem Verhalten unterrichtet werden. Der enge Planungs-Stab des Kaisers war im Vorfeld mit seiner Entscheidung nicht einverstanden, ihnen das Kommando der Flotte zu übertragen. Ich befehle ihnen, den Angriff unverzüglich fortzuführen. Verspielen sie nicht ihr Wohlwollen bei dem Groß-Kaiser. «

»Die Verbindung wurde beendet«, teilte Sergeant Farmer mit. »Der kommandierende Admiral der Unterstützungs-Flotte hat die Verbindung gekappt. «

»Sie sind sich uneinig«, bemerkte Major Travis. »Das war unser Ziel. Vielleicht funktioniert der Vorschlag von Admiral Dragphan und weitere Groß-Kampfschiffe wechseln die Seite. «

»Ein weiterer Hyperkomm-Funkspruch wird empfangen«, teilte Sergeant Farmer mit. »Ich lege ihn auf die Lautsprecher. «

»Hier spricht Admiral Lirthryth«, klang es aus den Wiedergabegeräten. » Ich rufe Admiral Dragphan, bitte melden sie sich. «

Nach einem kurzen Knistern in der Verbindung«, meldete sich der Admiral.

»Hier spricht Admiral Dragphan«, antwortete er.

»Hallo Admiral Dragphan«, sprach Admiral Lirthryth ihn an. »Wir kennen uns. Ich war bereits einmal in ihrer Fern-Aufklärung. Sie bringen uns sprichwörtlich in einen Zwiespalt. Wir stehen vor einer schwierigen Entscheidung. Lord-Admiral Öythrisyth ist mit einem Geschwader von 2.000 Schiffen in unserer Flotte integriert. Er macht mir die Hölle heiß. Ich soll sie auffordern, die fremden Schiffe umgehend anzugreifen und zu vernichten. «

»Das haben wir doch alles bereits erlebt«, antwortete Admiral Dragphan. »Die Zierrakies möchten uns Worgass gerne an der Front verheizen, aber sie selbst halten ihre Klauen sauber. Wir sind es leid und werden ihren Befehlen nicht mehr folgen. «

»Das sind alles schöne Worte«, erwiderte Admiral Lirthryth. »Doch was passiert mit unseren Familien auf Zierraky? «

»Wenn wir hier alles geregelt haben, fliegen wir zu dem Heimat-System der Vogelköpfe und bringen die Situation in Ordnung«, erklärte Admiral Dragphan. » Der Groß-Kaiser wird eine Kapitulation unterschreiben und auf heimatliches Sternen-System beschränkt werden. Sie können im Anschluss ihre Familien evakuieren. Für sie alle ist Platz auf unserem neuen Planeten. Dem ersten eigenen Planeten der Worgass, seit wir durch die vielen Genmanipulationen unterschiedlicher Herrenrassen versklavt wurden. «

Admiral Lirthryth bemerkte die Abscheu in der Stimme des Admirals, als er über die Zierrakies sprach.

Er dachte intensiv nach.
»Sind sie sicher, dass wir dies alles realisieren können? «, fragte er nach. » Ihnen wird sicherlich klar sein, dass wir nicht zu den Zierrakies zurückkehren können. Sie werden Jagd auf uns machen. «

»Das wurde alles von uns berücksichtigt«, antwortete Admiral Dragphan. »Sie können uns vertrauen. Wir haben mächtige Freunde gefunden. Sie beschützen uns und sorgen dafür, dass die Zierrakies zu keiner Zeit mehr Zugriff auf unsere Zivilisation bekommen, noch weniger auf unsere Gene. «

Wenn wir hier fertig sind, erhoffe ich mir mehr von ihnen zu erfahren«, erwiderte Admiral Lirthryth. »Sicherlich stellen sie mir auch ihre neuen Freunde vor? «

»Selbstverständlich«, antwortete Admiral Dragphan. »Machen sie sich selbst ein Bild von unseren ehrlichen Absichten. «

»Ich kenne sie als außerordentliche Respektperson«, erwiderte Admiral Lirthryth. »Daher vertraue ihnen, lieber Kollege. Ich werde ihr Angebot mit den Besatzungen meiner Schiffe besprechen. Verstehen sie bitte, dass ich diese Entscheidung nicht allein tragen kann.«

»Das konnte ich auch nicht«, antwortete Admiral Dragphan. »Doch beeilen sie sich bitte. Der zierrakische Lord-Admiral wird ihnen sicherlich nicht viel Zeit lassen. «

»Ich melde mich wieder«, erwiderte Admiral Lirthryth. »Warten sie bitte so lange ab. «

Die Verbindung schaltete sich ab.
Major Travis und Commander Brenzby schauten sich an. »Der Admiral der Unterstützungs-Flotte scheint ein einsichtiger Offizier zu sein«, sagte der Major.

»Zahlreiche Funksprüche verlassen das Flaggschiff der Unterstützungs-Flotte«, bemerkte Sergeant Farmer. »Die Worgass-Commander der Schiffe werden abgefragt. Der Wortlaut wurde übersetzt und lautet ungefähr so:

Wir stehen vor der Entscheidung, im Kampf für die Zierrakies unterzugehen, oder mit unseren Familien endlich in Frieden auf einem eigenen Planeten leben zu können. Wir haben keine Zeit für lange Diskussionen. Hier ist der Wendepunkt, der über unsere Zukunft entscheidet. Wir erwarten von allen Worgass-Commandern eine sofortige Rückmeldung, welche Entscheidung wir treffen sollen. Die Evakuierung unserer Familien, Angehörigen und Freunde wurde zugesagt. Admiral Lirthryth kennt den Admiral der zierrakischen Anomalie als einen vertrauenswürdigen seriösen Offizier. Er würde uns nie hintergehen. Wir bitten um eine schnelle Antwort. «

»Die Zerrissenheit in der zierrakischen Flotte ist offensichtlich«, erkannte Commander Brenzby. »Hoffentlich zeigen sie auch die Schiffs-Commander einsichtig. «

»Antworten die Schiffen bereits? «, fragte Major Travis.

»Erste positive Bestätigungen kommen zurück«, antwortete Sergeant Farmer. »Bisher wurde noch keine Entscheidung gegen den Vorschlag von Admiral Lirthryth getroffen. Die Flotte scheint hinter ihm zu stehen. «

Nach einigen Minuten, konnte ein weiterer Hyperkomm-Funkspruch empfangen werden.

»Die Antwort wurde gesendet«, meldete Sergeant Farmer.

»Stellen sie bitte laut«, befahl Major Travis sichtlich neugierig.

»Hier ist Admiral Lirthryth«, klang es aus den Lautsprechern. »Ich rufe Admiral Dragphan. «

»Ich höre sie, Admiral«, antwortete der ehemalige Leiter der zierrakischen Fern-Aufklärung. »Konnten sie eine Entscheidung treffen? «

»Unsere Flotte ist mit ihrem Vorschlag einverstanden«, entgegnete der Admiral. »Lediglich 2.080 Schiffe verbleiben unter dem Kommando der zierrakischen Führung. «

»Perfekt«, antwortete Admiral Dragphan. »Unterwerfen sie sich meinem Kommando. Schießen sie ihre Schiffe zu meinem Verband auf, gehen sie in eine Abwehrstellung und warten sie den Angriff der restlichen zierrakischen Schiffe ab. Unterstützen sie meinen Verband und verhindern sie Verluste bei unseren Schiffen. Kann ich mich auf sie verlassen? «

»Natürlich«, antwortete Admiral Lirthryth. »Unsere Entscheidung steht und ist nicht mehr zu ändern. Wir haben von den Zierrakies in dieser Situation nichts mehr zu erwarten. Wir schließen zu ihnen auf. «

Sil'drock und Ras'ekin hatten die Hyperkomm-Funksprüche verfolgt.

»Obwohl ich nicht gut auf die Worgass zu sprechen bin, muss ich Admiral Dragphan Respekt zollen«, lächelte Ras'ekin. »Er hat die Flotte gespalten. Unser Sieg ist bereits gesichert. Mit nur 2.080 zierrakischen Groß-Raumschiffen können sie nicht mehr viel ausrichten. Wir sollten unsere Schiffs-Gruppen neu ausrichten. Nach dieser Rebellion werden wir unsere Angriffs-Gruppen auf 590 Schiffe erhöhen. Kein zierrakisches Schiff wird uns entkommen. «

Sil'drock hatte sich in seinem Kommando-Stuhl zurückgelehnt. Er überlegte intensiv.

»Der Kampfgeist ist aus mir gewichen«, sagte er leise. »Was wir vorhaben, kommt einem Abschlachten gleich. »Wollen wir uns auf die gleiche Stufe mit den Zierrakies stellen? «

Ras'ekin blickte ihn seltsam an.

»Willst du jetzt das Geschehene vergessen«, antwortete er. »Sollen die Zierrakies ihrer gerechten Strafe entgehen? «

»Nein«, antwortete der Ältere der Ablonder. »Das werden sie nicht. Aber wir sollten ihnen die Möglichkeit zur Kapitulation geben. Falls sie hierauf eingehen sollten, können sie ihre Schiffe verlassen und auf einem der Planeten der Anomalie landen. Ihre Schiffe werden wir zerstören. Auf dem Planeten können sie sich eine Zukunft, ohne ihren Groß-Kaiser aufbauen. «

Ras'ekin überlegte kurz.
»Ich bin einverstanden«, antwortete er. »Ich werde die Flotte von Marschall War'drock informieren. «

Ras'ekin nickte.
»Das gleiche mache ich mit Major Travis«, antwortete Sil'drock. »Er wird sich schon gewundert haben, dass die Unterstützungs-Flotte der Zierrakies gestoppt hat. «

»Eingehender Hyperkomm-Funkspruch von Sil'drock«, meldete Sergeant Farmer. »Der Ablonder möchte sie sprechen. «

Major Travis nicke ihm kurz zu.
»Legen sie auf die Lautsprecher«, entschied er.

»Hier ist Sil'drock«, hallte es über die Brücke. »Ich rufe Major Travis. «

Marc griff nach dem Communicator.
»Hier spricht Major Travis«, antwortete er. » Was ist passiert? «

»Sie haben sicherlich mitbekommen, dass die Flotte der Zierrakies gestoppt hat«, teilte Sil'drock mit.

»Wir haben die Hyperkomm-Funksprüche verfolgt«, erwiderte Major Travis.

»Dann wissen sie auch, dass der Befehlshaber der Flotte zu Admiral Dragphan überläuft«, erklärte Sil'drock. »Wir möchten der restlichen Flotte eine Kapitulation anbieten. Sie sind uns hoffnungslos unterlegen. «

»Das kommt unseren Gedanken entgegen«, bestätigte der Major. »Versuchen sie es. Vielleicht sind die zierrakischen Offiziere einsichtig. «

Die Verbindung wurde beendet.

»Die Schiffe setzten sich in Bewegung«, sagte Sergeant Dantow. »Ich korrigiere mich. Exakt 7.920 Schiffe verlassen die große Armada und nehmen Kurs auf die Schiffe von Admiral Dragphan, unterhalb des Einflugs-Korridors. Ich messe zusätzlich das Anlaufen starker Energie-Generatoren auf den verbliebenen Schiffen an. Sie werden das Feuer eröffnen. «

Major Travis drehte sich nach Heinze um. Dieser hatte einen glasigen Blick.

»Kannst du uns etwas sagen? «, fragte der Major

»Die Zierrakies sind außer sich«, antwortete der Ro. »Sie können es nicht glauben, dass ihr Hilfsvolk plötzlich ihre Befehle verweigert. Der zierrakische Lord-Admiral hat den Befehl gegeben, auf die ausscherenden Schiffe zu feuern. Sie folgen den flüchtigen Schiffen. «

»öffnen sie eine Funkfrequenz an Sil'drock«, sagte Major Travis.

»Die Leitung ist offen«, antwortete Sergeant Farmer. »Sie können sprechen. «

»Hier ist Major Travis«, sprach er in seinen Communicator. »Hören sie mich? «

»Hier spricht Sil'drock«, knisterte es aus der Leitung. »Die Worte von Admiral Dragphan scheinen gefruchtet zu haben. «

»Die Zierrakies greifen ihre eigene Flotte an«, antwortete Major Travis. »Befehlen sie einige Schiffe ihrer Flotte zu ihnen. Lassen sie einen Sperrgürtel zwischen den Schiffsverbänden aufbauen. «

»Ich gebe sofort den Befehl«, antwortete der Ablonder. Das Gespräch brach ab.

Die Crew der Termar 1 sah, wie 250.000 ablondische Schiffe aus der Haupt-Flotte ausscherten, beschleunigten und auf die zierrakische Teil-Flotte zuflogen. Sie passierten in einer halsbrecherischen Geschwindigkeit die abtrünnigen Zerstörer der Worgass, die Kurs auf ihre wartenden Kollegen-Schiffe genommen hatten. Die wendigen Schiffe der großen Flotte zerfielen in Gruppen zu knapp 600 Schiffen. Sie stürzten sich hasserfüllt auf die nachrückenden Groß-Raumschiffe unter zierrakischer Führung.

Diese hatten zwischenzeitlich das Feuer auf die abtrünnigen zierrakischen Raumschiffe eröffnet. Die Schutz-Schirme der hintersten Worgass-Schiffe leuchteten wie kleine Sonnen auf. Sie standen unter einem starken Beschuss, schützten aber mit ihren Schiffskörpern die voraus fliegenden Schiffe. Die zierrakischen Verfolger-Kolosse feuerten aus allen Geschützrohren. Grelle Lichtsäulen entstanden auf den Monitoren der beobachtenden Schiffe, als sich fünf der hinteren Worgass-Schiffe zu einer grellen Explosions-Wolke aufblähten und ihre Energien in den Weltraum entluden.

Der dunkle Raum um die Schiffe herum, schien aufzureißen und weitere Groß- Raumschiffe verschlingen zu wollen. Die Energiewolke dehnte sich aus und griff mit ihren Verpuffungen nach den voraus fliegenden Schiffen, deren Schutz-Schirme bereits anfingen zu glühen. Doch dann durchstießen sie die heiße Wolke und flogen weiter auf ihr Ziel zu. Ein weiteres Groß-Raumschiff wurde von zahlreichen zierrakischen Treffern eingeholt. Der Schutzschirm versagte. Die nachfolgenden Einschläge verwüsteten die komplette linke Seite des Schiffes. Heftige Explosionen entstanden in dem Maschinenraum des Schiffes. Innerhalb von wenigen Sekunden fraß sich der Atom-Brand weiter.

Das Schiff konnte seinen Kurs nicht mehr halten und fing an zu trudeln. Es driftete um die eigene Achse, bis es ebenfalls in einer grellen Detonation auseinander barst. Dann waren die Schiffe der Ablonder zur Stelle. Unzählige

Gruppen stürzten sich auf die Schiffe der Zierrakies und deckten sie mit Laser-Strahlen ein. Die Verfolgung der zierrakischen Schiffe kam ins Stocken. Immer mehr Schiffe mussten ihre Waffentürme neu justieren und auf die kleinen 250-Meter messenden Angriffs-Schiffe der Ablonder ausrichten. Diese hatte dazugelernt. Sie nahmen einen synchronisierten Beschuss vor und wechselten hiernach sofort ihre Position. Sie gaben den Zierrakies keine Gelegenheit, sich auf ihren Standort einzuschießen.

Die wartenden Geschwader lagen auf ihren befohlenen Positionen. Der Pulk der zierrakischen Schiffe näherte sich. Die Ablonder zogen die gegnerische Flotte bewusst tiefer in den Einflugs-Korridor hinein. Der Lord-Admiral der Zierrakies erkannte die Falle nicht. Auf allen Hyperkomm-Kanälen herrschte ein völliges Durcheinander. Notrufe bedrängter zierrakischer Schiffe, wurden von dem Lord-Admiral ignoriert. Immer wieder wurden gigantische Leuchtfeuer auf den Monitoren der Termar 1 angezeigt. Diese stammten bisher nur von den zierrakischen Groß-Raumschiffen. Noch mussten die Ablonder keine Verluste beklagen.

Dann war die gegnerische Flotte im Fadenkreuz der wartenden Gemeinschafts-Flotte angekommen. 43.000 ablondische Schiffe der 1.000-Meter-Klasse, entluden schlagartig ihre Waffentürme auf die Oberseiten der Schiffe. Sie wurden unterstützt von 3.552 Schiffen der neuen ablondischen Flottenführung und 11.520 zierrakischen Schiffen unter dem Kommando von Admiral Dragphan, die unterhalb der Armada lagen. Auch die 50.000 Robot-Raumer griffen in den Kampf ein.

Die Worgass wollten Vergeltung für ihre getöteten Kameraden. Im Dauerfeuer schossen sie ihre Laser-Lanzen, auf die nachrückenden Schiffe, des zierrakischen Vergeltungs-Kommandos. Von allen Seiten wurden die Groß-Raumschiffe mit heißen Laser-Strahlen eingedeckt. Die bereits geschwächten Schutz-Schirme der Schiffe, hielten den unzähligen neuen Laser- Einschlägen nur kurz stand. In einem grauenvollen Akt, explodierten fast gleichzeitig 13 Groß-Raumschiffe der Zierrakies.

Das grelle Licht der Atomwolke, blendet die Ortungsschirme der beobachtenden Schiffe. Wieder und wieder schlugen die Laser-Lanzen in die Schiffe ein. Einige von ihnen trudelten, konnten ihre Flugbahn nicht mehr halten und kollidierten mit Nachbarschiffen. Sie bohrten ihre Frontnase in die Seite der Schiffe und rissen sie der Länge nach auf. Explosionen fachten aus den Aufrissen, Gegenstände, Luft und Wasser entwichen.

Major Travis stand mit Commander Brenzby und Heinze an dem CIC. Er schüttelte seinen Kopf.

»Die Zierrakies erkennen ihre Unterlegenheit nicht«, bemerkte er. »Sie kämpfen weiter, wie es ihr Groß- Kaiser befohlen hat. «

»Sie wissen, dass sie bei einer Niederlage in Ungnade fallen werden«, bemerkte Heinze. »Ihnen bleibt keine andere Wahl. «

Major Travis suchte mit seinen Blicken Funk-Offizier Farmer.

»Geben sie bitte den Befehl an alle Schiffe zum Enttarnen«, sagte er. »Die Falle ist ohne unsere Hilfe bereits zugeschnappt. Die Commander sollen nur noch ausscherende, angreifende Schiffe bekämpfen

Das CIC bestätigte die Ausführung des Befehls. Alle Schiffe des Neuen-Imperiums waren wieder als Vollbild ersichtlich. Sekunden später enttarnte sich auch die lantranische Flotte. Sie lag abwartend, auf der rechten Seite der einfliegenden Flotte, des zierrakischen Imperators.

»Achtung«, rief Sergeant Dantow. »Ein Geschwader von 50 Schiffen löst sich aus der Haupt-Formation und geht auf Kollisionskurs zu uns. «

»Abfangen«, rief Major Travis. »Sofortiger Einsatz der Hyper- Space-Kanonen. Hiernach automatisches Abwehrfeuer durch unsere Laser-Türme. «

»Ihr Befehl wurde gesendet«, bestätigte der Funk-Offizier.

Die zierrakischen Schiffe kamen näher und eröffneten das Feuer. Obwohl sie noch nicht in Schussweite waren, feuerten sie ihre Laser-Lanzen hasserfüllt den Schiffen des Neuen-Imperiums entgegen.

Die Hypertronic-KI der Termar 1 synchronisierte den Angriff. Die vorderste Front der gegnerischen Schiffe bestand aus 15 Groß-Raumschiffen.

Die gleiche Anzahl von Hyper-Space-Geschossen, wurde von den Schiffen der Kaiser-Klasse auf die erste Linie der zierrakischen Schiffe geschossen. Tief grollend verließen die Geschosse ihren Abschuss-Kanal. Nur wenige Meter fliegend, wechselten sie in den Hyperraum und verschwanden von den Ortungs-Bildschirmen. Sekunden später materialisierten sie 300 Meter vor den ersten zierrakischen Schiffen. Die kurze Distanz hinderte die Offiziere der zierrakischen Schiffe daran, rechtzeitig Abwehrmaßnahmen einzuleiten.

Der Einschlag erfolgte brachial. Die Schutz-Schirme der Schiffe kollabierten reihenweise und fielen aus. Die nachfolgenden, einschlagenden Laser-Salven der natradischen Schiffe, richteten tiefe Verwüstungen an deren Außenhüllen an. Sie durchschlugen die Wände und suchten sich einen Weg in das Energie-Zentrum der Schiffe. Dort angekommen, schlugen sie in die Generatoren ein und ließen das Energie-Zentrum explodieren. Der Atombrand fraß sich durch die Schiffe und zersplitterte sie in unzählige kleine Stücke. Sämtliches Leben auf den Schiffen war schlagartig beendet worden. Eine große, heiße Feuerwand entstand im Weltraum.

Die nachfolgenden Schiffe flogen hinein und wurden zum Teil ebenfalls hiervon ergriffen. Weitere Explosionen breiteten sich aus. Nur wenige Schiffe konnten reagieren und die Hitzewolke umfliegen. Sie gerieten sofort in das Abwehrfeuer der wartenden Schiffe des natradischen Verbandes. Die letzten 29 zierrakischen Groß-Raumschiffe kämpften tapfer, doch sie konnten nichts mehr ausrichten. Ihre Laser-Strahlen wurden von den Super-Schutz-Schirmen, der 2.000-Meter messenden

Schiffe der Kaiser-Klasse, absorbiert und abgeleitet. Die zahlreichen einschlagenden Strahlen, der natradischen Abwehr-Türme, zerfetzten die zierrakischen Schiffe in wenigen Minuten. Lord-Admiral Öythrisyth erkannte die Hoffnungslosigkeit seiner Lage.

»Wir werden hier alle umkommen«, rief er seinem 1. Offizier zu. »Starten sie 10 Rettungs-Drohnen mit den Koordinaten unseres Heimat-Systems. Der Groß-Kaiser muss von den abtrünnigen Worgass erfahren. «

Er warf ihm einen Speicherkristall zu.

»Kopieren sie diesen und legen sie jeweils einen Kristall in eine Drohne«, befahl Lord-Admiral Öythrisyth. »Vielleicht kommt eine von ihnen am Ziel an. «

Der 1. Offizier bestätigte und machte sich an die Arbeit.

»Ausfall von 50 Schiffen an der linken Flanke«, meldete der Ortungs-Offizier. »Sie hatten keine Chance. Die gegnerischen Schiffe der 2.000-Meter-Klasse haben sie innerhalb von wenigen Minuten vernichtet. «

»Wurden alle vernichtet? «, fragte der Lord-Admiral.

»Keines von ihnen hat den Angriff überlebt?«, bestätigte der Ortungs-Offizier.

»Wie viele Schiffe stehen uns noch zur Verfügung«, erkundigte sich der Lord-Admiral.

»Wir kämpfen derzeit mit 1.138 intakten Schiffen«, meldete der Offizier. »Jedoch nimmt die Zahl kontinuierlich ab. Wir haben derzeit nur 15 Abschüsse kleiner ablondischer Einheiten zu verbuchen. «

»Das gibt es nicht«, tobte der Lord-Admiral. »Wir werden doch gegen kleine Schiffe bestehen können? «

»Ihre Schiffe sind wesentlich wendiger«, antwortete der Ortungs-Offizier. »Sie greifen in Gruppen zu 600 Schiffen unsere Groß-Raumschiffe an. Die Hypertronic-KI unserer Schiffe kann sich nicht so schnell auf ihre andauernden Positionswechsel einstellen. Sobald wir sie im Visier haben, entschwinden sie wieder. Das ist ihre Taktik. Sollen wir uns nicht besser zurückziehen? «

Der Lord-Admiral blickte ihn an.
»Ein Rückzug wird von dem Groß-Kaiser nicht akzeptiert«, antwortete er. »Er wird uns alle hinrichten lassen. «

»Nicht wenn wir als Unterstützung der Heimat-Flotte auftreten«, entgegnete der Ortungs-Offizier. »Hier ist für uns nichts mehr auszurichten. Vielleicht können wir aber die gegnerische Flotte vor unserem Heimat-System aufhalten. Wir deklarieren uns als Verstärkung für unsere Verbände zu Hause. Dort können wir auch alle restlichen Geschwader unseres Clans aktivieren. So ernst war es noch nie für das zierrakische Imperium. «

»Sie glauben wirklich, dass die Ablonder einen Angriff auf unser Heimat-System planen? «, fragte er.

Der 1. Offizier bestätigte.
»Von dieser Meinung bringt mich keiner mehr ab«, antwortete er. »Die Ablonder befinden sich in einem Kampfrausch. Sie wollen Vergeltung für unsere Taten in der Vergangenheit. Hier halten wir sie nicht mehr auf. Unser Brückenkopf ist vernichtet und existiert nicht mehr. Warum sollen wir unser Flotte hier aufreiben? «

***

Thoran hatte eine Bildverbindung zu Heran aufgebaut. Der Flottenbefehlshaber der lantranischen Verbände blickte ihn an.

»Warum sind wir eigentlich hier? «, fragte er. » Bisher konnten die Ablonder ihre Angelegenheit selbst bereinigen. «

»Das war aber im Vorfeld nicht ersichtlich«, erwiderte Heran. »Wir wurden um Hilfe gebeten. Ferner hat unsere Hohe-Empore den Auftrag erteilt, die Zierrakies auf die Einhaltung der alten Verträge hinzuweisen. Das gelingt uns nur in dem Heimat-System der Vogelwesen. Dort kann sich die Situation wieder ganz anders darstellen. «

Ein Display blinkte auf und summte.

Heran blickte auf den Schirm.
»Es werden 20 zierrakische Groß-Raumschiffe auf Kollisionskurs gemeldet«, teilte er mit.

»Endlich ein wenig Spaß«, lächelte Thoran. »Hierfür reicht das zentrale Laser-Geschütze aus. Machen wir ein paar Schießübungen. «

Die Verbindung brach ab.
»Bug-Geschütze ausfahren«, befahl Heran seiner Hypertronic-KI.

»Wird ausgefahren, Gebieter«, hauchte die weibliche Stimme der KI zurück

Heran verzog sein Gesicht.

»Ich habe doch den Stimmen-Konverter der KI neu eingestellt«, dachte er. »Wieso ist die weibliche Stimme immer noch da? «

Er konzentrierte sich auf die anfliegenden Schiffe. »Waffenreichweite erreicht«, meldete die KI.

»Feuer auf das vorderste Schiff«, befahl Heran.

Obwohl es nicht nötig gewesen wäre, rasten mehr als 500 grelle Laser-Lanzen, auf die anrückenden zierrakischen Schiffe zu. Sie wurden förmlich von dem Abwehrfeuer eingeschlossen. Die Energien verbunden sich zu einer großen Energiewolke. Innerhalb von Sekunden, explodierten die anfliegenden Schiffe in leuchtenden Atomfeuern. Keines der Schiffe überlebte das Abwehrfeuer der lantranischen Evolutions-Schiffe. Ein gigantischer Feuerball blähte sich auf und verpuffte schließlich im kalten All.

»Diesmal wurden 20 unserer Groß-Raumschiffe, mit einem Abwehrschlag der Fremden, an unserer rechten Flanke vernichtet«, meldete der Ortungs-Offizier des Flaggschiffes entsetzt.

Lord-Admiral Öythrisyth hatte es mitbekommen. Der Ehrgeiz seines Vergeltungs-Angriffes war gebrochen. »Hier weiterzumachen, ist sinnlos«, überlegte er. »Wir werden nichts bewegen können. «

»Ich befehle den sofortigen Rückzug aller intakten Schiffe«, befahl er. »Nach einer kurzen Beschleunigung, ist sofort in den Hyperraum zu springen. Treffpunkt ist Ortungs-Boje 427, auf der halben Strecke zum Heimat-System. Nicht mehr flugfähige Schiffe bleiben hier und sollen ihre Selbstzerstörung aktivieren. Wir können für die Besatzungen nichts mehr machen. Geben sie den Befehl durch. «

»Es gibt viele Schiffbrüchige«, betonte der 1. Offizier. »Sollen wir sie ihrem Schicksal überlassen? «
»Sie können sich gerne ein Beiboot nehmen und die Schiffbrüchigen retten«, antwortete der Lord-Admiral. »Ich muss ins Heimat-System zurück und den Groß-Kaiser von dem bevorstehenden Angriff informieren. Er wird weitere Schiffs-Verbände von den Fronten abziehen müssen. Die Zeit drängt. «

»Ich bleibe hier und koordiniere die Rettungs-Mission«, entschied Commander Byrdrasith, der1. Offizier des Flaggschiffes.

»Dem steht nichts im Wege«, entgegnete der Lord-Admiral. »Begeben sie sich sofort auf ein Transport-Schiff. Wir müssen diesen Sektor verlassen. «

Commander Byrdrasith lief aus der Zentrale. Es dauerte nur drei Minuten, dann gab der Lord-Admiral den Befehl zum Rückzug. Gerade noch rechtzeitig konnte der Commander sein Transport-Schiff ausschleusen. Nur wenige Freiwillige unterstützten ihn bei der Rettungs-Mission.

Major Travis, Commander Brenzby und Heinze verfolgten die Angriffe der Ablonder auf dem CIC.

»Es werden immer weniger Schiffe der Zierrakies«, erkannte der Commander. » Sie haben den Ablondern nichts entgegenzusetzen. «

»Sie feuern ihren ganzen Hass heraus, « antwortete Major Travis. »Dieser ist in den 250.000 Jahren ihres Kälteschlafes nicht abgeklungen. «

»Achtung«, meldete Sergeant Dantow. »Ich orte 20 Groß-Raumschiffe auf einen ausscherenden Kurs in Richtung der lantranischen Flotte. «

»Wir sehen es«, erwiderte der Major. »Da haben sich die Zierrakies aber die falsche Flotte ausgesucht. «

»Ich empfange erste Gedanken eines geplanten Rückzuges der Zierrakies«, teilte Heinze mit. »Sie haben erkannt, dass sie nichts ausrichten können. «

»Die zierrakischen Schiffe sind in die Waffenreichweite der lantranischen Schiffe gelangt«, meldete der Ortungs-Offizier.

Major Travis hielt den Atem an.

Auf dem CIC sahen die Offiziere, wie zahlreiche Laser-Lanzen auf die Schiffe zurollten. Die Evolutions-Schiffe hatten ihre Bug-Geschütze eingesetzt. Obwohl jedes Schiff nur einen einzigen Strahl abgegeben hatte, wurden die 20 zierrakischen Schiffe in ein gleisendes Feuermeer gehüllt. Major Travis erkannte, wie die Schutz-Schirme versagten. Entladungen, Detonationen wurden sichtbar. Dann hellte eine gigantische Explosion das CIC auf. Diese blähte sich immer weiter auf und füllte das ganze CIC aus. Schließlich verpuffte das heiße Feuer im kalten Weltall. Wo vorher 20 Schiffe sichtbar waren, existierte nichts mehr.

»So viel zu der Kampfkraft unserer lantranischen Freunde«, bemerkte Major Travis. »Für sie war das lediglich eine kleine Schießübung. «

»Die zierrakische Flotte zieht sich zurück«, bemerkte Commander Brenzby. »Sie beschleunigen und springen in den Hyperraum. «

»Wir empfangen einen Hyperkomm-Funkspruch, von einem der zierrakischen Schiffe«, meldete Sergeant Farmer. » Er ist auf Natradisch gehalten. «

»Auf die Lautsprecher legen«, befahl Major Travis.

»Hier spricht Lord Byrdrasith, von dem unbewaffneten Rettungs-Transport-Schiff Sythrus 140«, tönte es aus den Lautsprechern. »Wir beabsichtigen Schiffbrüchige zu retten. Ich wiederhole, wir sind unbewaffnet. Bitte unterstützen sie uns. Die Kriegsflotte, unter dem Befehl von Lord-Admiral Öythrisyth, beabsichtigt mögliche Überlebende ihrem Schicksal zu überlassen. Hier ist das freiwillige Rettungs- Schiff Sythrus 140. «

Major Travis blickte Commander Brenzby an.
»Befehlen sie sofort zwölf Schiffe unseres Verbandes zu dem Rettungsschiff«, befahl er. »Sie sollen einen Verbund- Schutz-Schirm um das Schiff legen. Ich rechne

damit, dass ablondische Einheiten einen Angriff starten werden. «

Commander Brenzby rannte zu der Funkkonsole und instruierte die besagten Schiffe.

Der Major verfolgte, wie zwölf Schiffe der Kaiser-Klasse auf das Rettungs-Schiff zuflogen und ihren Schutz-Schirm aktivierten. Dieser schloss das Transport-Schiff mit ein.

Major Travis griff nach seinem Communicator.
»Ich rufe Lord Byrdrasith«, sprach er in das Gerät.

Dieser meldete sich sofort.
»Hier ist Lord Byrdrasith«, antwortete er. »Wollen sie uns angreifen? «

»Nein«, antwortete der Major. »Wir legen einen Sicherheits- Schutzschirm um ihr Schiff. Ich denke, dass die Ablonder ihren Hass auf ihre Rasse noch nicht verdaut haben. Bleiben sie auf der Position, bis sich die Lage entspannt hat. «

»Ich verstehe«, antwortete der Lord. »Wir bleiben auf unserer Position. «

Keine Minute zu früh hatten die zwölf Schiffe der Kaiser-Klasse den Super-Schutz-Schirm aufgebaut. Ein Verband von 30 ablondischen Schiffen jagte heran und eröffnete das Feuer. Es waren Schiffe aus dem Verband von Marschall War'drock.

Der Schutz-Schirm absorbierte die Strahlen problemlos. »Ich rufe Sil'drock«, sprach der Major verärgert in seinen Communicator.

»Hier ist Sil'drock«, tönte es aus der offenen Verbindung.

»Warum lassen sie unsere Schiffe beschießen? «, fragte Major Travis. » Geht man so mit Verbündeten um? «

»Es handelt sich nicht um Schiffe meines Verbandes«, rechtfertigte sich Sil'drock. »Das sind Einheiten von Marschall War'drock. Er hält sich nicht an unsere Vereinbarung. «

»Weisen sie ihn bitte an, den Beschuss sofort einzustellen«, antwortete der Major. »Ansonsten lasse ich das Feuer eröffnen. Das Rettungs-Schiff der Zierrakies steht unter unserem Schutz. «

»Ich kümmere mich sofort hierum«, antwortete Sil'drock zustimmend.

Noch immer prasselten die Laser-Strahlen auf den Schutz-Schirm ein, der das zierrakische Rettungs-Schiff umschloss.

Marschall War'drock stand vor dem großen Monitor und beobachte den Angriff.

»Eingehender Funkspruch von Sil'drock«, meldete sein Funk-Offizier.

»Ignorieren«, antwortete der Marschall. »Wir vernichten das Rettungs-Schiff der Zierrakies. «

Hinter dem Rücken des Marschalls materialisierten fünf Rats-Mitglieder der Aller-Ersten. Eine kurze Lichterscheinung verkündete ihr Auftauchen. Entsetzt drehte sich der Marschall um.

»Warum blockieren die den Befehl von Sil'drock? «, fragte Geoffwan. » Er hat unser vollstes Vertrauen. « »

Ich halte es für notwendig, das Schiff der Zierrakies zu vernichten«, antwortete der Marschall.

»Das ist ein Rettungs-Schiff«, bemerkte Geoffwan. »Wollen sie gegen Kranke und Verletzte kämpfen? Das Schiff ist unbewaffnet. «

»Alle Zierrakies müssen sterben«, schrie der Marschall außer sich.

Geoffwan schüttelte seinen Kopf.

Er blickte Halswan an.
»Stoppt den Angriff der Schiffe«, sagte er. »Schaltet ihre Energien ab. «

Das Mitglied des Ältestenrates trat vor den Monitor, hob seine Arme und schloss seine Augen. Von einem Moment zu anderen, versagten die Waffen-Systeme der 30 angreifenden Schiffe. Ihre Schutzschirme kollabierten, die Antriebe fielen aus. Sämtliche Energien der Schiffe standen nicht mehr zur Verfügung.

Geoffwan blickte den Marschall an.
»Sie werden ihres Amtes enthoben«, sagte er. »Wir sind nicht hier, um alle Zierrakies abzuschlachten. «

Er winkte dem 1. Offizier zu.
»Wie ist ihr Name? «, erkundigte sich Geoffwan.

»Mein Name ist Lun'drock«, antwortete der Offizier verlegen.

»Ich setze sie als Befehlshaber des Flotten-Oberkommandos ein«, sagte Geoffwan. »Sie erhalten ihre Befehle ausschließlich von Sil'drock. Akzeptieren sie meine Befehle? «

»Selbstverständlich hoher Herr«, antwortete Lun'drock. »Ich ziehe die Schiffe sofort zurück«

»Ich sehe, wir haben uns verstanden«, lächelte Geoffwan.

Er drehte sich zu seinem Kollegen um.
»Balswan? «, fragte er. » Würdest du den Marschall nach Hause bringen? Er ist hier nur noch eine Belastung für uns. «
Das junge Ratsmitglied nickte. Er fasste den irritierten Marschall an die Hand und entmaterialisierte mit ihm.

»Stellen sie bitte eine Funk-Verbindung zu Major Travis her«, befahl Geoffwan dem neuen Befehlshaber des Flotten- Oberkommandos.

Lun'drock ließ eine Hyperkomm-Funkverbindung ausbauen.

»Sie können sprechen, hoher Herr«, antwortete er. »Die Verbindung steht. «

»Hier ist Geoffwan«, sprach er in den Communicator. »Ich rufe Major Travis. «

»Hier ist Major Travis«, tönte es aus der Leitung. »Schon ihre Stimme zu hören, Geoffwan. «

»Das gleiche gebe ich an sie zurück«, antwortete der Aller Erste. »Wir haben die Situation bereinigt und Marschall War'drock seines Amtes enthoben. Die Schiffe ziehen sich zurück. «

»Danke«, antwortete Major Travis. »Es ist gut, dass sie Marschall War'drock abgezogen haben. Er war der Unsicherheitsfaktor bei unserer Mission. «

»Das haben wir auch erkannt«, entgegnete Geoffwan. »Nach dem Abschluss unserer Mission möchten wir uns noch mit ihnen und den Lantranern unterhalten. Richten sie sich bitte hierauf ein. Wir haben wichtige Dinge zu besprechen. «

»Wir freuen uns auf ihren Besuch«, bestätigte Major Travis. »Danke für ihren Einsatz. «

»Nicht dafür«, erwiderte Geoffwan. »Wir sehen uns noch.«

Die Verbindung brach ab.
»Ziehen sie unsere Schiffe ab«, befahl Major Travis. »Das Rettungs-Schiff der Zierrakies darf nach Vermissten suchen. «

Er blickte Sergeant Farmer an.
»Informieren sie Lord Byrdrasith, dass er seine Arbeit aufnehmen kann. «

Sergeant Farmer bestätigte.
»Alle unsere Schiffe ziehen sich zurück und nehmen eine gemeinsame Formation ein«, befahl Major Travis. »Wir warten auf weitere Instruktionen. «

Irritationen auf Natrid

Der neue Pyramidenbau des ISD-Haupt-Quartiers, lag in ausreichender Entfernung zu der EWK-Natrid-Kolonie. Als Standort des Imperialen-Sicherheits-Dienstes, wurde der Anfang des Graben-Systems Valles Marineris gewählt. Ein gigantischer, vorgelagerter Raumhafen, bot unzähligen Schiffen der schnellen Kampf- Verbände des ISD, einen ausgezeichneten Ladeplatz. Die Kolonie wuchs in dem gleichen Verhältnis, wie auch die alte Natrid-Stadt Tattarr. Diese lag 80 Kilometer unter der Oberfläche des Planeten und war als letzte Zuflucht von den Natradern erbaut worden. Unter der Aufsicht von Noel lief die Instandsetzung auf Hochtouren.

Obwohl die natradische Stadt eine Größe von 600 Kilometern aufwies, bemerkten Besucher bereits die Enge der unterirdischen Anlagen. Die Hauptstadt des Neuen-Imperiums entwickelte sich zu einem ständig wachsenden Moloch. Aus diesem Grunde hatte General Poison befohlen, Behörden, Firmen und Zulieferanten, die nicht unter eine Sicherheitsstufe 1 fielen, aus der unterirdischen Stadt auszulagern. Entsprechend dieser Entscheidung wuchs die EWK-Kolonie weiter an. Noch bot das Graben-System Valles Marineris ausreichenden Platz. Doch durch die zunehmende Bebauung, veränderte sich die Lebenszone der Kolonie immer weiter.

Derzeit lebten 5,6 Millionen Menschen in diesem künstlichen Gebiet. Der größte Teil von ihnen waren EWK-Bedienstete wie Führungsoffiziere, Wissenschaftler, Techniker, Medizinisches Personal, Service-Fachpersonal, Facharbeiter, oder auch die nachgezogenen Familien und Angehörige der Raumschiff-Besatzungen. Sie stellten mittlerweile das größte Kontingent der hier lebenden Menschen-Gruppe.

Der Graben war vollständig mit einem Super-Kreuzfeld-Schutzschirm ausgestattet. Dieser mehrschichtige Schirm war das Beste, das die technische Abteilung der EWK, derzeit hervorbringen konnte. Die EWK hatte mit dem Standort der Kolonie die richtige Entscheidung getroffen, obwohl damals bei der Entscheidungsfindung niemand von der rasanten Entwicklung der Kolonie ausgehen konnte. Nur dank der Intervention von Major Travis, wurde das Graben-System Valles Marineris, ein weitläufiges Grabenbruchsystem auf dem Mars, in die Suche nach einem geeigneten Standort mit aufgenommen. Durch seine Länge von 4.000 Kilometer, einer Breite bis zu 700 Kilometer und einer Tiefe bis zu 7 Kilometern, kann es nach heutige Gesichtspunkten, als eines der größten Grabenbruchsysteme im kompletten Sol-System bezeichnet werden. Die Felswände des Grabens, eigneten sich für einen natürlichen Schutz der Kolonie.

Das künstliche Klima unter dem Super-Kreuzfeld-Schutzschirm, hatte die Bodenregion verändert. Künstliche Regenfälle und Bewässerungen hatten den sandigen Boden in eine blühende Oase verwandelt. Bäume, Sträucher und Pflanzen wurden in akribischer Kleinarbeit, unter der Leitung eines Heers von Gartenbau-Architekten, in völliger Symbiose mit den Bauten der Kolonie, integriert. Zahlreiche Grünflächen, kleine Seen und Wasserstraßen vervollständigten das Bild. Die Kunstsonnen leuchteten jeden Tag in einem andern Licht. Die Atmosphäre unter dem Schirm wurde kontinuierlich gereinigt und mit geringen Duftstoffen angereichert. So entstand der Eindruck, in einer intakten Welt, mit dem Geruch von Laub- und Nadelhölzern zu leben.

Der neue Pyramidenbau des ISD-Haupt-Quartiers war derzeit das größte Gebäude der EWK-Mars-Kolonie. Es ragte 4 Kilometer aus dem Canyon-Graben hervor. Für Personen, die weit vor dem Graben auf dem Marsboden standen, war auch die Gesamthöhe des Bauwerks nicht abschätzbar. Die Höhe dieses modernen Gebäudes betrug, von dem Boden des Grabens ausgemessen, beachtliche 11.000 Meter. Das unterirdische Flechtwerk, die geheimen Bereiche der Behörde, wiesen nochmals eine Fläche von 32 Kilometern auf. Die Wände waren mit 6 Meter dicken Natridstahl-Wänden verstärkt. Alle Etagen wurden als Sicherheits-Festungen autark ausgelegt. In allen Ebenen waren für Notfälle natradische Energie-Meiler und Personen-Flucht- Transmitter integriert worden. Alle Etagen waren mit großzügigen Transport-Turbolifts und eigenen Anti-Graf-Bändern, für die schnelle Weiterleitung Maschinen und Materialien, ausgelegt worden.

Oberst Cameron hatte hohen Besuch bekommen. General Poison und Noel hatten ihn aufgesucht, um aktuelle Zwischenberichte von seinen Patrouillen im All zu erfahren. Der Leiter des ISD hatte seine Gäste in die obere Etage des Pyramidenbaus eingeladen, aus dem sie einen vollständigen Überblick über die Kolonie besaßen.

»Beeindruckend«, bemerkte Noel. »Die Kolonie wächst weiter. Natrid wird wieder mit Leben überflutet. Vor einigen Jahren hätte das niemand für möglich gehalten. «

»Ich habe ihnen seinerzeit mitgeteilt, dass wir Menschen ein ungeheures Potenzial haben«, erwiderte General Poison. » Die EWK zieht förmlich Firmen an sich, die gute Geschäfte tätigen wollen. Die EWK und Natrid sind das Tor ins Weltall. Somit auch der Ansprechpartner für außerirdische Kontakte und Handelsbeziehungen. Ohne die EWK geht hier nichts. «

»Wir dürfen nicht vergessen, dass es uns obliegt, die Sicherheit des Sol-Systems zu garantieren«, sagte Noel. »Nur durch unsere immer größer werdende Raumschiffs-Flotte sind wir hierzu in der Lage. «

»Die Mitglieder des Neuen-Imperiums erwarten unseren zugesagten Schutz, um in Ruhe in Frieden ihre Schäden aus dem großen Krieg beseitigen zu können«, bemerkte General Poison.

»Das haben viele Rassen bereits allein geschafft«, bemerkte Noel. »Ich verweise auf die Morina, die sich mittlerweile als wichtigster Handelspartner für uns herausgestellt haben. «

Oberst Cameron blickte seine Vorgesetzten an. »Für mögliche Krisensituationen wurde der ISD geschaffen«, lächelte er. »Auch wir sind an dieser Situation nicht ganz unschuldig. «

»Wir wollen ihre Verdienste in keiner Weise schmälern«, antwortete General Poison. »Allein die neuen Verträge mit den Piraten, gehen auf ihr Konto. «

»Bisher verhalten sie die Piraten ruhig«, erwiderte der Oberst. » Aber sie besitzen noch ein großes Potenzial an Kampf-Geist. Ich hoffe inständig, dass die Regierung der

Piraten die unterschiedlichen Clans im Griff hat. «
»Rechnen sie mit Schwierigkeiten? «, fragte Noel.

»Längerfristig schon«, antwortete Oberst Cameron. »Die Piraten sind nicht unbedingt dafür geeignet, um Erze für uns abzubauen. «

»Das ist doch ein einträgliches Geschäft für sie«, antwortete General Poison. »Sie sollen froh sein, dass sie diese Möglichkeit von uns erhalten haben. «

»Vermutlich schreien sie vor Dankbarkeit«, entgegnete der Oberst. »Sie vergessen, wie stolz die Piraten-Clans sind. Ich vermutete sehr stark, dass wir auf einem Pulverfass sitzen, dass in Kürze hochgeht. «

»Sie malen direkt wieder ein Horror-Szenario an die Wand«, schrie General Poison. »Warten wir es doch erst einmal ab. «

»Was anderes bleibt uns auch nicht übrig«, sagte Oberst Cameron.

Die drei Offiziere drehten sich wieder den großen Panorama-Scheiben zu. Ein heller Lichtschein blendete sie plötzlich

Bevor der General etwas sagen konnte, zuckten drei weitere Blitze in den künstlichen Himmel der Kolonie. Zahlreiche Rauchschwaden wurden sichtbar.

»Was ist da los? «, fluchte der General. » Welcher Bereich der Kolonie ist das? «

Oberst Cameron hatte blitzschnell reagiert und eine holografische Karte auf die Fenster-Scheibe gelegt.

»Die Explosionen liegen in dem Areal der Energy- Shields-Industries«, antwortete er. »Dort werden die Super-Schutzschirme für unsere Raumschiffe hergestellt. Vermutlich sind einige Energie-Konverter hochgegangen.«

»Das ist nicht möglich«, antwortete Noel. »Natradische Generatoren explodieren nicht von allein. «

Ein greller Alarm flutete den Raum. Oberst Cameron blickte auf die Anzeigen der Monitore, welche in der Wand eingelassen waren.

»Es wurde roter Alarm für die Kolonie ausgerufen«, teilte er mit.

Der Communicator von General Poison summte laut auf. Er stellte die Verbindung her.

»Hier ist General Poison«, sprach er in das Gerät. »Was haben wir? «

»Die Explosionen kamen aus dem Produktionswerk der Energy-Shields-Industries«, teilte ein Adjutant mit.

»Das haben wir bereits vermutet«, antwortete der General. »Ist es schlimm? «

»Die Produktion der Schutz-Schirme wurde unterbrochen«, erklärte der Adjutant. »Wichtige Anlagen sind ausgefallen Die Produktion fällt für mindestens drei Monate aus. «

»Das ist nicht tragbar«, knurrte der General. »Sie sollen sofort Ersatzmaschinen bestellen und anschließen. «

»Das wäre möglich gewesen«, antwortete der Adjutant. »Doch die nachfolgenden Explosionen haben gerade diese Ersatz-Anlagen vernichtet. Weitere Maschinen stehen nicht zur Verfügung. Eine Neufertigung wird 15 Monate dauern. Der Sicherheitsdienst von Energy-Shields-Industries ist vor Ort. Sie haben Spuren von äußeren Einwirkungen festgestellt. «

»Meinen sie außerirdische Mächte? «, schrie General Poison in den Communicator.

»Das wurde mir mitgeteilt«, antwortete der Adjutant.
Der General war kreidebleich geworden.

»Riegeln sie die komplette Kolonie ab. Es besteht ein absolutes Start und Lande-Verbot für alle Raumschiffe. Weisen sie ihnen alle eine Warteposition in der Umlaufbahn von Natrid zu. Haben sie verstanden? «

»Ich leite alles in die Wege«, antwortete der Adjutant.

»Noch etwas«, ergänzte der General. »Befehlen sie Commander Ciacombo in die Umlaufbahn. Er soll mit einer Flotte unserer Heimat-Verteidigung den Raum um Natrid sichern. Wir kommen zu ihnen. Oberst Cameron wird sich um die Angelegenheit kümmern. «

Der General schaltete den Communicator aus.
Er blickte den Oberst an.

»Eine neue Aufgabe für sie«, sagte er. »Nach ersten Erkenntnissen des Werks-Sicherheitsdienstes von Energy-Shields-Industries, handelt es sich um einen Eingriff von außen. Damit fällt die Angelegenheit in ihren Bereich. Kümmern sie sich bitte um die Spurensicherung und ergreifen sie mögliche Saboteure. Ich will wissen, wer dahintersteckt? «

Der Oberst nickte.

»Ich stelle ein Team zusammen«, antwortete er. »Falls es sich wirklich um einen Eingriff fremder Rassen handelt, bekommen wir das heraus. «

General Poison und Noel drehten sich um.

»Wir müssen in die imperiale Leitstelle«, bemerkte Noel. »Dort laufen alle Informationen zusammen. Wir informieren sie, wenn wir neue Daten haben. «

»Danke«, antwortete der Oberst.

Er blickte nachdenklich seinen Vorgesetzten hinterher, die sich aufmachten, das Besprechungszimmer zu verlassen.

Oberst Cameron war in der Einsatz-Zentrale des ISD angekommen. Er hatte das Team seines Raumschiffes zusammengerufen. Auf sein Personal konnte er sich verlassen. Leutnant Olsen blickte ihn an.

»Ein Sonder-Kommando des ISD ist bereits vor Ort«, erklärte er. »Es kümmert sich die Sicherheit der Anlage.

Haben sie einen Befehl für uns? Das ist jetzt neu für uns, dass wir hier im inneren Bereich der Kolonie ermitteln. «

»Was ist anderes, als auf einer Raumstation, einer Werft-Station, oder einem fremden Planeten zu ermitteln? «, fragte der Oberst. » Es sind die gleichen Fragen, die es zu beantworten gilt. Die Saboteure müssen gefasst werden.«

»Ich habe einen Personen-Gleiter angefordert«, teilte Sergeant Stutzmann mit. »Wir sollten uns den Ort des Geschehens persönlich anschauen. «

Der Oberst nickte.
»Nehmen sie einen Worgass-Scanner mit«, befahl er. »Vielleicht hilft der uns weiter. «

Sergeant Riggens erhob sich.
»Welche Bewaffnung wünschen sie? «, erkundigte er sich.

Der Oberst dachte kurz nach.
»Wir werden hoffentlich nicht in wilde Gefechte verwickelt«, entgegnete er. »Wir ziehen unsere neuen Kampfanzüge an. Der Individual-Schutzschirm wird zur Sicherheit aktiviert. Als Waffen schlage ich unsere Laser-Pistole TM-520 vor und zusätzlich einen Paralyse-Strahler vor. Das sollte ausreichen. «

»Ich besorge die Ausrüstung«, entschied Sergeant Riggens. »Wir treffen uns vor dem Gebäude. Ein Gleiter wartet bereits auf uns. «

Ein Adjutant kam angelaufen.

»Herr Oberst«, stotterte er. »Ihre Sonderausweise sind fertig. Hiermit erhalten sie zu allen Einrichtungen der EWK einen uneingeschränkten Zutritt. «

»Danke«, entgegnete Oberst Cameron. »Diese benötigen ganz sich.«

Er blickte in die Runde seines Teams.
»Meine Herren«, bemerkte er. »Fangen wir an zu recherchieren. «

Die fünf Offiziere verließen die Einsatz-Zentrale und eilten auf den zentralen Lift zu. Dieser beförderte die Personen in den Eingangsbereich. Durch die großen Glasscheiben sah Oberst Cameron bereits Sergeant Riggens vor einem schwarzen ISD-Gleiter warten.

Die Personen traten aus dem Gebäude. Sergeant Riggens salutierte. Der Oberst erwiderte den Gruß.

»Auf geht's«, lächelte der Oberst. »Fliegen sie uns zu dem Areal der Energy-Shields-Industries. «

Der Sergeant gab den Befehl an den Piloten weiter. Im Anschluss ging er zurück in den Passagierraum. Er wartete, bis seine Kollegen eingestiegen waren, dann verschloss das Schott. Sergeant Riggens drehte sich um und ging lief in das Cockpit zurück und setzte sich auf den Co-Pilotenstuhl. Der Antrieb startete. Sanft hob der Gleiter von dem großen Raumhafen des ISD ab und beschleunigte.

Im Innenraum besprach sich Oberst Cameron mit seinem Team.

»Kann es sich nicht um menschliches Fehlverhalten handeln? «, fragte er. » Es ist für mich unverständlich, dass es bisher mit den natradischen Hinterlassenschaften noch keine größeren Unfälle gegeben hat. Die Wissenschaftler sagen uns immer, sie verstehen alles. Ist das tatsächlich so? «

»Wenn dem nicht so ist, wird es keiner zugeben«, antwortete Leutnant Olsen. »Sie alle haben von Noel Wissens-Implantationen erhalten. Normalerweise sollten sich alle Wissenschaftler und Techniker auskennen. «

»Die Feldschirm-Generatoren werden aus hartem Natrid-Stahl hergestellt«, bemerkte Sergeant Stutzmann. » Die gehen nicht so einfach hoch. «

»Energy-Shields-Industries besitzt eine EWK-Zertifizierung«, teilte Sergeant Niemann mit. »Das bedeutet, dass sie gezwungen sind, nach jedem Arbeitsgang intensive Qualitäts-Prüfungen durchzuführen. Ein interner Fehler würde sofort entdeckt werden. «

Oberst Cameron blickte aus einem Fenster. Unter ihnen lag die große Kolonie der EWK. Der Gleiter flog mit hoher Geschwindigkeit seinem Ziel entgegen. Er konnte nur schemenhaft die Gebäude unter dem Gleiter wahrnehmen konnte.

Er blickte wieder sein Team an.
»Das heißt, wir können ein Eigenverschulden des Personals von Energy-Shields-Industries fast ausschließen«, bemerkte er.

»Ja«, antwortete Leutnant Olsen. »Falls die Sicherheitsbestimmungen eingehalten wurden. Das werden wir den Prüfberichten entnehmen. «

»Ich gehe in den Landeanflug über«, meldete der Pilot aus dem Cockpit.

Der Oberst blickte erneut aus dem Fenster. Das riesige Areal der Energy-Shields-Industries war gewaltig. Die Produktions-Hallen erstreckten sich über 40 Kilometer. In der Mitte des Areals stiegen immer noch weiße Rauchsäulen auf. Der Oberst erkannte, dass bei einer großen Halle das komplette Dach fort gesprengt war. Die Außenwände standen noch, doch ansonsten zeigte die Halle große Spuren einer massiven Zerstörung. Zahlreiche Einsatzkräfte, Löschgleiter und medizinisches Notfall-Personal waren bereits vor Ort.

Der Pilot landete den Gleiter sanft vor der besagten Halle. Oberst Cameron hatte das Anlegen der natradischen Kampfanzüge befohlen. Ausgestattet mit einem Sicherheitshelm, sprang das Team aus dem Gleiter und ging auf die Einsatzkräfte vor Ort zu. Zwei Sicherheitsbedienstete kamen auf sie zu gerannt.

»Sie können jetzt hier nicht hinein«, sagte einer von ihnen und versperrte den Offizieren den Weg. »Es besteht akute Einsturzgefahr. «

»Wer ist der befehlshabende Einsatzleiter? «, erkundigte sich Oberst Cameron.

Der Offizier des Sicherheitsdienstes blickte ihn an.

»Das ist Leutnant Frey«, antwortete er.

Oberst Cameron hielt ihm seine ID-Card vor die Nase. »Wir sind das Sonder-Einsatzkommando des ISD«, teilte er mit. »Rufen sie Leutnant Frey. Wir haben einige Fragen an ihn. «

Der Angesprochene nickte und eilte zu seinem Kollegen. Er hob ein Funkgerät an seinen Mund und sprach etwas hinein.

Es dauerte ganze zwei Minuten, dann tauchte ein weiterer Offizier auf. Langsam schritt er auf die Gruppe zu und musterte sie. Sein Blick blieb auf den schweren Laser-Pistolen TM 520 hängen.

»Ich bin Leutnant Frey«, stellte er sich vor. »Sie haben Fragen an mich? «

»Mein Name ist Oberst Cameron«, erwiderte der Leiter der ISD-Gruppe. »General Poison hat die Angelegenheit uns übertragen. Ich bitte sie dringend, mit uns zu kooperieren. Falls sie etwas unterschlagen sollten, wird das Konsequenzen für sie und für Energy-Shields-Industries haben. «

Er zeigte dem Leutnant seinen Ausweis.

Dieser nickte zustimmend.
»Sie erhalten Zugang zu allen Bereichen«, antwortete er.
»Wir werden sie mit allen Mitteln unterstützen. «

»Danke«, antwortete Oberst Cameron. »Zeigen sie uns bitte die Halle, in der die Explosionen stattgefunden haben.«

»Folgen sie mir«, antwortet der Leutnant. » Ich bringe sie persönlich dort hin. «

Er setzte sich in Bewegung. Die eingespielte Gruppe des ISD, folgte ihm.

»Ist Fertigungs-Personal verletzt worden? «, erkundigte sich der Oberst?

Der Leutnant blickte ihn an.
»Was denken sie? «, erwiderte er. » Die Produktion lief in drei Schichten. Energy-Shields-Industries ist mit den Lieferungen bereits Monate im Rückstand. Die Vorgaben der EWK sind kaum zu erfüllen. Durch den kontinuierlichen Neubau von Raumschiffen, ist ein immenser Bedarf an neuen Schutz-Schirmen entstanden.

Jedes neue Schiff soll jetzt mit dem Super-Schutzschirm der Lantraner ausgestattet werden. Die älteren Ausführungen werden kaum noch geordert. «

»Das ist verständlich«, antwortete Sergeant Stutzmann. »Dieser Schutzschirm bringt deutlich mehr Sicherheit als die alten natradischen Schirme. «

»Er ist aber auch schwieriger zu fertigen«, antwortete der Leutnant. »Zu der Zeit der Explosion waren 400 Arbeiter der Nachmittags-Schicht im Einsatz. Wir können froh sein, dass gerade eine Arbeitspause war. Ansonsten hatte es wesentlich mehr Verletzte gegeben. Wir haben bisher 25 Verletzte geborgen, zwei hiervon sehr schwer. Sie werden derzeit von unseren medizinischen Kräften versorgt. «

Der Leutnant zeigte auf die vor ihnen liegende Halle.

»Sie sehen es selbst«, fuhr er fort. »Die aufeinander folgenden Explosionen haben das komplette Dach der massiven Halle vernichtet. Die Explosionen breiteten sich in der Halle aus. Fast die ganze Fertigungsstraße wurde vernichtet. Wir haben bereits erste Spuren gesichert. Die Explosionen wiesen einen Hitzepegel von weit über 2.500 Grad Celsius auf. Der größte Teil der Produktions-Anlagen ist zu einem nicht mehr identifizierbaren Klumpen zusammengeschmolzen. «

Oberst Cameron blickte ihn an.

»Was kann diese Hitze entwickelt haben? «, fragte er. » Ist die Anlage verseucht? «

Leutnant Frey schüttelte seinen Kopf.

»Radioaktivität ist nicht ausgetreten«, teilte der Leutnant mit. »Unsere Sicherheitsmaßnahmen haben gegriffen. Während der ersten Explosion, konnten sich rechtzeitig Schutz- und Eindämmungs-Felder um die Atom-Generatoren legen. Sie wurden bereits mit den neuen lantranischen Komponenten modifiziert. Die Schutz- und Eindämmungs-Felder haben gehalten. Dank diesen Maßnahmen wurde verhindert, dass die Atommeiler beschädigt wurden. Leider sind das aber auch die einzigen Anlagen, die diesen Anschlag überstanden haben. «

»Wieso vermuten sie einen Anschlag? «, fragte der Oberst.

Der Leutnant blickte ihm in die Augen.

»Wir haben Hinweise hierauf gefunden«, antwortete er.

Die Gruppe ging auf die große Halle zu. Das Schiebetor war aus den Angeln gerissen und hing schief in einer Verankerung. Vorsichtig schritt die Gruppe in das Innere. Zahlreiche Spezialisten in weißen Kunststoffanzügen waren zu sehen. Sie versuchten vorhandene Spuren zu sichern.

»Wir müssen vorsichtig sein«, teilte der Leutnant Frey mit. »Die Leute von der EWK-KTU haben es nicht gerne, wenn wir mögliche Spuren verunreinigen. «

»Wir brauchen weitere Anhaltspunkte«, antwortete Oberst Cameron. »Die Führung der EWK will heute noch eine gesicherte Antwort von uns haben. Zeigen sie uns bitte ihre Beweismittel. «

Der Leutnant nickte. Er winkte einen Mediziner herbei.

»Das ist Professor Artkins«, teilte er mit. »Er ist zuständig für die medizinische Versorgung unserer Verletzten. «

»Sehr erfreut«, antwortete Oberst Cameron. »Ich hoffe, sie können unseren Leuten helfen? «

»Wir versuchen unser Bestes«, lächelte der Mediziner. »Die Argoner wurden bereits verständigt. Sie haben versprochen, uns kurzfristig wirkungsvolle Brandsalben zu senden. «

»Sie besitzen ein Beweismittel, für eine äußere Sabotage? «, fragte Oberst Cameron.

»Wenn sie das so bezeichnen wollen«, antwortete der Mediziner. »Folgen sie mir bitte. Sie liegen in unserer Kältekammer. «

Professor Artkins drehte sich um und eilte voraus. Die Gruppe schritt auf einen abgetrennten Bereich zu. Hier waren weiße Zelte aufgebaut, an denen ein rotes Kreuz prangerte. Der Professor zog die Eingangsplane beiseite und hielt sie auf. Das Team des ISD trat ein. Über dreißig Bahren wurden sichtbar, welche fast alle belegt waren.

»Von welcher Art sind die Verletzungen? «, fragte Sergeant Niemann, der Funk-Offizier des Schiffes von Oberst Cameron.

»Der überwiegende Teil der Verletzungen besteht aus schweren Verbrennungen«, erklärte der Mediziner. »Alle Arbeiter, die in der unmittelbaren Nähe der ersten Explosion standen, die hat es am schlimmsten erwischt. Wir wissen nicht, ob sie es überstehen werden. Die Verletzten haben einige Gliedmaße verloren. «

Im hinteren Bereich des Zeltes standen Kühlschranke, in denen in der Regel Leichen aufbewahrt wurden. Der Mediziner ging auf den vordersten Schrank zu. Er tippte seinen ID-Schlüssel in das Code-Schloss der Tastatur. Der

Schrank entriegelte sich. Der Mediziner bückte sich und zog das unterste Schubfach auf.

»Das ist es«, sagte er.

Oberst Cameron stutzte irritiert.
Alle Personen blickten auf den Inhalt der Schublade. Der Inhalt bestand aus einem abgetrennten Arm. Er schien eine Ähnlichkeit mit einer Gorilla-Hand zu haben. Die Hand war sehr groß, mit lederartiger Haut verwachsen. Der Daumen wirkte kräftig und breit. Er hatte den dreifachen Umfang eines menschlichen Daumens. Die sechs Fingerglieder der Hand schienen auf einen festen Griff zu deuten. Der Arm war mit dichtem Fell bewachsen. Das Fleisch und das Fell leuchteten in der Farbe Blau.

»So etwas habe ich noch nicht gesehen«, bemerkte Oberst Cameron. »Sind sie sicher, dass es kein Tier war? «

»Dafür ist die Hand zu feinfühlig ausgeprägt«, antwortete der Mediziner. »Wir konnten sie bisher noch nicht zuordnen. «

Der Oberst blickte seinen ersten Offizier an.
»Die Worgass können wir vermutlich ausschließen«, sagte er. »Setzen sie bitte den Scanner ein. Wir müssen sicher sein. «

Leutnant Olsen griff nach dem lantranischen Scanner, den er in der Seitentasche seines Kampf-Anzuges verstaut hatte. Er schaltete ihn ein. Vorsichtig bückte er sich und hielt ihn in einem Abstand von 20 Zentimetern über den kalten, abgetrennten Arm.

Die Anzeige des Displays arbeitete und fing an zu zirkulieren. Sie baute sich rot auf und fiel wieder in sich zusammen. Dann richteten sich die Balken wieder neu aus.

»Das Gerät scheint nichts zu finden? «, bemerkte Oberst Cameron.

»Es arbeitet noch«, erwiderte Leutnant Olsen. »Das Gerät vergleicht den Scan mit seiner Datenbank. Wir brauchen etwas Geduld. «

Die Personen blickten auf den Arm.
Das Piepsen des Scanners holte sie aus ihren Gedanken zurück.

»Ein Ergebnis liegt vor«, teilte der 1. Offizier mit.
Er blickte auf das Display.

»Was zeigt es an? «, fragte der Oberst ungeduldig.

»Hier steht ein Text antwortete der 1. Offizier. Dieser lautet: Das Resultat des Scans konnte 100 Prozent Scruff-Centauri DNA ermitteln. Der Arm stammt von einem Wesen der Centauri-Scruffs.«

Diesen Namen habe ich noch nie gehört «, antwortete der Oberst ungläubig.

Der 1. Offizier hielt den Scanner mit der Anzeige Oberst Cameron hin.

Dieser bestätigte sich von dem Ergebnis und nickte.

»Der Name wird angezeigt«, entgegnete er. »Wir werden die große Hypertronic-KI abfragen müssen, ob sie Informationen über die Scruffs besitzt. Wir wissen jetzt aber auch, dass der lantranische Scanner mehr Species identifizieren kann und nicht nur für Worgass eingesetzt werden kann. Das hat Heran uns nicht mitgeteilt. «

Der Oberst erkannte den fragenden Blick des Mediziners.

»Wir sind genauso ratlos wie sie«, teilte er mit. »Es scheint sich um eine neue Rasse zu handeln, mit der wir noch keinen Kontakt hatten. Sie haben die Sabotage verübt. Etwas ist ihnen daran gelegen, dass wir keine Raumschiffe mehr mit unseren Schutz-Schirmen ausstatten können. Danke für ihre Hilfe, Professor Atkins. Wir werden sofort die Führung der EWK informieren. Es scheint sich tatsächlich nicht um einen Unfall zu handeln.«

»Ich möchte ihnen noch etwas anderes zeigen«, sagte Leutnant Frey mit. »Wir haben noch etwas gefunden. «

»Dann los«, antwortete der Oberst. »Jeder Hinweis ist wichtig. «

Die Gruppe verließ den medizinischen Notfallbereich. Sie folgte dem Leutnant in eine Ecke der Halle, in der ein langer Tisch aufgebaut war.

»Hier rekonstruieren die Spezialisten sämtliche Fundstücke«, erklärte der Leutnant. »Zahlreiche Splitter werden aneinandergereiht. Möglicherweise lässt sich eine Bombe, oder etwas anderes finden. «

Er ging auf ein verformtes und verkohltes Metallgitter zu. »Wissen sie, was das hier ist? «, fragte der Leutnant. » Wir können es nicht zuordnen. «

Leutnant Stutzmann, der Waffen-Spezialist des Raumschiffes von Oberst Cameron lächelte.

»Das ist ein mobiler Transmitter-Rahmen«, erklärte er. »Hiermit sind ihre ungebetenen Gäste in den inneren Bereich von Energy-Shields-Industries gelangt. «

»Das bedeutet, dass ihnen jemand in der Mars-Kolonie geholfen hat«, bemerkte Oberst Cameron. »Der Kreuzfeld-Schutzschirm, der unsere Kolonie sichert, lässt keine Transmitter-Verbindung von außen nach innen zu. Für diesen Zweck muss ein Strukturloch eingerichtet werden. «

Der Blick von Oberst Cameron wandte sich Leutnant Frey zu.

»Sie haben uns viel Arbeit abgenommen«, betonte er. »Vielen Dank für ihre Mühe. Informieren sie uns bitte, wenn sie weitere Dinge finden, die ihre Spezialisten nicht zuordnen können. «

»Das mache ich gerne«, erwiderte Leutnant Frey. »Ich bringe sie noch durch die Sicherheits-Schleuse. «

Die Gruppe schritt zu dem Ausgang der Halle. Sie überquerte den Vorplatz und kam an der Schleuse der Absperrung zum Stehen.

»Das ist ein Sonderteam der EWK«, informierte Leutnant Frey das Sicherheits-Personal. »Sie können passieren. «

Bereitwillig öffnete einer der Sicherheits-Beauftragten den Durchgang. Oberst Frey bedankte sich. Die Gruppe schritt auf den abgestellten Gleiter zu. Das Zeichen des ISD prangerte groß auf beiden Seiten. Leutnant Frey blickte ihnen noch eine Zeitlang nach.

Der Pilot hob den Gleiter sanft vom Boden ab und beschleunigte. Die Entfernung zu der Leitstelle des ISD war schnell zurückgelegt

Oberst Cameron war mit seinem Team in der Einsatz-Zentrale angekommen und informierte die Offiziere vom Dienst über den Vorfall.

»Es scheinen fremde Außerirdische in den Produktionsbereich der Energy-Shields Industries gelangt zu sein «, teilte der seinen Offizieren mit. »Wir haben den abgetrennten Arm einer Species gefunden und einen zerstörten Transmitter. Sämtliche Zugänge in das Industrie-Areal müssen kontrolliert werden. Befehlen sie 25 Einsatz-Teams zur Unterstützung dorthin. «

»Ich habe mir auf den Rückflug einige Gedanken hierüber gemacht«, erklärte Sergeant Stutzmann. »Der abgetrennte Arm kann mit dem demolierten Transmitter zusammenhängen. Es ist möglich, dass der Zeitpunkt der Detonation zu kurz gewählt war. Der Transmitter wurde beschädigt und abgeschaltet, während er noch in Betrieb war. Die Explosion bewirkte eine Not-Abschaltung während eines Durchganges. Vermutlich wurde hierdurch der Arm des Aliens abgeschnitten. «

»Dann haben wir jetzt zumindest einen Alien mit nur einem Arm«, betonte Oberst Cameron.

»Falls nicht noch weitere Gehilfen von ihm durch den künstlichen Horizont gegangen sind«, bemerkte der 1. Offizier.

»Wir wissen also nicht, mit wie vielen Saboteuren wir es zu tun haben? «, sagte der Oberst.

»Ich würde eine Gruppe schicken«, antwortete Leutnant Olsen. »Es wäre immerhin möglich, dass ein Saboteur gestellt oder ausfallen könnte. Dann wäre die ganze Mission gefährdet. «

»Eingehender Funkspruch von dem Sicherheits-Team von Energy-Shields-Industries«, meldete der Funk- Offizier. »Ein Leutnant Frey möchte sie sprechen. «

Der Oberst griff nach dem Communicator.

»Hier ist Oberst Cameron«, meldete er sich. »Was kann ich für sie tun, Leutnant? «

»Hallo Oberst Cameron«, tönte es aus dem Gerät. »Unsere Techniker haben die Bestandsaufnahme aufgeschlossen. Wir vermissen einen Tarin-Gleiter. Das ist ein Kampf-Jet unserer Testflotte und komplett ausgestattet. Der Jet besitzt eine neues Tarnfeld-Aggregat und leistungsfähige Antriebe. Ferner ist er auch noch mit modifizierten Laser- Geschütztürmen ausgestattet. «

Oberst Frey überlegte einen Augenblick.

»Was heißt, sie vermissen einen Jet? «, fragte er nach.

»Er muss während der Aufregung der Explosion entwendet worden sein«, entgegnete der Leutnant. »Die Gleiter wurden von unserem Wachpersonal kontrolliert. Zusätzlich wurde eine Einheit Kampf-Roboter als Wachpersonal eingesetzt. Es wurde nichts registriert. Ferner konnte kein Abflug gemeldet werden. Der Tarin-Jet muss noch auf dem Flugfeld sein Tarnfeld aktiviert haben. Jedenfalls vermissen wir einen unserer Test-Jets. Der Standort der Jets befindet sich hinter unserer Endmontage. Dort verfügen wir über einen kleinen Raumhafen, auf dem kleiner Raumer landen können. Er dient uns als Testgelände für neue Schutz-Schirm-Varianten. «

»Dann können wir ja wirklich froh sein, dass ihnen kein Schiff der Kaiser-Klasse abhandengekommen ist«, murrte Oberst Cameron.

»Wir vermuten, dass der Jet sich noch in dem inneren Bereich unserer Anlage befindet«, ergänzte der Leutnant. »Nach der gemeldeten Explosion ist sofort von General Poison ein Start und Landeverbot verhängt worden. Ich glaube nicht, dass es der entführte Tarin-Jet noch nach außen geschafft hat. «

»Das sind alles Vermutungen«, antwortete der Oberst. »Wir werden die Angelegenheit prüfen. Danke für ihren Hinweis. Machen sie weiter vor Ort und informieren sie mich, wenn sie neue Hinweise auf Außerirdische finden sollten. «

Das Gespräch wurde beendet. Der Oberst steckte seinen Communicator ein.

»Energy-Shields-Industries vermisst einen Tarin-Jet«, teilte Oberst Cameron seinem Team mit. »Vermutlich sind die Centauri hiermit geflüchtet. Der Leutnant meint, dass der Jet noch auf dem Flugfeld sein Tarnfeld aktiviert hat. Hiermit hat er sich den Blicken der Ortungs-Sensoren entzogen. «

»Warum kennen sich blaue pelzige Außerirdische so gut mit der natradischen Technik aus? «, fragte Sergeant Stutzmann.

»Vermutlich hatten die Natrader bereits einmal Kontakt zu dieser Rasse«, entgegnete Oberst Cameron. »Ich stelle eine Verbindung zu Noel her. Wir müssen wissen, um wen es sich bei dieser Sabotage handelt. «

Der Oberst blickte sich um.
»Sergeant Mitchell«, befahl er. »Schauen sie sich alle Ortungsdaten an. Ab dem Zeitpunkt der Explosion bis jetzt. Lassen sie sich auch Energie-Emissionen auflisten, die auf einen Tarin-Jet hindeuten. Falls der Jet getarnt gestartet ist, wird er Abgase ausgestoßen haben. «

Der Ortungs-Offizier nickte und gab sich in die technische Abteilung.

Oberst Cameron griff nach seinem Communicator. »Verbinden sie mich mit der imperialen Verwaltung in Tattarr«, befahl er. »Ich möchte mit Noel sprechen. «

»Die Verbindung wird hergestellt«, antwortete Sergeant Niemann.

Er drückte einige Knöpfe an der Funkkonsole und nickte dem Oberst zu.

Die Leitung knisterte kurz, dann hörte der Oberst die monotone Stimme des natradischen Kunst-Klons.

»Hier ist Noel«, hallte es aus dem Communicator. »Was haben sie herausgefunden, Oberst Cameron? «

»Hallo Noel«, antwortete er. »Ich brauche ihre Mithilfe. Fragen sie doch bitte ihre Mutter-KI ab, ob sie Informationen über eine blaupelzige Rasse vorliegen hat, die sich Centauri-Scruffs nennt. Der lantranische Scanner hat uns diesen Hinweis gegeben. Es handelt sich um eine Species, die in Centauri-Alpha ansässig ist. «

»Die Scruff sind mir bekannt«, antwortete Noel. »Es handelt sich um eine liebenswerte Rasse, die sich ökologisch ernährt. Wir haben eine noch nicht aktivierte KI-Station auf ihrem Planeten. Die Intelligenz dieser Rasse ist nicht sehr ausgeprägt. Von daher haben wir uns um diesen Planeten noch nicht gekümmert. Zu den Zeiten des natradischen Imperiums, waren die Scruff für die Lieferung von landwirtschaftlichen Produkten zuständig.«

Eine kurze Pause verging.

»Ich habe jetzt die Daten der Groß-Hypertronic-KI vorliegen«, bemerkte Noel. »Wie ich ihnen schon mitteilten konnte, handelt es sich um eine intelligente Tier-Species. «

»Wie alt sind die Daten? «, fragte Oberst Cameron skeptisch.

»Die letzte Aktualisierung wurde vor 100.000 Jahren durchgeführt«, antwortete Noel.

»In dieser langen Zeit kann viel passiert sein«, antwortete Oberst Cameron.

Er überlegte kurz.

»Das hört sich eigentlich nicht nach unseren Saboteuren an«, erwiderte er. »Wir haben einen blaupelzigen Arm gefunden, der vermutlich aufgrund eines Transmitter-Unfalls abgetrennt wurde. Der Scanner der Lantraner, der eigentlich als Worgass-Scanner gedacht war, kann auch andere Species identifizieren. Er hat den Hinweis gegeben, dass es sich bei dem Arm, um ein abgetrenntes Körperteil eines Scruffs handelt«.

»Die lantranischen Geräte sind unseren natradischen Entwicklungen um mindestens 5.000 Jahre voraus«, antwortete Noel. »Falls der Scanner diese Auskunft gegeben hat, dann wird sie auch stimmen. Ich finde noch etwas in den Daten der Hypertronic. Es stehen Vermutungen im Raum, dass die Scruff andere Personen in ihrem näheren Umfeld geistig beeinflussen können. Unsere alten natradischen Wissenschaftler, notierten diese besondere Begabung bei dieser Rasse. Diese These konnte aber nie wissenschaftlich gestützt werden. «

»Es sind Psi-begabte Wesen? «, stutzte Oberst Cameron erstaunt. »Dann ist es erklärlich, dass unsere Sicherheitsmaßnahmen nicht fruchteten. Sie haben einen mobilen Scanner benutzt, um sich Zutritt in die Anlage von Energy-Shields-Industries zu verschaffen. Ihr Transmitter wurde durch die Explosion zerstört. Ferner wird ein Tarin-Jet vermisst, der von Energy- Shields-Industries als Test-Jet eingesetzt wird. Das wissenschaftliche Team vor Ort glaubt, dass dieser voll ausgestattete Jet bereits noch auf dem Raumhafen sein Tarnfeld aktiviert hat. Vermutlich befindet er sich noch im inneren Gebiet der Industrieanlage. Durch das Start- und Landeverbot von General Poison, konnte er nicht rechtzeitig fliehen. «

»Das ist zumindest ein gute Nachricht«, bemerkte Noel. »Wie gehen sie weiter vor? «

»Wir sichten die Ortungsdaten und werten Energie-Emissionen aus«, antwortete der Oberst. »Vielleicht finden wir weitere Hinweise. «

»Viel Glück«, antwortete Noel. »Die Energie-Versorgung eines Tarin-Gleiters ist für 4 Wochen Dauerbelastung ausgelegt. «

»So lange wird es nicht dauern«, antwortete der Oberst. »Ich glaube nicht, dass der Testgleiter mit ausreichendem Proviant und Wasser ausgestattet war. Falls die Centauri nichts unternehmen, werden sie verhungern und verdursten. «

»Brauchen sie noch etwas? «, fragte Noel.

»Gibt es neue Ortungs-Sensoren? «, fragte er. » Der Test-Jet auf dem Gelände von Energy-Shields-Industries ist mit den modernsten Tarn-Aggregaten ausgestattet. «

»Nein«, antwortete Noel. »An den vergleichbaren Ortungsgeräten wird noch entwickelt. Falls der Jet seine Tarnung aufrechterhält, werden sie ihn nicht finden. «

»Es muss eine Möglichkeit geben«, erwiderte Oberst Cameron. »Die Saboteure müssen gefasst werden, bevor sie weiteres Unheil anrichten können. «

»Ich sende ihnen Captain Hunter zur Unterstützung«, sagte Noel. »Er hat eine Nase für solche Dinge. Dann kommandiere ich eine Division Spür-Roboter in ihr Haupt-Quartier. Auch sie werden ihnen hilfreich sein. «

»Machen sie das«, erwiderte Oberst Cameron. »Hilfe nehmen wir gerne an. «

Captain Hunter wurde auf der Werft- und Produktions-Station 5 von seinem Sonderauftrag informiert. Er hatte einige Tage mit Commander Kimi Anderson, der Leiterin der Station verbracht. Die beiden waren sich nähergekommen und liebten sich. Captain Hunter war auf der Brücke der Station, als der Hyperkomm-Funkspruch einging.

»Dringender Funkspruch mit Alpha-Order«, meldete der Funk-Offizier. »Das Büro von General Poison ruft Captain Hunter. «

Kimi Anderson blickte ihren Lebensgefährten schmunzelnd an.

»Es sieht aus, als ob du schon wieder vermisst wirst? «, flachste sie.

»Das kann nur wieder der Alte sein«, fluchte Captain Hunter. »Er will einfach nicht akzeptieren, wenn sich seine Mitarbeiter einmal Urlaub nehmen. «

Er griff nach dem Communicator.
»Hier ist Captain Hunter«, sprach er mürrisch in den Communicator. »Wer ruft? «

»Hier ist General Poison«, tönte es aus der Leitung. »Hängen sie schon wieder auf der Werft-Station 5 herum. Wie langweilig ist das denn. Gibt es keinen schöneren Ort auf der Erde, wo ein Captain Urlaub machen kann? «

»Was gibt es schon wieder?«, raunte Captain Hunter unfreundlich in den Communicator.

»Ihr Urlaub ist offiziell beendet«, erklärte der General. »Sie haben einen Alpha-Auftrag. Melden sie sich sofort bei dem ISD. Sie unterstützen Oberst Cameron. Wir haben fremde Eindringlinge auf der Erde. «

»Wie ist das möglich? «, fragte Captain Hunter. » Haben ihre natradischen Ortungs-Sensoren wieder versagt? «

»Ich verbitte mir solche Anspielungen, auf mögliche Vorkommnisse der Vergangenheit«, schrie der General. »Ich erwarte sie in zwei Stunden im Haupt-Quartier des ISD. Bewegen sie ihr Hinterteil. «

Der General beendete die Verbindung.

Captain Hunter blickte Commander Anderson an. »Aufgelegt«, sagte er. »Der General war nicht zu Späßen aufgelegt.
«
»Du redest dich noch um Kopf und Kragen, Liebster«, bemerkte sie. »Zügel doch etwas deine Wortwahl. General Poison ist immerhin dein höchster Vorgesetzter.«

»Wenn man nicht hier und da einmal Widerworte gibt, dann wird man mit Aufträgen immer mehr zugeschüttet«, antwortete John. » Es gibt auch noch ein Leben neben der EWK. Dich zum Beispiel. «

»Das hast du aber nett gesagt«, lächelte Commander Anderson. »Mach dich jetzt fertig. Ich vermute, der General wartet bereits auf dich. «

Captain Hunter stand auf.
»Ich gehe kurz noch in meine Kabine und lege meinen Schutz-Anzug an«, sagte er. »Bitte informiere die

Transmitter-Abteilung. Sie möchte bitte den Durchgang zum ISD-Hauptquartier aufbauen. Ich werde gleich da sein. «

Er trat vor und gab Commander Andersen einen Kuss auf den Mund. Sie lächelte verlegen. Die Crew-Mitglieder der Leitstelle blickten dezent in eine andere Richtung. Dann verließ der Captain die Brücke der Werft-Station. Commander Anderson informierte die Transmitter-Abteilung über den Wunsch des Captain. Der Verbindung zum Haupt-Quartier des ISD wurde aufgebaut.

Nur eine kurze Zeit später schritt Captain Hunter auf der Gegenstelle des Transmitters heraus. Er stand in dem schwer bewachten Haupt-Quartier des ISD. Zwei bewaffnete Soldaten kamen auf ihn zu. Sechs Kampf-Roboter hatten ihn im Visier und beobachteten ihn mit tiefroten Augen. Sie hatten in den Kampf-Modus geschaltet und registrierten sein Verhalten.

»Ihre ID-Card bitte«, sprach ein Soldat ihn an.
Wortlos gab Captain ihm seine Legitimation.

»Ich werde von Oberst Cameron erwartet«, erklärte der Captain.

Der Soldat antwortete nicht hierauf. Er stecke die ID- Card in ein Lesegerät. Dieses bestätigte die Angaben sofort.

»Entschuldigen sie, Captain«, antwortete der Soldat. »Die Sicherheitsbestimmungen wurden verschärft. Jeder Besucher muss überprüft werden. Wir haben eine besondere Situation. Code I-804 ist ausgerufen worden. «

»Infiltration durch Außerirdische? «, fragte Captain Hunter trocken. » Wie sind die denn in die Kolonie reingekommen? «

»Das wird gerade geprüft«, erwiderte der ISD-Soldat.
Er winkte zwei Kampf-Roboter herbei.

»Eskortieren sie bitte den Captain bitte zu Oberst Cameron«, befahl er. »Er befindet sich in der Leitstelle des ISD. Schützen sie ihn vor möglichen Angriffen von außen.«

Die Kampf-Roboter bestätigten.
»Gehen sie«, bemerkte der Soldat. »Oberst Cameron erwartet sie. Ich werde ihn in der Zwischenzeit von ihrem Eintreffen informieren. «

»Danke«, antwortete Captain Hunter erleichtert.

Er drehte sich um und schritt zum Ausgang der Transmitter-Zentrale. Die beiden Kampf-Roboter hatten jeweils eine Position an seinen Seiten eingenommen.

Nach sieben Minuten war die Leitstelle des ISD erreicht. Sein Soldat stand vor dem Eingang Spalier.

»Captain Hunter ist eingetroffen«, sprach der Offizier in die Sprechanlage an der Türe.

»Öffnen sie das Schott«, befahl Oberst Cameron. »Captain Hunter soll eintreten. «

Der Oberst blickte auf das Schott, das sich blitzschnell beidseitig öffnete und hinter der Verkleidung verschwand. Captain Hunter trat ein.

Oberst Cameron schritt auf ihn zu und begrüßte ihn. »Danke für ihr schnelles Erscheinen«, lächelte der Oberst. »Der Vorschlag kam von Noel. Er war der Meinung, dass sie uns helfen können. «

Der Oberst kommandierte die Kampf-Roboter zurück zu ihrer Einheit. Sie drehten sich um und verließen die Einsatz-Zentrale des ISD.

Der Captain blickte sich um. Die moderne Leitstelle des ISD war gespickt mit zahlreichen Monitoren und Displays. In der Mitte stand ein großes CIC. Er zählte knapp 30 Offiziere, die ihren Dienst verrichteten.

»Was ist so eilig? «, erkundigte sich der Captain.

»General Poison hat eine komplette Nachrichtensperre verhängt«, erklärte der Oberst. »Vermutlich wissen sie es noch nicht. «

»Was weiß ich noch nicht? «, fragte der Captain ungeduldig.

»Außerirdische haben die Produktions-Anlage von Energy-Shields-Industries gesprengt«, teilte der Oberst mit. »Hiermit noch nicht genug. Damit die Produktion nicht behelfsmäßig fortgeführt werden kann, haben sie auch noch die Ersatz-Anlage vernichtet. Das bedeutet, dass dort für eine Zeit von drei Monaten keine neuen Super-Schutzschirme mehr produziert werden. «

Captain Hunter überlegte kurz.
»Keine Schutz-Schirme, das bedeutet keine neuen Raumschiffe mehr«, antwortete er. »Das war gut durchdacht. Wer kann dafür verantwortlich sein? «

»Das ist ja das Mysteriöse«, antwortete der Oberst. »Wir haben Spuren gefunden, die von dem lantranischen Worgass-Scanner als Scruff identifiziert wurden. Laut Abfrage der natradischen Hypertronic-KI, handelt es sich um ein altes Volk, dass zu Zeiten des kaiserlichen Imperiums für die Lieferungen von Agrargütern zuständig war. Die Scruffs sind eine tierische Rasse, mit einer nicht weit entwickelten Intelligenz.«

»Das sieht mir aber nicht nach einer unterentwickelten Rasse aus«, erwiderte der Captain. »Eine Sabotage in diesem Umfang, muss umfangreich geplant werden. Es erfordert ebenfalls Insiderwissen. «

»Das haben wir auch erkannt«, bestätigte Oberst Cameron. »Wir vermuten, dass ihnen jemand aus unserer Natrid-Kolonie geholfen hat. Es kommt noch ein Problem hinzu. Wir vermissen einen Tarin-Gleiter. Es handelt sich um einen Kampf-Jet von Energy-Shields-Industries, der als Test-Jet eingesetzt wird. Er besitzt ein neues Tarnfeld-Aggregat und leistungsfähige Antriebe. Ferner ist er auch noch mit modifizierten Laser-Türmen ausgestattet. Der Jet ist auf dem modernsten Stand der Technik. Nach unseren Ermittlungen kann er nur während der Explosion entwendet worden sein. Diese Gleiter werden von dem firmeneigenen Wachpersonal und einer Einheit Kampf-Roboter bewacht. Sie haben nichts registriert. Ferner wurde kein Abflug erkannt. Er muss auf dem Flugfeld sein Tarnfeld aktiviert haben. Leider ist er nicht mehr auffindbar. Wir vermuten, dass der Jet sich noch in dem inneren Bereich unserer Kolonie befinden könnte. Nach der Explosion wurde von General Poison ein Start und Landeverbot verhängt. Ich glaube nicht, dass der entführte Jet es noch nach außen geschafft hat. «

Was sind die Scruff für eine Rasse? «, fragte Captain Hunter. » Sind weitere Informationen verfügbar? «

»Sie dürfen gerne alle verfügbaren Daten bei der Hypertronic-KI von Natrid anfordern«, antwortete Oberst Cameron. » Die Scruff sind pelzige Wesen, vermutlich unseren Gorillas auf der Erde ähnlich. Die Evolution hat sie mit einem blauen Körperfell ausgestattet. Ihnen werden Psi-Eigenschaften nachgesagt. «

»Was bedeutet das im Einzelnen? «, erkundigte sich der Captain.

»Diese Informationen wurden nicht bestätigt«, antwortete der Oberst. » Es gibt Hinweise, dass sie Personen in ihrer näheren Umgebung geistig beeinflussen können. «

»Damit wäre eine mögliche Unterstützung geklärt«, antwortete der Captain. »Falls sie wirklich hierzu in der Lage sind, dann öffnen ihnen diese Fähigkeiten alle Türen unserer Kolonie. «

»Deswegen müssen wir sie schnell finden«, teilte Oberst Cameron mit. »Falls sie noch im Besitz des Tarin-Jets sind, können sie im inneren Bereich unserer Kolonie großen Schaden anrichten. «

»Ich sehe das Problem«, antwortete Captain Hunter. »Ich benötige mein Raumschiff und mein Team. Wir werden uns auf die Spuren der Scruffs machen. Haben sie Energie-Emissionen messen können? «

»Leider nicht«, antwortete der Oberst. »Durch die Explosionen haben sich die Verpuffungen vermischt. Es gelingt uns nicht, die Abgase eines einzelnen Tarin-Jets herauszufiltern. «

»Gestatten sie meinem Team Zugriff auf ihre Computer und Aufzeichnungen? «, fragte Captain Hunter.

»Wir haben ihnen ein Büro einrichten lassen«, lächelte der Oberst. »Unser Gebäude ist groß genug. Ich hoffe immer noch, dass sie irgendwann zu meinem Stab wechseln werden. «

»Im Moment bin ich ganz zufrieden«, antwortete Captain Hunter. »Der General scheint meine Allüren akzeptiert zu haben. «

»Informieren sie mich, wenn sie etwas haben«, sagte der Oberst. »Falls meine Teams vor Ort neue Erkenntnisse finden, werden sie ebenfalls in Kenntnis gesetzt. «

»Danke«, sagte Captain Hunter. »Ich informiere meine Leute. «

Einige Stunden später saß Captain Hunter mit seinem Team in einem großzügigen Büro. Der Oberst Cameron hatte nicht zu viel versprochen und ihnen eine vollständig eingerichtete Leitstelle zur Verfügung gestellt hatte.

Zahlreiche Computer, Monitore und Displays waren eingeschaltet. Seine Leute waren fleißig gewesen und hatten Stunden harter Arbeit hinter sich. Ein ganzer Stapel Infofolien lag auf dem Tisch. Alle besonderen Hinweise waren ausgedruckt und aufgelistet worden.

»Was haben wir bisher? «, erkundigte sich Captain Hunter.

»Die Analysen der natradischen Groß-Hypertronic-KI weisen zahlreiche Möglichkeiten hin«, teilte Leutnant

Graves mit. »Sie geht davon aus, dass der entwendete Gleiter nicht unbedingt durch fremde Intelligenzen gestohlen sein muss. Falls die außerirdischen Wesen Angehörige des Personals der Industriefirma beeinflussen können, besteht die Möglichkeit, dass sich die Scruffs einen Piloten zu diesem Zweck gefügig gemacht haben. Die Groß-Hypertronic-KI hat noch weitere Erkenntnisse offenbart. Sie ist der Meinung, dass bei dem heutigen Stand unserer Ortungssysteme keine fremden Raumschiffe unerkannt unserem inneren System hätten nähern können. Sie würden durch Wachflotten gestellt, oder durch unsere Sicherheits-Systeme unweigerlich auffallen.

Die einzige Möglichkeit, die sie errechnet hat, ist folgende. Die Centauri haben bereits ein Schiff außerhalb unseres Systems unter ihre Kontrolle gebracht und sind hiermit unerkannt eingereist. Das kann ein Schiff der zahlreichen Patrouillen-Flotten sein, oder auch ein Schiff der Handels- oder der Erz-Flotten sein. «

»Vielleicht haben die Centauri-Scruffs ihre geistigen Kräfte weiterentwickelt«, bemerkte Leutnant Groß. »In 100.000 Jahren natradischer Abgeschiedenheit kann viel passieren. «

»Unter Umständen haben sie Hilfe gehabt«, bemerkte Leutnant Spader. »Das Neue-Imperium hat bekanntlich viele Feinde. «

»Das können nur Feinde sein, die den Zusammenhalt der Rassen in unserem Imperium stören wollen«, antwortete Captain Hunter. »Oberst Cameron und der ISD kontrollieren jeden Ein- und Ausgang zu der Natrid-Kolonie. Sie haben Worgass-Scanner im Einsatz, welche Hinweise auf die Centauri-Scruffs geben. Solange der Schutz-Schirm aktiv ist, kommt hier keiner mehr heraus. «

»Deswegen befinden wir uns im Zugzwang«, betonte Leutnant Graves. »General Poison kann nicht auf Dauer, den Zugang zu dieser wichtigen Kolonie einschränken. «

»Wir werden uns umhören müssen«, sagte Captain Hunter. »Wenn ich dieses Chaos angerichtet hätte, dann würde ich mir ein weit entferntes Versteck von dem Geschehen suchen. Wir sollten in den Bars der Kolonie beginnen. Derzeit haben wir nichts in den Händen. Dort verkehrt das Personal zahlreicher Raumschiffe. Vielleicht finden wir eine Spur? «

»Ich habe hier etwas«, meldete Ortungs-Offizier Groß plötzlich.

Gespannt blickten ihn die restlichen Offiziere an.

»Panorama-Bildschirm an«, befahl er der allgegenwärtigen Hypertronic-KI.

Der große Bildschirm an der Wand leuchte auf.
»Welche Daten werden gewünscht? «, antwortet die KI monoton.

»Lege die Explosion von Energy-Shields-Industries als Standbild auf den Bildschirm. «

Die Hypertronic-KI bestätigte sofort. Die Bilder wurden auf dem großen Bildschirm sichtbar. Eine riesige Explosion war sehen. Teile des Hallendaches der Produktions-Halle flogen in die Luft. Ein heißer Feuerpilz breitete sich in die Wolken aus.

»Spule den Zeitraum von zehn Sekunden zurück«, befahl Sergeant Groß. »Zeige alle Spuren von Energie-Emissionen an. Welches getarntes Schiff hat in diesem Zeitfenster das Gelände von Energy-Shields-Industries verlassen? Zeige die Spur auf dem Bildschirm an. «

Ein schwarzer Stich wurde sichtbar, der sich von der Halle des Geschehens entfernte.

»Nur ein getarntes Schiff konnte zu diesem Zeitpunkt registriert erfasst«, antwortete die KI. »Vermutlich handelt es sich um einen Gleiter, oder um einen Jet. «

»Wohin lassen sich die Abgase verfolgen? «, ergänzte der Sergeant seine Frage.

»Das getarnte Schiff ist in den Bereich der Ostend-Kolonie geflogen«, antwortete der Hypertronic-KI. »Dort verlieren sich die Abgas-Emissionen. «

»Da haben wir unseren Flucht-Jet«, bemerkte der Sergeant. »Durch den Verschluss des kolonialen Sicherheit-Schirmes, konnte es nicht mehr flüchten. Dort finden wir unsere Centauri. «

Energy-Shields-Industries war ein großer Konzern, der nicht nur auf dem Mars geschäftlich aktiv war. Der Mutter-Konzern saß in den USA. Die Firmenleitung konzentrierte sich auf alle Industriezweige, die mit der Produktion, Weiterleitung und Speicherung von Energie, Geld erwirtschaften. Teile des Konzerns waren in allen Ländern der Erde vertreten. Es war sogenannter Flecht-Konzern, der aus unterschiedlichen Firmen gegründet wurde. Jedoch wurde nur auf Natrid, mit der Produktion von Super-Schutzschirmen, der größte Konzern-Umsatz getätigt. Der Konzern unterlag einem Schweigeprotokoll.

Die in der Mars-Kolonie gefertigten Produkte, durften nicht in den freien Welt-Handel gelangen. Als die irdische Presse, von dem Zwischenfall bei Energy-Shields-Industries erfuhr, fielen die Aktienkurse des Konzerns rapide. Nur durch den Eingriff von Großaktionären konnte ein Verfall des Konzerns abgewendet werden. Umso energischer forderte die Firmenleitung eine lückenlose Aufklärung der Vorfälle durch die EWK. General Poison hatte zugesichert, auch im Hinblick auf den Nachzug weiterer Zulieferanten der Raumfahrt-Industrie, die Angelegenheit schnellstens aufzuklären.

Der Gleiter mit dem Einsatz-Team von Captain Hunter flog die errechneten Koordinaten der Hypertronic-KI an. Der große Raumhafen im Osten der Kolonie, wurde überwiegend für Handels- und Transportschiffen genutzt. Der Gleiter überflog den fast 400 Kilometer messenden Raumhafen. Unzählige Transportschiffe, Frachtschiffe, Container- Schiffe, wurden registriert.

»Der Raumhafen ist überfüllt«, bemerkte Captain Hunter. » Das Flugverbot von General Poison verursacht einen gewaltigen Stau. Es wird schwierig werden, den getarnten Jet zu finden. «

Der 1. Offizier nickte.

»Der Raumhafen ist zu groß, um zu Fuß Scans jedes Schiffes durchzuführen«, erwiderte er. »Falls die Centauri etwas Intelligenz besitzen, werden sie den Jet im Schatten eines Transport-Schiffes abgestellt haben. «

»Messen wir Energie-Emissionen an? «, fragte Leutnant Graves.

»Nein«, antwortete der Pilot. »Alle Schiffe befinden sich im Ruhestand. Ich orte keine aktiven Energieverbraucher.«

»Das habe ich mir gedacht«, antwortete Captain Hunter. »Die Centauri sind schlauer als vermutet. «

Leutnant Seeger landete den Gleiter nahe dem Terminal, des Raumhafens. Von hier war es nur ein kurzer Fußmarsch in die östliche City der Kolonie.

Captain Hunter hatte Spezialhelme an sein Team ausgegeben. Diese Helme waren nach lantranischen Konstruktionsplänen gefertigt. Sie verhinderten eine mögliche Beeinflussung durch parapsychische Begabungen.

Captain Hunter blickte auf die Infofolien der natradischen Hypertronic.

»Der vermisste Jet ist hier am östlichen Ende der Kolonie niedergegangen, hat die Natrid-KI errechnet«, teilte er mit. »Nach ihrer Vermutung steht er getarnt irgendwo auf dem großen Landefeld. Das scheint der Rückzugsbereich der Centauri sein. Es ist der einzige Ort der Kolonie, wo preiswerte Unterkünfte, verkommene Bars und vor allem heruntergekommene Restaurants, für Raumfahrer zu finden sind. «

Die Gruppe machte sich auf, um in der östlichen City zu recherchieren. Die Zeit verging wie im Fluge. Captain Hunter und sein Team, hatten bereits 14 Etablissements ohne Erfolg überprüft. Langsam schritt die Gruppe aus acht Personen, die Hauptstraße der östlichen Kolonie herunter. Eine Menge Müll und Abfall lagen auf der Straße. Leutnant Morin blieb stehen. Er blickte in eine dunkle Seitenstraße.

»Dort ist auch eine Bar«, rief er leise. »Sie ist kaum zu erkennen. Das könnte das richtige Versteck für zwielichtige Typen sein. «

Captain Hunter nickte.
»Die Individual-Schirme aktivieren«, befahl er. » Wir müssen auf alles gefasst sein. Vorsichtig gingen sie in die Seitenstraße. «

Rechts an der Straße tauchte eine verkommene Bar auf. Das Team von Captain Hunter näherte sich von der gegenüberliegenden Straßenseite. Die Bar wirkte von außen verfallen und schmutzig. Die Scheiben waren unsauber, schummriges Licht drang durch sie in Freie. John Hunter hob seine Hand und gebot seiner Gruppe zu warten. Er musterte die Bar-Ruine sorgfältig. Verkleidungsteile hatten sich an den Außenwänden gelöst und hingen schräg in der Verankerung. Ein warnendes Gefühl der Vorahnung ereilte Captain Hunter. Mit fast zusammengekniffenen Augen blickte er die Bar an. Musik und lautes Geschrei drang aus der geöffneten Türe heraus.

»Sieht vielversprechend aus«, flüsterte Leutnant Graves, der 1. Offizier von Captain Hunter.

Dieser nickte zustimmend.
»So eine Kaschemme dürfte es in der Natrid-Kolonie überhaupt nicht geben«, sagte Captain Hunter. »Hier scheinen die Arbeitskolonnen und Reinigungs-Roboter bisher nicht gewesen zu sein. «

Captain Hunter drehte sich zu seinen Leuten um. »Leutnant Graves, Leutnant Groß und ich gehen von vorne hinein«, befahl Captain Hunter. »Ihr anderen versucht euch Zugang über einen Hintereingang zu verschaffen. Seid unauffällig und haltet die Augen nach allem Ungewöhnlichen auf. Entsichert eure Laserwaffen. Meistens fackeln die Raumfahrer nicht lange. «

Die Gruppe teilte sich auf.

Captain Hunter wartete, bis seine Leute hinter der Bar eine Position bezogen hatte. Dann schlenderte er mit Leutnant Graves und Leutnant Groß auf den Vordereingang zu. Rauchige, abgestandene Luft strömte durch die Türe nach außen. Captain Hunter ging als Erster hinein. Es war halbdunkel in der Bar. Sie war gefüllt mit zahlreichen zwielichtigen Gestalten. Auch Außerirdische waren darunter. Er erkannte einige Vertreter der Green-Lizards, der Morina und der Najekesio. Ebenfalls einige Piraten waren zu sehen, die vermutlich eine Erzlieferung an die EWK geliefert hatten. Captain Hunter und seine Begleiter stellten sich mit dem Rücken an die Wand und musterten die Gäste.

»Was gibt es zu Glotzen? «, rief einer der Gäste herüber. » Das hier ist kein Wartesaal, schon gar nicht für solche Vögel, wie ihr es seid. Eure schönen Kampfanzüge sind noch sehr sauber. Viel habt ihr noch nicht erlebt. «

Captain Hunter winkte seinen Begleitern zu. Sie gingen auf den Tresen zu.

»Die haben wir gerade erst bekommen«, antwortete er.

»Darauf kannst du einen ausgeben«, knurrte ihn ein verwegener Raumfahrer an.

»Das hatte ich vor«, antwortete der Captain.

Er winkte dem Wirt.
»Eine Runde für den Tresen«, sagte er. » Wir wollen ein wenig feiern. «

Der Wirt zog ein Flasche Whisky unter dem Tresen hervor.
»Hier werden nur starke Getränke serviert«, knurrte er.

»Deswegen sind wir hier«, erwiderte Leutnant Graves mit tiefer Stimme.

Er lehnte sich lässig mit einem Arm auf den Tresen und blickte sich um.

Der Wirt schmiss geschickt eine Handvoll Glaser auf den Tresen. Irgendwie hatte er es geschafft, dass sie alle richtig standen. Er griff nach der Flasche Whisky und goss die Gläser randvoll.

»Das macht 30 Terun«, knurrte er. »Hier wird im Voraus bezahlt. Umsonst ist hier nur eine Ladung Schrott. «

John griff in seine Tasche und zog einen 50 Terun- Schein heraus. Diesen warf er dem Wirt zu.
»Der Rest ist für später«, sagte er.

Das Gesicht des Wirtes hellte sich auf.
»Zum Wohl«, erwiderte er.

Die Raumfahrer griffen nach dem Schnaps.
»Salut«, sagte John und hob sein Glas.

Er lehrte sein Glas in einem Schluck und schlug es auf den Tresen auf. Die Raumfahrer taten es ihm gleich.

»Ich gebe noch einen aus, wenn ihr eine Frage beantwortet«, sagte John. »Wir sind auf der Suche nach selbstsamen, blauen Außerirdischen. Habt ihr diese zufällig gesehen? «

»Die blauen Gorillas? «, flüsterte der Raumfahrer neben ihm unter verdeckter Hand. nickte.

Captain Hunter nickte.
»Ja«, antwortete er. »Sie haben uns einen Teil unserer Fracht gestohlen. »Die will ich zurück. «

»Eine Fracht stehlen, das geht gar nicht«, antwortete der Raumfahrer. »Es sind sowieso nicht genügend Flüge für alle vorhanden. Sie haben einen seltsamen Eindruck auf mich gemacht. Vermutlich verstehen sie kein Natradisch.«

»Wie verständigen sie sich? «, fragte der Captain.
»Sie geben Zeichen, wie ein stummer Zeitgenosse«, antwortete der Raumfahrer.

»Sind sie noch hier?«, flüsterte Captain Hunter.

Der Raumfahrer nickte.
»Sie hocken drüben im Séparée und betrinken sich «, antwortete der Raumfahrer.

»Seit wann sind sie da? «, erkundigte sich Leutnant Graves.

»Sie haben seit zwei Tagen die Bar nicht verlassen«, antwortete der Raumfahrer. »Sie können erst gehen, wenn der Sicherheits-Alarm beendet wurde. Das gilt für uns alle. «

»Danke für die Auskunft«, sagte John.

Er winkte dem Wirt.

»Füllen sie bitte nochmal auf«, sagte er. »Für uns nicht, wir müssen weiter. «

Der Wirt ließ sich nicht lumpen. Er füllte die restlichen Gläser des Tresens wieder randvoll mit Whisky.

Die restlichen Offiziere seines Teams waren durch den Hintereingang in die Bar gekommen. Sie hielten sich verdeckt im Hintergrund.

John winkte ihnen zu und zeigte auf das Séparée. Leichtfüßig ging er, Leutnant Graves und Leutnant Groß hierauf zu.

»Haltet uns den Rücken frei«, flüsterte der Captain.

Er zog seinen Paralysator aus seinem Waffengurt und stellte ihn mit dem Daumen auf die größtmögliche Paralyse-Strahlung ein.

»Ich versuche es erst mit einer Betäubung«, sagte er leise. »Vielleicht bekommen wir noch Antworten von ihnen. «

John horchte mit einem Ohr an der Türe. Keine Geräusche waren zu hören. Dann holte er aus und trat die Türe auf. Zwei blaue Gorillas lagen auf dem Bett. Ihre Gesichter wirkten überrascht. Sie richteten sich blitzschnell auf und griffen nach ihren Laser-Strahlern, die sie auf einer

Konsole abgelegt hatten. John Hunter war in die Knie gegangen und schoss ohne Warnung. Einem der blauen Wesen gelang es noch seinen Strahler abzufeuern. Der Einschlag zerfetzte den Türrahmen des Zimmers. Die Wesen hatten die volle Dosis Paralyse-Strahlen abbekommen. Die Bewegungen der blauen Fremden erlahmten. Zur Sicherheit schoss Captain Hunter ein zweites Mal. Wieder hüllten die Paralyse-Strahlen die fremden Besucher ein. Diesmal gaben ihnen die Treffer den Rest. Bewegungslos sackten sie zusammen und blieben auf ihrem Bett liegen.

Leutnant Graves und Leutnant Groß standen hinter Captain Hunter. Sie hatten ihre Blaster gezogen und entsichert. Falls der Paralyse-Strahler ihres Captains keine Wirkung gezeigt hätte, dann wären ihre Laserstrahler zum Einsatz gekommen.

»Die Scruffs sind ebenfalls auch für unsere Betäubungsstrahlen empfänglich«, lächelte der 1. Offizier.

»Jetzt ist es amtlich«, schmunzelte der Captain. »Das ist unser erster Kontakt mit den Centauri-Scruffs. «

Er griff nach seinem Communicator.

»Hier ist Captain Hunter«, sprach er hinein. »Ich rufe Oberst Cameron. «

Ein kurzes Knistern rauschte über die Leitung. »Cameron«, tönte es aus der Verbindung. »Haben sie etwas erreicht, Captain? «

»Schicken sie ihre Soldaten«, antwortete John. » Wir haben ihre zwei Centauri aufgespürt. Sie schlafen gemütlich in einem Bett. Wir haben ihnen etwas gegeben, damit sie nicht ungemütlich werden. «

Der Oberst musste erst die Worte des Captain verdauen. »Ich sende ihnen ein Greif-Kommando«, antwortete er.

 »Bleiben sie bis zu dem Eintreffen bei den Gefangenen«, antwortete der Oberst. »An welchem Standort finden wir sie? «

»Warten sie einen Augenblick«, erwiderte der Captain. Er blickte seinen ersten Offizier an.

»Wie heißt die Bar hier? «, fragte er. Leutnant Graves blickte sich um. Er sah ein Schild an der Wand hängen. Die Worte hierauf waren verstaubt und schlecht zu lesen.

»Sunshine-Bar«, rief er seinen Vorgesetzten zu. »Das Gegenteil von dem, was sie wirklich ist. «

Captain Hunter lachte.
»Wir sind im Ostend-Bereich der Kolonie, dem Raumfahrer-Viertel«, erklärte er. »Sie finden uns in der Sunshine-Bar. «

»Die kenne ich«, antwortete Oberst Cameron. » Wir sind gleich da. «

Captain Hunter und Leutnant Graves schauten sich grinsend an.

»Wo der Oberst nicht überall verkehrt«, schmunzelte der Captain. »Das hätte ich ihm gar nicht zu getraut. «

Der Wirt kam zu dem Captain getreten.
»Wer bezahlt jetzt die Türe?«, fluchte er.

Hunter blickte ihn an.
»Das Bezahl-Kommando ist auf dem Weg«, antwortete er. »Sie können bei Oberst Cameron ihre Kosten geltend machen. «

Der Wirt schien zufrieden zu sein. Er wandte sich ab und gesellte sich zu seinen anderen Gästen

Es dauerte nur vier Minuten, als 20 Elite-Soldaten des ISD in die Bar gelaufen kamen. Sie schubsten die im Wege stehenden einfach Gäste zu Seite und bahnten sich einen Durchgang zu dem Séparée, vor dem Captain Davis und Leutnant Graves warteten.

Oberst Cameron war persönlich erschienen. Er blickte in den Raum. Fast schon gemütlich lagen die blauen Pelzwesen auf dem Bett.

»Abführen«, befahl der Oberst. » So gemütlich werden sie es eine lange Zeit nicht mehr haben. «

Dann wandte er sich wieder Captain Hunter und Leutnant Graves zu.

»Meinen Glückwunsch zu ihrem Erfolg«, lächelte er. »Sie scheinen tatsächlich eine Nase für schwierige Fälle zu haben. Kommen sie mit uns zurück? «

»Wir bleiben noch etwas«, antwortete er. » Der Wirt möchte den Türrahmen bezahlt haben. Die Türe mussten wir auftreten. «

Der Oberst lachte.

»Ich kümmere mich darum«, entschied er. »Kommen sie morgen nach Tattarr. Die Gefangenen werden von Noel verhört. Vielleicht ergibt sich etwas hieraus. «

Captain Hunter nickte.
»Wir werden pünktlich da sein«, erwiderte er.

Der Oberst nickte und ging zu dem Wirt. Captain Hunter sah, wie er ihm einen 500 Terun Geldschein in die Hand drückte. Dann verließen er und seine Soldaten die Lokalität.

John und sein Team standen am Tresen. Er winkte dem Wirt.

»Füllen sie bitte nochmals die Gläser«, sagte er. » Wir haben staubige Kehlen bekommen. «

Der Wirt lachte erstmals.
»Gut, dass sie die Blaupelze entfernt haben«, murmelte er. »Die passten nicht hierein. Wer weiß, ob sie nicht noch Parasiten in ihrem Pelz herumtragen. «

Der Captain und sein Team schauten sich an und lachten laut auf. Dann hoben sie gemeinschaftlich ihr Glas und schütteten den Whisky ihre Kehlen herunter.

Am nächsten Tag waren John Hunter und sein Team, pünktlich in der imperialen Zentrale des Neuen-Imperiums angekommen. Noel begrüßte die Gäste.

»Habe ich doch richtig vermutet, dass sie das Centauri-Problem lösen Würden«, sagte er. »Mein Glückwunsch zu ihrem Erfolg. «

»Das war Zufall«, antwortete John. »Wir konnten den richtigen Ansatz finden. Letztendlich können sie General Poison unseren Dank aussprechen. Durch seinen schnellen Entschluss, alle Flüge zu verbieten, konnten die Centauri nicht mehr flüchten. «

 Die Türe ging auf. Oberst Cameron und General Poison traten ein. Der General ging auf den Captain zu und schlug ihm auf die Schulter.

»Gut gemacht, Junge«, sagte er. »Durch sie konnten wir die Centauri dingfest machen. Jetzt wird Noel versuchen, etwas aus ihnen herauszubekommen. «

Der General blickte den Kunst-Klon an.
»Gibt es bereits etwas Neues zu berichten? «, fragte er.

Der Kunst-Klon blickte ihn an.

»Wir haben gerade erst mit dem Verhör begonnen«, antwortete er. »Die Centauri haben ein Wahrheits-Serum injiziert bekommen. Wir warten darauf, dass es wirkt. Sie verhalten sich sehr stur und sind nicht kooperativ. «

»Damit war zu rechnen«, erwiderte der General. »Können sie die Dosis nicht erhöhen? «

»Wir wissen nicht, wie sich das mit ihrem Metabolismus verträgt. Das Medi-Team warnt bereits jetzt, weil es eine erhöhte Herzfrequenz registrieren. Heinze fehlt uns hier. Durch ihn wäre alles einfacher. «

»Heinze steht nicht zur Verfügung«, bemerkte der General. »Waren sie unter dem Befehl ihres letzten Kaisers auch immer so zimperlich? «

»Die Zeiten haben sich geändert«, antwortete der Klon. »Jetzt haben wir die Vorgehensweise und die Gesetze der Erde gespeichert. Das ist sicherlich doch in ihrem Sinne?«

»Sie drehen immer alles so, wie es ihnen am besten in den Kram passt«, lächelte der General. »Wir brauchen Antworten. Warum haben die Centauri diese Sabotage durchgeführt? Das ist die einzige Frage, die im Raum steht. «

»Wir werden warten müssen«, antwortete Noel. »Erschwerend kommt hinzu, dass die Centauri immer wieder versuchen unser Personal zu beeinflussen. Ohne die neuen Para-Helme, können wir uns ihnen nicht nähern.

»Übrigens«, sagte der General. »Ich habe den Alarmzustand beendet. Der Flugverkehr wurde wieder aufgenommen. Die festsitzenden Raumfahrer haben sich auf den Rückflug begeben. «

»Soll mein Team sich um das Verhör kümmern? «, fragte Captain Hunter. » Vielleicht bekommen wir etwas aus den Blaupelzen heraus. «

»Warum sollte das funktionieren? «, fragte General Poison.

»Mit List und Gewalt«, entgegnete der Captain.

»Wir foltern keine fremden Rassen«, bemerkte Oberst Cameron. »Dann sind wir nicht besser als viele andere Herren-Rassen im Universum. «

»Das werden wir nur zum Schein machen«, antwortete Captain Hunter. »Ich habe vor, einen von ihnen zu paralysieren. Dem anderen werden wir erklären, dass sein

Kollege das Zeitliche gesegnet hat. Haben sie einige Blutproben entnommen? «

Noel nickte.
»Jeweils fünf Blutentnahmen wurden durchgeführt«, teilte er mit. »Wofür brauchen sie diese? «

»Wir werden uns etwas hiervon ins Gesicht schmieren und dem zweiten Centauri mitteilen, dass wir seinen Kollegen aufschneiden mussten«, erklärte der Captain. »Vielleicht bringt ihn das zum Reden. «

Oberst Cameron war nachdenklich geworden. Er grübelte intensiv über den Befehl von General Poison.

»Meine Herren, « sagte er. »Ich muss ihre Euphorie leider etwas dämpfen. Wir haben etwas übersehen. «

»Was haben wir denn schon wieder übersehen?«, knurrte der General. »Alles ist zu einem guten Ende geführt worden. Die Saboteure sind verhaftet. «

»Das meine ich ja eben«, antwortete der Oberst. »Zeigen sie mir den Saboteur, zu dem der abgetrennte Arm passt.«

Die Gesichter der Offiziere froren ein.

General Poison hatte das allgemeine Flugverbot aufgehoben. Auf dem Raumhafen der östlichen EWK-Kolonie auf Natrid herrschte reges Leben. Unzählige Raumschiffe, Transporter und Fracht-Schiffe wurde beladen und warteten auf ihre Startgenehmigung. Nur ein getarnter Tarin-Jet stellte sich leblos. Er stand im Schatten eines großen Fracht-Transporters. Der Jet hatte sämtliche Energie-Verbraucher deaktiviert. Von ihm konnten keine Werte ermittelt werden.

Die drei Insassen verständigten sich flüsternd auf Natradisch. Das war die alte Sprache, die immer noch auf ihrem Planeten gesprochen wurde. Auch nach den vielen Jahrtausenden, während der Abwesenheit der kaiserlichen Kuratoren, wurde sie von der Rasse der Scruff weiterverwendet.

Die Insassen des Tarin-Jets warteten darauf, dass der große Fracht-Transporter neben ihnen, seine Antriebe zündete.

»Achtung, gleich ist es so weit«, flüsterte einer der Centauri. »Es stehen nur noch drei Schiffe neben dem Fracht-Transporter. Es dauert nicht mehr lange. Unsere Antriebe müssen synchron zu den Triebwerken des

Fracht-Transporters zünden. Dann vermischen sich die Energie- Emissionen. Wir dürfen nicht auffallen«.

»Was passiert mit unseren Freunden in der Stadt? «, fragte sein Begleiter.

Der Anführer blickte ihn an.
»Sie hatten ein klares Zeitfenster«, antwortete er. »Ich hatte sie gewarnt, in die Stadt zu gehen. Die Humanoiden sehen anders aus als wir. Sie haben keinen blauen Pelz. Vermutlich hat man sie verhaftet. Wir können nichts mehr für sie tun. Wir müssen unseren verwundeten Freund zu unserem wartenden Mutter- Schiff bringen. Unsere Freunde holen wir später ab. «

»Wann wird später sein? «, fragte sein Begleiter.

»Wenn wir neue Pläne gemacht haben«, erwiderte der Anführer der Gruppe, der sich Simback nannte.

»Wir wurden mit veralteten Informationen ausgestattet?«, bemerkte Rimback. » Die Vernichtung der großen Produktions-Halle wird den Bau ihrer Raumschiffs-Flotte nicht beeinflussen. Der Plan unseres Geheimdienstes ist nicht aufgegangen. «

»Die Informationen stammen von unseren Besetzern«, antwortete Garback. »Die Daraner haben die Daten an unseren Geheimdienst weitergeleitet. Sie konnten nicht wissen, dass die Natrader noch existieren. Wir sollten lediglich nach abgestellten Raumschiffen Ausschau halten. «

»Das ist korrekt«, bemerkte der Anführer. »Der unwahrscheinliche zweite Fall ist jedoch eingetreten. Ich wurde mit einem Geheimauftrag unserer Regierung betraut. Falls sich hier noch eine Produktionsstätte für die Fertigung von Raumschiffen befinden sollte, wurde mir die Vernichtung befohlen. Das haben wir nicht geschafft. Mir liegen Informationen vor, dass unser Angriff auf die Industriewerft nur unwesentlich die Raumschiff-Fertigung beeinträchtigt. «

»Dann war unsere Mission umsonst? «, fragte Garback.

»Ich hoffe nicht«, entgegnete Simback erneut. »Die Zeichen auf den großen Schiffen, sind nicht mehr identisch mit dem ehemaligen Zerstörern des imperialen kaiserlichen Imperium. Es scheint keine Natrader mehr zu geben. Wir hätten uns den Flug nach Natrid sparen können. Jetzt haben wir zwei vermisste Mitglieder und eine verletzte Person unseres Teams. Wir wissen nicht, ob wir ihn durchbringen können. «

»Wir haben uns ein natradisches Fluggerät angeeignet, weil wir nicht mehr unter der Herrschaft der daranischen Besatzer leiden möchten«, bemerkte Garback. » Sie sehen in uns unterentwickelte Tiere. Unsere Intelligenz leugnen sie vehement. «

»Geht es uns unter der Herrschaft der Daraner besser als früher? «, fragte Simback. » Die Wespen-Wesen haben überhaupt nichts mit uns gemeinsam. Ich bevorzuge lieber die Knechtschaft unter dem kaiserlichen Imperium von Natrid. «

Garback schaute seinen Vorgesetzten an.
»Mit den Natradern verbindet uns nur unsere gezüchtete Entwicklung«, erklärte er. »Sie haben stetig Versuche an uns vorgenommen. Aber sie haben uns beschützt. Aus diesem Grunde sind wir hier. «

»Sie wussten es nicht besser«, schimpfte Rimback aus der hinteren Kabine. »Wir sehen nicht wie Humanoide aus. «

»Aber auch nicht wie Tiere«, monierte Simback. »Wie geht es Zumback? «

»Er hat viel Blut verloren«, antwortete Rimback. »Ich habe festgestellt, dass er zusehends schwächer wird. Wir haben viel zu lange mit dem Rückflug gewartet. «

»Wir konnten nicht starten«, erwiderte Simback. »Der große Schutz-Schirm über der Stadt war geschlossen. Wir kennen doch die Eigenschaften der natradischen Schutzschirme zur Genüge. Unser Schiff wäre explodiert. «

»Achtung, die Energie-Meiler des Transport-Schiffes laufen an«, bemerkte Garback. » Es wird gleich starten. Haltet euch bereit. «

Simback nickte.

»Das wird auch Zeit«, erwiderte er. »Langsam schlafen mir die Füße ein. «

Die beiden Scruff beobachteten das große Schiff, in dessen Schatten ihr Jet stand. Dann brüllten die Triebwerke des Frachters auf.

Fast synchron drückte Garback den Startknopf des Tarin-Jets. Gleichzeitig zündeten die Antriebe der unterschiedlichen Schiffe. Langsam und behebe, hob der schwere Raum-Frachter vom Boden des Kolonie-Raumhafens ab. Der Tarin-Jet folgte in dem Schatten des Frachters.

»Achte darauf, dass unser Jet nicht mit dem Frachter kollidiert«, sagte Simback. »Der Fracht-Gigant besitzt eine andere Trägheit als unser erbeuteter Jet. «

»Das ist mir bekannt«, murrte Garback. » Ich fliege nicht zum ersten Mal. «

Langsam durchstieß der Fracht-Raumer die dünnen Schichten der Natrid-Atmosphäre vor. Dicht an seiner Unterseite, bewegte sich der natradische Test-Jet. Den Insassen war mulmig zu Mute. Dieser Start entschied darüber, ob sie zu den Rendezvous-Koordinaten mit ihrem wartenden Taluk-Raumschiff gelangten, oder nicht.

Der Tarin-Jet war knapp 12 Meter lang. Er konnte mit maximal 20 Personen belegt werden. Der torpedoförmige Jet konnte eine mehrfache Lichtgeschwindigkeit erreichen. Er war für wendige Kampf-Einsätze konstruiert. Mit einer guten Bewaffnung ausgestattet, konnten Tarin-Jets im Angriffs-Verbund, vielen weit größeren Schiffen sehr gefährlich werden. In den Zeiten des ehemaligen natradischen Kaiserreiches, wurden Geschwader dieses Jets gerne als Begleit- Schutz für Transport-Konvois eingesetzt.

In den Augen der Centauri war ein fester Wille zu erkennen, diese Mission ohne weitere Misserfolge zu beenden. Simback zeigte nach vorne.

»Dort ist die Heimat-Flotte der Natrader«, flüsterte er. »Sie kontrolliert nicht registrierte Einflüge in ihr Heimat-System. «

Simback holte tief Luft.
»Das müssen über 5.000 Schiffe sein? «, bemerkte er. » Ich hoffe wirklich, dass wir diesen schlafenden Riesen endlich geweckt haben. «

Der Pilot blickte ihn an, verstand aber seine Worte nicht. »Verflucht sind die Daraner«, schimpfte Garback. »Ihre primitiven Geheimdienst-Daten haben uns in diesen Schlamassel gebracht. Wir sollten eine tote Welt vorfinden. Sie sind kein bisschen besser als die damaligen Verwalter des ehemaligen natradischen Kaisers. Es ist gut, dass ihre Welt zerstört wurde. «

»Ihre Welt wurde verseucht«, korrigierte Simback ihn. »Doch ich erkenne hier ein viel größeres Raumschiffs-Aufkommen als zu der Zeit des natradischen Kaiser-Imperiums. «

»Wer sind die neuen Bewohner? «, fragte Garback.

»Wir werden es nicht mehr herausbekommen«, erwiderte Simback. »Das wollten Timback und Mimback herausfinden. Deswegen sind sie in die Stadt gegangen. Wären sie hiergeblieben, dann würden sie noch leben«, bemerkte Garback.

»Sie müssen nicht tot sein«, antwortete Rimback aus der hinteren Kabine. »Vermutlich sind sie in Gefangenschaft geraten. Man wird ihnen Fragen stellen. Der natradische Geheimdienst versucht herauszubekommen, wer für die Sabotage ihrer Produktions-Halle verantwortlich ist. Er war noch nie um Mittel für eine Folterung verlegen. «

Simback schaute ihn an.
»Hast du es nicht mitbekommen«, schelte er ihn. »Es sind keine Natrader mehr da. Das Logo auf den Schiffen ist anders. Ich kenne es nicht. «

»Es sind aber immer noch die gleichen natradischen Schiffe«, bemerkte Garback. » Vielleicht haben sie selbst Experimente an sich durchgeführt und sehen heute anders aus. «

Simback schüttelte seinen Kopf.
»Ich gebe es auf, « erwiderte er. »Mit euch ist eine Unterhaltung sehr schwierig. «

»Wenn sie es herausbekommen, werden sie ein Straf-Kommando zu unserem Planeten senden und für entsprechende Vergeltung sorgen«, sagte Garback. »Das ist euch doch allen klar? «

»Was hilft uns das? «, fragte Rimback. » Hierdurch geraten wir noch tiefer in das Schlamassel. «

»Ihr seid mir schon ein paar Intelligenz-Bären«, antwortete Simback. »Ich kläre euch über das Ziel unserer Regierung auf. Wenn die Vergeltung-Flotte aus Nachkommen von Natradern erkennt, dass die Daraner ihren ehemaligen Planeten in Besitz genommen haben, kann sich die ganze Geschichte ins Positive verändern. Falls sie dann noch erkennen, dass die Daraner die Bevölkerung unseres Planeten versklavt und für ihre Zwecke benutzt hat, wird das sicherlich ihre Empörung entfachen. Ich hoffe sehr, dass sie einschreiten und die Daraner verjagen werden. Wir haben als Rasse nichts mit dieser Wespen-Species gemein. Allein schaffen wir eine Vertreibung der Daraner nicht. «

»Jetzt verstehe ich den Auftrag unserer Regierung«, sagte Garback. »Endlich geht mir ein Licht auf. «

»Glaubt ihr wirklich, dass sie für die Freiheit unseres Planeten kämpfen werden?«, fragte Rimback.

»Das ist der Geheimplan unserer Regierung«, antwortete Simback. »Deswegen haben wir nicht ihre Raumschiffs-Werften zerstört. Der Generalstab wollte, dass wir das Interesse der Natrader erwecken. Sie sahen es als letzte Möglichkeit, um der Tyrannei der Daraner zu entfliehen. Ihr durftet das gar nicht wissen. So lautete mein Befehl.«

»Achtung, wir erreichen jetzt die Umlaufbahn des Planeten Natrid«, teilte Garback mit. »Ich lasse mich von dem Transporter abdriften und springe in einem geeigneten Zeitpunkt in den Hyperraum.«

»Sind die Koordinaten des Rendezvous eingespeichert?«, fragte Simback.

Der Pilot der Scruff nickte.
»Alles läuft planmäßig«, antwortete er. »Die Tarnung des Jets ist perfekt. Keiner konnte uns orten, selbst die Natrader nicht.«

Simback schüttelte seinen Kopf.
»Ich habe ihnen doch bereits mehrmals mitgeteilt, dass es sich nicht mehr um Natrader handelt«, dachte er. »Sie wollen es einfach nicht verstehen.«

»Es ist so weit«, meldete Garback.

Der Jet war bereits 15 Meter von dem Transport- Frachter abgedriftet.

Garback riss den Schubhebel nach unten. Der Tarin-Jet beschleunigte mit brachialer Gewalt. Schnell war die erforderliche Geschwindigkeit erreicht. Garback beobachte die Anzeigen des Jets. Dann schlug er mit seiner rechten Hand auf den Hypersprung-Kopf. Innerhalb von Millisekunden entmaterialisierte der Tarin-Jet und wechselte in den Hyperraum.

Die sensiblen Ortungstaster und Aufklärungssensoren des Neuen-Imperiums erkannten den nicht genehmigten Hyper-Raumsprung des Tarin-Jets und schlugen Alarm. Eilig heranfliegende Schiffe der Heimat-Verteidigung fanden keine Spuren mehr. Der Tarin-Jet war entkommen. In der Oortschen-Wolke verbarg sich das Taluk-Raumschiff der Centauri. Es machte keinen guten Eindruck. Es war viele Jahrtausende nicht gewartet worden. Doch unter der Anleitung der Daraner, konnten die Centauri-Scruff das Schiff wieder flottbekommen und die lange Reise ins Sol-System unternehmen. Noch sehr viele heruntergekommene Raumschiffe standen auf Raumhafen ihres Heimat-Planeten herum. Niemand kümmerte sich mehr hierum, seit die Natrader nicht mehr da waren. Die KI des Planeten hatte sich in den Deaktivierungs-Modus begeben.

Der Tarin-Jet mit den Centauri an Bord, materialisierte an den eingespeicherten Koordinaten. Er ging in den Standby Modus.

»Wo sind wir? «, erkundigte sich Simback.

Garback bediente das Steuer des Gleiters. Er zog seine Schultern hoch.

»Wir scheinen vom Kurs abgekommen zu sein«, antwortete er. »Wir sind nicht auf dem regulären Kurs. «

»Ich habe dir doch erklärt, dass die Instrumente des Jets sehr sensibel arbeiten«, fluchte Simback. »Wo ist jetzt unser Mutter-Schiff? «

Garback schaute ihn an. Niemand der Insassen achtete auf die Instrumente. Es dauerte fast 15 Sekunden, bis die Centauri-Scruffs den Ausschlag des Ortungsgerätes bemerkten.

Das Gerät zeigte ständig Impulse an, als wenn große Asteroiden zu nahe an dem Schiff vorbeiflogen. Rimback zeigte auf dem kleinen Bildschirm, oberhalb den Jet-Anzeigen.

»Da kommt etwas auf uns zu«, sagte er. »Ist das ein Asteroid? «

Garback antwortet nicht. Er las die Daten auf dem Display ab.

»Das ist unmöglich«, erwiderte er. »Es scheint ein natradisches Kampfschiff der 2.000 Meter-Klasse zu sein. Vermutlich ist es ein Patrouillen-Schiff. «

»Sofort alle Energiequellen abschalten«, befahl Simback. »Nur die Lebenserhaltungs-Systeme bleiben Online. «

»Alle Systeme werden heruntergefahren«, antwortete Garback.

Mit einem unguten Gefühl warteten die Insassen des Tarin-Jets auf den Vorbeiflug des großen Kampf- Kreuzers. Nur langsam setzte das Patrouillen-Schiff seinen Flug fort. Das Piepsen der Ortungsgeräte wurden lauter.

»Es hat uns entdeckt«, sagte Garback. »Die Scanner des Schiffes erfassen uns. «

Ein lautes Piepsen hallte von den Ortungs-Systemen durch das Schiff.

»Das ist nicht möglich«, stutzte Simback. »Wir sind getarnt. «

»Irgendetwas hat uns verraten«, schimpfte Garback. »Sofort die Antriebe aktivieren, maximale Geschwindigkeit aufnehmen und in den Hyperraum springen«, schrie Simback hektisch. » Wir sitzen hier auf dem Präsentierteller. «

Der Pilot gab keine Widerworte.

Eine Lasersalve verließ den vorderen Waffenturm des großen natradischen Zerstörers. Der Laserstrahl schoss mit extremer Geschwindigkeit auf den getarnten Tarin-Jet zu. Garback reagierte schnell. Doch der Angriff kam zu überraschend. Der starke Energie-Strahl erfasste das getarnte Schiff und versetzte es mit einem massiven Druck nach hinten. Simback wurde in seinen Sitz gedrückt, im gleichen Augenblick wieder nach vorne gezogen. Er schlug mit seinem Gesicht auf die Kontrollinstrumente des Jets auf. Blaues Blut tropfte aus einer offenen Wunde an seiner Stirn. Garback hatte mehr Glück. Er hatte sich vorsichtshalber angeschnallt. Die Gurte boten ihm einen sicheren Halt.

Er riss den Schubhebel nach unten und beschleunigte den Jet auf Maximum. Er blickte auf die Anzeigen.

»Nur noch wenige Sekunden, bis die maximale Geschwindigkeit erreicht ist«, flüsterte er.

Er hob seinen rechten Arm und schlug mit der Klaue seiner Hand auf den grün blinkenden Hypersprung-Knopf. Der Tarin-Jet entmaterialisierte in Sekunden und war verschwunden. Gerade noch rechtzeitig. Eine Sekunde später schlugen zahlreiche Laser-Strahlen an der Position ein, an der sich eben noch der Jet befunden hatte.

Das Patrouillen-Schiff der Kaiser-Klasse, hatte das Objekt von den Monitoren verloren. Es suchte noch eine Zeit lang die Umgebung ab, ohne erkennbaren Erfolg. Dann nahm es einen Patrouillen-Flug wieder auf. Die Crew unterrichtete die Leitstelle auf Natrid über diesen Vorfall. Nur 15 Minuten später traf eine Spür-Flotte, von 120 Schiffen des Neuen-Imperiums ein. Sie durchkämmten die angrenzenden Sektoren des Gebietes akribisch genau. Doch sie fanden keine Spur mehr von dem geflüchteten Tarin-Jet.

Der Jet mit den Centauri an Bord, materialisierte an neuen Koordinaten. Vorsorglich scannte Garback den Sektor nach fremden Impulsen.

»Alles ist ruhig«, sagte er. »Ich habe keine neuen Schiffs-Impulse erfassen können.

»Wo befinden wir uns? «, fragte Simback. » Wo ist unser Mutter-Schiff. «

»Ich vergleiche die Koordinaten mit dem Navigations-Rechner«, antwortete Garback.

»Bringt uns endlich zu unserem Mutter-Schiff«, schimpfte Rimback aus der hinteren Kabine. »Ich weiß nicht, wie lange ich Zumback noch konstant halten kann. Er hat zu viel Blut verloren. «

»Ich empfange einen Impuls«, meldete Garback.

»Bekommen wir eine Schiff-ID herein? «, fragte Simback.

Garback schüttelte seinen Knopf.
»Die Identifikation läuft«, entgegnete er. »Es ist die Taluk 80.390. Wir haben unser Mutter-Schiff gefunden. «

»Funke sie an«, befahl Simback. »Sie sollen sich auf einen Start vorbereiten. Teile ihnen mit, dass wir verfolgt werden. Bitte sie, das Hangar-Tor zu öffnen. Wir fliegen mit dem Jet ins Schiff. «

Das Mutterschiff scannte den Jet und bestätigte den Befehl. Langsam öffneten sich die Schotts des Schiffes. Garback hielt auf den georteten Leitstrahl zu. Es dauerte lange fünf Minuten, bis der Tarin-Jet die Position des wartenden Schiffes erreicht hatte. Garback flog eine Kurve und steuerte den Jet durch den offenen Schott des Schiffes und landete ihn sanft.

Der Captain des Taluk-Schiffes bekam die Landung gemeldet. Der Schott des Schiffes schloss sich. Im gleichen Moment beschleunigte er das Schiff mit Höchstwerten. Zu hoch war die Angst entdeckt zu werden. Nach wenigen Minuten war die erforderliche Geschwindigkeit erreicht, um mit dem Schiff in den Hyperraum zu wechseln.

Ein Medi-Team transportierte den verletzten Zumback ab. Er benötigte dringend Bluttransfusionen. Sein Gesundheits-Zustand war bedenklich.

In der Leitstelle des Neuen-Imperiums, saß General Poison an seinem Schreibtisch und blickte auf einen der vielen Bildschirme, die in der Wand seines Büros integriert waren. Es klopfte an der Türe.

»Herein«, rief er mürrisch.

Noel trat ein. Auf den ersten Blick erkannte der natradische Klon die Laune des Generals.

»Unser gestohlener Test-Jet ist wieder aufgetaucht«, teilte er mit.
Der General blickte ihn an.

»Es wurde von einem Patrouillen-Schiff der Kaiser- Klasse gestellt, nahe der Oortschen-Wolke«, erklärte der Klon.

»Wie konnte das Schiff geortet werden? «, erkundigte sich General Poison.

»Das ist nicht ganz klar«, antwortete Noel. »Obwohl der Gleiter mit unserer modernsten Tarn-Vorrichtung ausgestattet war, ist es dem Commander des Schiffes der Kaiser-Klasse gelungen, ihn als Anomalie zu orten. Er hat den Aufriss eines Hyperraum-Durchganges angemessen, und ein Objekt registriert, das aus dem Hyperraum herausflog. Durch die unterschiedlichen Strahlungen in der Oortschen-Wolke, muss sich der Jet als schemenhafte Darstellung auf den Ortungs- Monitoren abgezeichnet haben. Durch den anschließenden Beschuss des Jets, wurde ihr Schutzschirm sichtbar. Er pufferte zunächst die Energie, leitete sie aber später ab, um den Schirm nicht zu überlasten. Die Centauri scheinen blitzartig reagiert zu haben. Sie beschleunigten mit brachialer Geschwindigkeit. Dann verliert sich ihre Spur wieder im Hyperraum. Die nachfolgenden Laser-Schüsse gingen ins Leere. Die Centauri sind entkommen. «

»So viel zu ihren sicheren natradischen Frühwarn-Systemen«, antwortete der General. »Scheinbar kann man in unserem Sol-System ein und ausgehen, ohne bemerkt zu werden. «

»General«, rief Noel. »Bleiben sie auf dem Boden der Tatsachen. Die Centauri sind mit einem registrierten Schiff des Neuen-Imperiums eingereist. Das wissen sie ganz genau. Jedes unbekannte Schiff, wäre in unser Frühwarn-System geflogen. «

Der General murmelte etwas vor sich hin. Er wusste jedoch, dass Noel Recht hatte.

»Es sieht ganz danach aus, dass wir eine Aufklärungs-Mission nach Centauri Alpha senden sollten«, schlug Noel vor. »Wir sollten uns vor Ort eine Meinung darüber bilden, warum die Centauri-Scruffs plötzlich so negativ, dem natradischen Reich gegenüber eingestellt sind. «

Der General nickte.
»Ich gehe noch weiter«, entgegnete er. »Ich würde gerne eine Flotte entsenden, die dort nach dem Rechten sieht. Gegebenenfalls kann sie auch die Planeten-KI wieder aktivieren. «

»Vermutlich wird das nur durch Major Travis möglich sein«, antwortete Noel. » Er besitzt das alte natradische Gen, welches als Aktivator der neuen Befehle von der KI angemessen wird. Früher war es nur adeligen Natradern gestattet, Befehle von hochrangigen natradischen Offizieren aufzuheben. Admiral Tarin muss als solcher angesehen werden. «

Der General dachte nach.
»Eine Möglichkeit wäre es, Major Travis noch auf seinem Rückflug von seiner Mission zu erreichen, dass er einen Abstecher nach Centauri macht«, entgegnete er. »Die Flotte unter seinem Befehl ist groß genug, um den Centauri die Stellung des Neuen-Imperiums in der Milchstraße klarzumachen. «

Wir wissen nicht, wie lange Major Travis noch mit den Zierrakies beschäftigt sein wird«, antwortete Noel. »

»Seine Mission könnte sich über einen längeren Zeitraum hinziehen. «

»Ich werde Captain Hunter und Oberst Cameron hiervon unterrichten«, teilte der General mit. »Sie werden eine Flotte von 600 Schiffen zusammenstellen und nach Centauri fliegen. Es ist die Angelegenheit des ISD, aufkeimende Unruhen vor Ort zu bekämpfen. Der Oberst hat gut mit Captain Hunter zusammengearbeitet. Die beiden scheinen ein gutes Team zu sein. «

»Ich gebe ihnen Recht«, entgegnete Noel. »Wider Erwarten hat Captain Hunter alle seine Befehle befolgt. «

General Poison blickte den natradischen Kunst-Klon an. »Sorgen sie für die geeigneten Navigationskarten«, befahl er. »Der ISD wird den Blaupelzen einen freundlichen Besuch abstatten. Bereiten sie alles vor. Ich informiere unser Team. «

Noel nickte und verließ das Büro des Generals. Dieser griff nach seinem Communicator.

Er befahl Captain Hunter und Oberst Cameron in sein Büro. Anschließend lehnte sich in seinem bequemen Lederstuhl zurück. »

Welchen Grund Können die Scruff gehabt haben, Sabotage auf Natrid zu betreiben? «, fragte er sich. » Was steckt dahinter. «

Der General fand keine Antwort hierauf. Er erkannte, dass diese Angelegenheit nur durch das Verhör der Gefangenen, oder durch eine Aufklärungs-Mission nach Centauri-Alpha aufgeklärt werden konnte.

Er schüttelte seinen Kopf und griff nach den täglichen Info-Folien, die aktuelle Berichte über die Vorkommnisse im Imperium lieferten.

Im Gebiet der Centauri-Scruffs

General Da-Qisaarahh befehligte eine von den vielen daranischen Such-Flotten, welche die Regierungs-Kammer des kaiserlichen Großnestes ausgeschickt hatte. Jede Flotte umfasste einheitlich 200 Walzen- Schiffe. Auf Da'Risaah, dem kaiserlichen Zentral- Planeten des daranischen Imperiums, war immer noch kein Alltag eingetreten. Sämtliche Brutschiffe waren zurückgerufen worden. Alle flugfähigen Schiffe beteiligten sich in Verbänden zu je 200 Schiffen, an der Suche nach der vermissten Groß-Königin Da'Jijahriess. Die Flotten-Verbände wurden in alle erreichbaren Gebiete des Universums geschickt. Doch noch immer hatten die Daraner keinen Hinweis auf den Verbleib ihrer Groß-Königin Da'Jijahriess gefunden. Sie war vor einigen Monaten mit ihrer kaiserlichen Flotte aufgebrochen, um alten Spuren der gehassten Zerstörer zu folgen. Der große Flotten-Verband der Königin umfasste exakt 5.000 Walzen-Schiffe. Die störrische Groß-Königin war den Spuren gefolgt, ohne weitere Hinweise auf den Zielort zu hinterlassen.

General Da-Qisaarahh verfluchte die Groß-Königin.
»Sie war immer schon eine Eigenbrötlerin«, dachte er.
»Obwohl ich ihre Entscheidung immer geschätzt habe, hätte eine Aktennotiz über die Flugroute und das Ziel der kaiserlichen Flotte unsere Arbeit kolossal erleichtert, die

jetzt vor uns und vielen vergleichbaren kleinen Such-Verbänden liegt. «

Still fluchte er vor sich hin. Er stand auf einem kleinen Bergrücken und schaute auf die 20 Grenzposten, die er seit einigen Tagen auf dem Planeten hatte errichten lassen. General Da-Qisaarahh hatte das Angenehme mit dem Nützlichen verbunden. Er wollte seinen Kampf-Truppen, nach den langen Reisen im Weltraum, für kurze Zeit wieder festen Boden unter den Krallenfüßen bieten. Bei dieser Gelegenheit waren sie auf den Planeten dieser blauen Tierwesen gestoßen. Es war ein reines Agrar-Volk. Sie konnten nichts gegen die Waffen ihrer Raumschiffe ausrichten. General Da-Qisaarahh hatte daher beschlossen den Planeten zu annektieren, um den Einflussbereich des daranischen Imperiums weiter auszubauen.

»Das ist unser erster Brückenkopf in der Milchstraße«, schmunzelte er. »Hier werden wir einen Grenzposten für weitere Eroberungen errichten. Die gutmütige Rasse von blaupelzigen Wesen, konnten wir schnell unter unseren Einfluss bringen. Erstaunlicherweise haben die Scruff erst gar nicht groß protestiert. «

Der Planet war sehr interessant, weil alte Raumschiffs-Technik offen auf dem Planeten herumstand. Durch intensive Ortungen hatten die Daraner erkannt, dass zahlreiche fremde Raumschiffe unter Sand und Staub vieler Jahrtausende verborgen standen. Erste Ausgrabungen von Wissenschaftlern bestätigten zwar die Schiffe in einem schlechten Zustand, doch die Daraner erhofften sich trotzdem neue Erkenntnisse durch fremde Technologien zu erhalten.

Die kleine Expeditions-Flotte von General Da-Qisaarahh, bestand aus 200 Walzen-Schiffen der bekannten 500-Meter-Klasse. Sie war eine von vielen Flotten, die den Weltraum durchsuchten. Der General war auf der Suche nach der vermissten Königin Da'Jijahriess, einer Spur in die Milchstraße gefolgt. Mehr zufällig, als beabsichtigt, stießen sie auf dem Planeten der Scruffs. Die gutmütigen Blaupelze waren nicht auf einen Krieg mit fremden Species eingestellt. Die Bevölkerung bestand überwiegend aus einfachen Bauern, die sich um den Agrar-Anbau ihres Planeten kümmerten. So wurde die Versorgung der Population des Planeten gewährleistet. Bereits nach einer kurzen Gegenwehr, ergaben sich die Scruff ihren Besitzern.

General Da-Qisaarahh stand immer noch auf dem Hügel und blickte sich um.

»Wurden alle Aufstände niedergekämpft? «, fragte er seinen 1. Offizier.

Dieser nickte.
»Es war ein Kinderspiel, die Blaupelze gefügig zu machen«, antwortete er. »So eine behäbige Lebensform ist mir noch nicht begegnet. «

»Jede Species ist anders«, erwiderte der General. »Wir können froh sein, dass wir auf keine Rasse gestoßen sind, die bis zu einem Blutbad ihr Territorium verteidigt hat. Hierfür sind wir nicht ausgerüstet. «

Der General blickte auf die 20 Gefechtsstande, welche in einem geringen Abstand um das daranische Truppen-Lager aufgebaut worden waren. Sie alle waren mit daranischen Laser-Geschützen bestückt worden. Die Abwehr-Stellungen waren ständig besetzt. General Da-Qisaarahh erkannte, dass seinem Befehl Folge geleistet wurde. In der Mitte dieser Geschützstände stand ein Raumschiff der Daraner, das als Kommando-Leitstand für den General fungierte. Bodenpersonal war damit beschäftigt, einige Hallen für die Kampf-Truppen zu errichten.

Die Daraner waren eine insektoide Wespenrasse. Sie bevorzugten warme Wüstenplaneten, vergleichbar mit ihren Heimat-Planeten.

Die Heimatwelt der Scruffs war ein solch warmer Planet. Eine heiße Sonne am Himmel sandte ihre Strahlen auf den Boden des Planeten. Keine Wolke war am Himmel zu sehen.

Nicht weit entfernt von dem Stützpunkt der Daraner, war die Hauptstadt des Planeten zu erkennen.

»Die Regierung der Scruffs hat schnell ihre Unterlegenheit eingestanden und ihre Kooperation zugesagt«, gurte der Befehlshaber der Flotte. »Wir haben zwar die Groß-Königin noch nicht gefunden. Jedoch konnten wir Artefakte, eines alten technisch hochstehenden Volkes, für uns sichern. Vermutlich war dieses vor vielen Tausend Jahren einmal in dieser Galaxis ansässig. «

General Da-Qisaarahh wusste, dass es noch viele Monate dauern würde, bis die alte Königin als hoffnungslos verschollen betitelt wurde. Solange noch die Hoffnung auf eine Rückkehr bestand, konnte von dem hohen Nest keine neue Königin eingesetzt werden.

»Koordiniere den Abwehrposten«, befahl der General. »Ich gehe auf mein Flaggschiff und überprüfe alle weiteren Verteidigungs-Posten. Die Scruff verhalten sich nach meiner Meinung viel zu ruhig. Sie nehmen die Besetzung ihres Planeten äußerst gelassen hin. Das gefällt mir nicht. «

»Was sollen sie anderes machen? «, antwortete der 1. Offizier. » Sie sind waffentechnisch nicht ausgerüstet. Die Scruffs haben nicht die geringste Chance gegen uns. «

»Mein Gefühl hat mich in den wenigsten Fällen getäuscht«, erwiderte der General. »Gerade die ruhigen Rassen, haben immer noch einen Trumpf in ihrem Ärmel.«

»Sie sehen Gespenster«, antwortete der 1. Offizier. »Die Scruffs können froh sein, wenn wir ihre Species nicht ausrotten, um den Planeten für uns allein zu haben. «

»Das wird erst der nächste Schritt unserer Regierung sein«, bestätigte der General. »Noch ist dieser Planet nicht registriert. Es wird noch eine Zeit brauchen, bis er als Brut-Welt brauchbar ist. Bis dahin können die Scruff ihn gerne bewirtschaften. «

Der erste Offizier nickte zustimmend.

Der befehlshabende Flotten-General drehte sich um und schritt auf das große Flaggschiff zu. Die Brücke des Schiffes war heruntergelassen. Zwei Soldaten der Kampf-Truppe standen Spalier. Der General nickte ihnen kurz zu. Dann schritt er die Einstiegstreppe des Schiffes herauf

Es dauerte einige wenige Minuten, bis der General die Brücke des Schiffes erreicht hatte.

» Gebt mir einen Bericht«, befahl er den aufblickenden Offizieren.

»Alles ist ruhig«, antwortete der Ortungs-Offizier. »Wir haben keinerlei Hinweise auf irgendwelche Unruhen. Die Scruffs haben sich vollständig unterworfen. «

»Sagen sie das nicht zu laut«, rief der General. »Ich habe bereits ganz andere Situationen erlebt. Ihr Stolz ist noch nicht gebrochen. «

Er blickte zu dem Funk-Offizier.
»Haben wir irgendwelche Hyperkomm-Funksprüche von dem Schiff erhalten, dass auf unseren Wunsch hin, von der Regierung der Scruff ausgesandt wurde? Es sollte den Heimat-Planeten der mysteriösen Fremden zu suchen, auf dessen Hinterlassenschaften wir gestoßen sind. «

»Es sind noch keine Funksprüche eingegangen«, antwortete der Funk-Offizier. »Der Kontakt ist abgebrochen. Vielleicht ist das marode Schiff auch von einer anderen Rasse vernichtet worden. «

»Worauf stützen sie ihre Vermutung? «, fragte der General.

»Ich denke an die Zierrakies«, antwortete der Funk-Offizier. »Sie haben uns um Unterstützung gebeten. Das hohe Nest hat ihren Wunsch abgelehnt. Ihnen wurde mitgeteilt, dass sie sich selbst um ihren Kram kümmern sollen und dass wir alle Schiffs-Verbände im Sucheinsatz haben. «

Der Funk-Offizier lächelte den General an.
»Darauf haben sie geantwortet, dass wir nicht so ein Theater, wegen einer vermissten Königin veranstalten sollten«, ergänzte er. »Das hohe Nest hat aufgrund dieser Äußerung, sämtliche Kommunikationen mit der Zierrakies abgebrochen. «

Der Flottenführer schlug mit seinem Stachel auf die vor ihm stehende Konsole. Der laute Knall ließ alle Brücken-Offiziere in seine Richtung blicken.

»Jetzt haben wir die Zierrakies auch noch als Feinde«, fluchte er. »Das war kein guter Schachzug des hohen Nests. «

»Ich denke, die Zierrakies haben mit sich selbst zu tun«, teilte der Ortungs-Offizier mit. »Wir haben Informationen vorliegen, dass sie gleichzeitig an mehr als zehn Fronten kämpfen. Sie werden jetzt unmöglich Jagd auf daranische Schiffe machen können. «

Keiner der Offiziere sagte ein Wort.

Der General beruhigte sich wieder.
»Wir haben bisher keinen Hyper-Funkspruch von dem ausgesandten Schiff erhalten? «, fragte er nach.

»Nein«, bestätigte der Funk-Offizier ein zweites Mal.

»Ich habe die Blaupelze gewarnt«, erinnerte General Da-Qisaarahh. »Falls sich die Besatzung mit dem Schiff aus dem Staub gemacht haben sollte, befehle ich alle Familienangehörige der Schiffs-Besatzung hinzurichten. «

Entsetzt blickte der Funk-Offizier seinen Vorgesetzten an. »Wollen sie das wirklich durchziehen? «, fragte er.

»Natürlich nicht«, antwortete der General. »Aus der Zeit der Hinrichtungen sind wir längst entwachsen. Doch das müssen die Scruff ja nicht wissen. Furcht lässt eine Gruppe von Untertanen gefügig werden. Sie werden Zugeständnisse machen, die sie unter normalen Umständen nie geäußert hätten. «

Ein piepsender Ton der Ortungs-Anzeige, ließen die Offiziere aufhorchen.

»Was ist jetzt passiert? «, fragte der General.
»Der westliche Verteidigungswall liegt unter einem starken Laser-Beschuss«, meldete der Funk-Offizier. »Unsere Truppen vor Ort, bitten um eine schnelle Luft-Unterstützung. Der Wall meldet eine massive Truppen-Präsenz der Scruffs. Sie sprechen von fast 10.000 Scruffs-Soldaten, die gegen unseren Stützpunkt anrennen. «

»Alle Kampfgleiter sollen starten«, befahl der General. »Macht meinen Kampfgleiter ebenfalls zu Start bereit. Ich leite den Gegenangriff von meinem Gleiter aus. «

Der 1 Offizier blickte ihn an.
»Von einem Gleiter aus? «, fragte er nach. » Wollen sie nicht lieber von hier aus den Angriff überwachen? Die Schutz-Schirme der Kampfgleiter sind nicht so stark. «

»In einem Gleiter bin ich näher an dem Geschehen«, erwiderte der General. »Sie übernehmen das Kommando meines Schiffes. «

»Ihr Kampfgleiter ist startklar«, meldete der Funkoffizier. »Man erwartet sie im Hangar. «

»Danke«, antwortete der General.

Er drehte sich um und eilte von der Brücke des Schiffes. Der erste Offizier blickte ihm kopfschüttelnd nach.

»Dann hoffen wir einmal, dass dies gut geht«, flüsterte er.

Zahlreiche Kampfgleiter flogen aus den Hangars der Walzenschiffe, die in der Umlaufbahn des Planeten lagen. Sie hatten den Befehl zum Einsatz erhalten. In Geschwadern zu je zwölf Gleitern, drangen die Angreifer in die Atmosphäre des Planeten vor.

»Hier spricht General Da-Qisaarahh«, tönte es aus den Lautsprechern der Gleiter. » Ich werde persönlich den Angriff leiten. Ihre Aufgabe wird es sein, die Bodenstellungen der Scruffs auszuschalten. Sie haben sich eingegraben und greifen mit schwerem Laserfeuer, unsere westliche Befestigungs-Stellung an. Es gab bereits zahlreiche Verluste. Wir müssen das weitere Vorrücken der Pelzwesen verhindern. «

Die Piloten der Kampfgleiter bestätigten den Befehl. Die ersten Verbände der Daraner hatten das Kampfgebiet erreicht. Kaum registrierten die Bodentruppen der Scruffs die neue Unterstützung aus der Luft, drehten sich ihre Abwehr-Geschütze den Feinden zu. Aus mehr als 200 Laser-Kanonen schlug den daranischen Gleitern ein massives Abwehrfeuer entgegen. Die vordersten Gleiter wurden mehrfach getroffen. Die schwachen Schutz-Schirme konnten den konzentrierten Einschlag der alten natradischen Geschütztürme nicht absorbieren. Die Strahlen durchschlugen die Schirmfelder der Gleiter und zerfetzten die Antriebe. Erste daranische Kampfgleiter fingen an zu trudeln. Feuer, Rauch und Qualm entwichen ihren Antrieben. Sie in kreisenden Bewegungen stürzten die Schiffe dem Boden entgegen. Dort schlugen sie auf und zersplitterten. Zahlreiche Freudenschreie wurden von den Scruffs hörbar. Sie hatten erste Erfolge erzielt.

Der General wurde immer ärgerlicher. Er griff nach seinem Kommunikator für den Flotten-Funk.

»Hier spricht General Da-Qisaarahh«, sprach er in den Flottenfunk. »Schaltet vorrangig die Abwehr-Stellungen der mobilen Laser-Türme aus. Wir haben schon zu viele Gleiter verloren. Geht mit allen verfügbaren Kräften vor.«

Die Bestätigungen kamen herein.

Im Sturzflug flog ein Geschwader Kampfgleiter feuernd auf eine Laser-Abwehrstellung herab.

Die Centauri-Scruffs feuerten im Automatikmodus auf die anfliegenden Gleiter. Erneut gerieten vier daranische Kampfgleiter in das massive Abwehrfeuer der Geschütztürme. Die Gleiter fingen Feuer, Qualm trat aus den Antreiben aus. Sie fingen an zu trudeln und fielen der Erde entgegen.

Die anderen Gleiter hatten mehr Glück. Ihre Laser-Salven schlugen in die Abwehr-Stellungen ein. Ein großer Laser-Geschützturm explodierte und zersplitterte in viele kleine Teile. Das Bedienungs-Personal konnte nicht mehr entkommen. Es wurde von der gewaltigen Detonation erfasst und zerrissen.

Die Stimmung unter den Scruffs schlug um. Jetzt hatte man erste Verluste zu beklagen. Die heranfliegenden Gleiter der Daraner schleusten Bomben aus. Nebeneinander in einer breiten Formation flogen die Kampfgleiter der Daraner über die Stellungen und ließen ihre Bomben aus den Schächten fallen. Zahlreiche Explosionen wurden am Boden sichtbar. Die Gefechtsköpfe detonierten und verursachten große Sandkrater. Die Truppen der Scruffs, die sich nicht rechtzeitig in Sicherheit gebracht hatten, fielen kläglich dem Angriff zum Opfer.

Das Feuerwerk der daranischen Bomben pflügte den Boden um. Die zahlreichen Abwehr-Stellungen der Scruffs wurden förmlich weggefegt. Die Abwehr-Türme der Verteidiger waren auf Automatik umgestellt worden. Die Sturm-Truppen hatten erkannt, dass diese Geschütze als vorrangige Zielpunkte von der daranischen Luftunterstützung angegriffen wurden. Die Truppen hatten sich in Sicherheit gebracht. Die verbliebenen Geschütztürme feuerten jede Sekunde 600 Laser-Salven auf das nächste anfliegende Geschwader der Daraner. Erneut trudelten sieben Kampfgleiter dem Boden entgegen. Im Anschluss schlugen die Raketen und Bomben der Angreifer in die programmierten Ziele ein.

General Da-Qisaarahh sah den nur einer mühsamen Erfolg seiner Kampfgleiter.

»Die Scruffs kämpfen härter als vermutet«, dachte er. »Es sind doch keine einfachen Agrar-Wesen. Wie können sie uns das Leben so schwer machen? «

Er überlegte kurz.

»Atomraketen einsetzen«, befahl der General. »Die feindlichen Stellungen werden mit fünf Atomschlägen ausgebrannt. «

Der Atomschlag war ein Zeichen dafür, dass die Daraner nicht mehr weiterwussten. Immer mehr Kampfgleiter fielen dem Abwehrfeuer der Scruffs zum Opfer. Die angreifenden Gleiter bestätigten den Befehl des Generals. Sie fielen zurück und beendeten ihren Angriff. Die Maschinen flogen eine Linkskurve und zogen sich auf eine sichere Entfernung zurück.

Fünf Kampfgleiter scherrten aus unterschiedlichen Geschwadern aus. Sie flogen auf die Stellungen der Scruffs zu. Die Flugboote hatten Atomraketen geladen.

Die Bodentruppen der Centauri deuteten den Rückzug der daranischen Kampf-Gleiter als Sieg. Sie jubelten lautstark und warfen ihre Laser-Gewehre in die Luft. Sie lachten und schlugen sich gegenseitig auf die Schulter. Sie hatten gut gekämpft und die Daraner zurückgetrieben.

Ein Befehlshaber zeigte in den Himmel. Fünf Kampf-Gleiter der Daraner näherten sich im fast fünfhundert Metern Höhe. Sie kreisten über dem Gebiet der Kampf-

Truppen. Der Befehlshaber der Scruffs befahl die Schiffe ins Visier der Abwehr-Türme zu nehmen. Hektik brach unter den Sturmtruppen aus. Sie liefen auf die Abwehr-Türme zu und programmierten die neuen Ziele.

Ihr Befehlshaber erkannte, wie die fünf Schiffe am Himmel Raketen abwarfen. Diese rasten mit unvorstellbarer Geschwindigkeit dem Boden entgegen.

Er griff nach seinem Kommunikator.
»Auf Raketeneinschlag vorbereiten«, sprach er in das Gerät. »Sucht sofort Schutzstellungen auf. «

Nur wenige Sekunden, nachdem er die Worte ausgesprochen hatte, schlugen die Atom-Gefechtsköpfe mitten unter den Kampftruppen einschlugen. Die Explosionen setzten eine gigantische Feuersbrunst in Gang. Fünf gigantische Atompilze bauten sich auf und breiteten sich in der Atmosphäre aus. Die Felsen, der Sand und die Erde, verwandelten sich in Sekunden in eine brodelnde und dampfende Masse. Die extreme Hitze schmolz alle Geschütztürme der Scruffs zu einer schwarzen Masse zusammen. Die glutheiße Atomwolke verbrannte die Sturmtruppen, bis nicht s mehr von ihnen übrig war.

Selbstsicher erkannte General Da-Qisaarahh, dass die Angelegenheit erledigt war. Nicht ein einziger Soldat der Scruffs hatte überlebt. Der Sturmangriff auf den daranischen Verteidigungsposten war schlagartig beendet worden. Er verharrte unter einem Schutzschirm und wartete auf den Abzug der weißen Atomwolke.

General Da-Qisaarahh flog eine weite Kurve über das Kampfgebiet und zog seinen Gleiter höher in die dichten Wolkenschichten. Vor dort steuerte er die Maschine zurück zu seinem Flaggschiff. Der Angriff war beendet.

»Das alles hätte nicht sein müssen, wenn die Regierung der Scruffs bereit gewesen wäre zu kooperiert «, dachte er ärgerlich. »Jetzt ist ein großes Gebiet auf dem Planeten verseucht und kann für Jahrtausende nicht genutzt werden. Wir werden hier eine Quarantäne-Zone einrichten müssen. Wir werden die zivilen Bevölkerungen nah gelegener Städte evakuieren müssen, bevor die Atomwolke sie erreicht. «

General Da-Qisaarahh informierte sein Flaggschiff über die Rückkehr seines Gleiters. Der Hangar öffnete sich. In gekonnter Manier flog hinein und setzte ihn wohlbehalten auf das Deck auf.

Er eilte aus die Brücke des Schiffes. Die Crew jubelte, als er eintraf. Der General hob seine rechte Klaue.

»Zum Jubeln haben wir keine Zeit«, erklärte er. »Beordern sie drei Schiffe an unsere Seite. Wir statten der Regierung der Scruffs einen Besuch ab. «

Der 1. Offizier nickte und begab sich zu der Funkleitstelle.

Der General blickte seinen Steuermann an.
»Wir warten nur noch auf unsere Begleitung «, sagte er. „Dann landen sie unser Schiff auf dem Raumhafen der Hauptstadt.

Die vier Walzen-Schiffe schwebten auf die Hauptstadt des Planeten zu. Beeindruckend flogen sie in einer Höhe von nur 30 Kilometern auf die Stadt zu. General Da-Qisaarahh hatte die Monitore seines Schiffes aktiviert. Keine Wolken behinderten die Sicht. Die große Hauptstadt kam in Sichtweite. Das öffentliche Leben schien völlig eingestellt worden zu sein. Die Regierung der Scruffs hatte ihren Bewohner empfohlen, zu Hause zu bleiben und die weitere Entwicklung abzuwarten. Der Regierungs-Bezirk wurde sichtbar.

Der General gab die Anweisung, auf dem großen Raumhafen, vor dem Regierungs-Palast niederzugehen.

Sein 1. Offizier hatte die Regierung der Scruffs bereits informiert und sie eindringlich gebeten, für die Sicherheit der Schiffe zu sorgen. Entsprechend wurde der Platz weiträumig von Soldaten der Scruffs abgesperrt.

Die Schiffe der Daraner waren gelandet. Die Ausstiegs-Brücken fuhren aus. Jedes Walzenschiff schleuste 100 Kampf-Roboter aus, die sich weitläufig um die Schiffe positionierten. Ihnen folgte die gleiche Menge an daranischen Soldaten, die sich rechts und links, in Richtung des Regierungsgebäudes aufstellten. Zwischen ihnen bildeten sie eine breite Gasse. Die Laser-Gewehre der Soldaten waren aktiviert. Sie lagen schussbereit in den Armbeugen der Soldaten.

Langsam betrat General Da-Qisaarahh die Ausstiegs-Brücke. Er blickte sich nach allen Seiten um. Am unteren Ende der Brücke stand der befehlshabende Offizier der daranischen Kampf-Verbände. Er sprach etwas in ein Gerät.

»Alles ist ruhig«, tönte es aus dem Kommunikator des Generals. »Sie können aussteigen. Das Gebiet ist gesichert. «

»Danke«, antwortete er. »Wir kommen jetzt. «

Der General gab seinen Offizieren ein Zeichen. »Besuchen wir die Regierung der Scruffs«, sagte er.

Die Gruppe aus sechs Offizieren des daranischen Flaggschiffes setzte sich in Bewegung. Der 1. Offizier des Schiffes, fühlte sich nicht wohl in seiner Haut. Er traute den Scruffs nicht mehr.

»Wer einmal einen Hinterhalt befiehlt, wird es auch ein zweites Mal machen«, flüsterte er.

»Die Scruffs haben genug von uns«, antwortete der General. »Sie haben soeben 10.000 Soldaten verloren. Wie wollen sie dieses Dilemma vor ihrer Bevölkerung verantworten. «

»Hoffen wir das Beste«, erwiderte der erste Offizier. » Ich traue den Blaupelzen nicht mehr. «

Die Gruppe schritt durch die Gasse, die von den Soldaten der daranischen Kampf-Truppen eingerichtet worden war. Drei Regierungs-Mitglieder der Scruffs, kamen aus dem Eingang des Regierungsgebäudes getreten. Sie blieben auf der obersten Stufe stehen und blickten der Abordnung der Daraner entgegen. Ihren Gesichtern konnte man keine Regung entnehmen.

General Da-Qisaarahh blickte ihnen entgegen.

»Sie werden uns hassen«, dachte er. »Doch es ist das Gesetz des Stärkeren, die Schwächeren zu unterwerfen. Damit werden sich die Scruffs ab heute abfinden müssen. Sie gehören ab sofort zum daranischen Imperium. «

Die Gruppe hatte die unterste Stufe des Regierungs-Gebäudes erreicht. Langsam schritt der General die fünf Stufen hinauf, ohne die Regierungs-Vertreter aus den Augen zu verlieren.

Er trat auf die Scruffs zu.

»Ich bin General Da-Qisaarahh«, stellte er sich vor. »Kommandant der daranischen Flotte, die ihren Planeten besetzt hat. Sind sie befugt, im Namen des Volkes ihres Planeten zu sprechen? «

Ein Translator übersetzte die Sprache ins Natradische. Der Vorderste der Scruff nickte.

»Ich bin Haynback, der Sprecher unserer Regierung«, antwortete er. »Wir protestieren auf Äußerste. Die Besetzung unseres Planeten verstehen wir als einen Akt der Gewalt. Die Vernichtung unserer Soldaten ist ein Angriff auf unsere Freiheit. «

»Dessen bin ich mir sicher«, antwortete General Da-Qisaarahh. »Hätten sie direkt mit uns kooperiert, dann wäre es nicht zu diesem tragischen Verlust gekommen. Wir bedauern diesen Atomschlag gegen ihre Einsatzkräfte. Leider blieb uns keine andere Wahl, ihre Soldaten haben tapfer gekämpft und Gebietsvorteile errungen. «

Der General wartete eine kurze Weile, dann sprach er weiter.

»Aus diesem Grunde warne ich sie eindringlich«, ergänzte er in einem scharfen Ton. »Es ist für uns ein Kinderspiel, ihre ganzen Planeten, ihre Städte und ihre Wohngebiete in Schutt und Asche zu legen. Zwingen sie uns nicht zu weiteren Verseuchungen ihres Planeten. Sie sind uns technisch unterlegen. «

»Das wagen sie nicht«, schimpfte der Sprecher der Regierung.

»Wollen sie es hierauf ankommen lassen? «, fragte der General.

Die Abordnung der Scruffs resignierte.
»Nein, wir haben das gnadenlose Vorgehen ihrer Truppen erkannt«, antwortete er. »Wir kapitulieren. «

»Mehr wollten wir nicht«, lächelte der General. »Bitten sie uns in ihren Audienzsaal. Dort können wir die weiteren Bedingungen ihrer Kapitulation besprechen. «

Der Sprecher der Scruffs nickte. Die Regierungsmitglieder drehten sich um und führten die daranische Abordnung einen großen Saal. Haynback zeigte auf einen breiten Tisch, um den zwanzig Stühle standen.

»Nehmen sie Platz«, sagte der Sprecher der Regierung der Scruffs. »Was möchten sie uns mitteilen? «

Der General blickte ihn mit harten Augen an.
»Haben sie Informationen von dem ausgesandten Schiff erhalten? «, erkundigte er sich. »Es sollte nach weiteren Hinweisen der unbekannten Rasse suchen, von der die zahlreichen und defekten Schiffe auf diesem Planeten stammen. «

»Nein«, antwortete der Sprecher der Scruffs. »Die Verbindung zu dem Schiff ist abgebrochen. Seitdem haben wir keinen Kontakt mehr. Irgendetwas muss passiert sein. «

»Haben sie den Kurs des Schiffes aufgezeichnet? «, fragte der General. »Wir könnten ein Aufklärungsschiff senden.«

»Über solche technischen Möglichkeiten verfügen wir nicht«, erwiderte Haynback. » Das war unser einziges Schiff. Unsere Wissenschaftler konnten es aus vielen noch brauchbaren Teilen der defekter Schiffen, zusammenbauen. «

Da- Qisaarahh. schüttelte seinen Kopf.
»Haben sie nie das Interesse gehabt zu ergründen, wem die alten Schiffe gehörten? «, fragte er.

»Alles, was wir brauchen, schenkt uns der Planet«, antwortete der Sprecher der Regierung. »Unsere Vorfahren teilten uns mit, dass nur Schlechtes von den Außenwelten kommt. Mit ihrem Eintreffen sehen wir die Überlieferungen unserer Vorfahren wieder bestätigt. «

Der General blickte den Sprecher der Regierung an.
»Wir bedauern die Vernichtung ihrer Bodentruppen, sagte er. »Hätten sie kooperiert, dann wäre es nicht so weit gekommen. Ich hoffe sehr, sie haben aus diesem Vorfall gelernt. Die Regierung der Scruffs trägt die alleinige Schuld. Wir konnten diese Anzahl von Soldaten, nur mit einem Atomschlag aufhalten. Die radioaktive Wolke zieht auf die naheliegenden Städte zu. Evakuieren sie die Bevölkerung, um nicht noch mehr Todesopfer beklagen zu müssen. «

»Das haben wir bereits veranlasst«, erwiderte Haynback. »Ich hoffe sehr, dass eine höhere Gewalt, oder unsere alte Schutzmacht, sie für diesen Befehl zur Rechenschaft ziehen wird. «

Der General zog sein Gesicht in Falten.
»Meinen sie die Schutzmacht, die ihre alten Raumschiffe hier bei ihnen vergessen hat? «, fragte er. » Sie alle liegen unter einer dicken Sandschicht begraben. Ich vermute, dass diese Schutzmacht sich viele Jahrtausende nicht mehr hat sehen lassen. «

Der Sprecher der Scruffs-Regierung grinste den Daraner an.

»Sie werden eingreifen, wenn es notwendig werden sollte«, antwortete Haynback.

Der General lachte laut auf.
»Die Gedanken sind frei«, erwiderte er. »Alle Rassen von Planeten, die wir annektiert haben, dürfen frei ihre Gedanken träumen und sich eine bessere Zukunft wünschen. Doch die Realität sieht anders aus. Sie werden uns dienen. Die Ressourcen ihres Planeten gehören ab sofort uns Daranern. Die Scruffs werden den Abbau wichtiger Erze und Mineralien für uns durchführen. Widerstand ist zwecklos. Falls Angehörige ihres Volkes

unseren Wunsch boykottieren, werden sie hingerichtet. Informieren sie ihre Bevölkerung über die neuen Herrscher ihres Planeten. Wir erwarten ab sofort uneingeschränkten Gehorsam. «

Haynback blickte den General regungslos an.
Ihm blieben die Worte im Hals stecken.

»Wir haben uns verstanden? «, fragte der General. »Bereiten sie alles vor, um unsere Wünsche zu erfüllen. Dann kommt ihre Bevölkerung auch gut mit uns aus. «

Mit diesen Worten drehte er sich um und verließ den Saal der Regierung der Scruffs.

***

Das Taluk-Schiff der Centauri, ein aus Ersatzteilen zusammengebastelter alter 100 Meter-Raumer natradischer Entwicklung, hatte den langen Hyper-Raumflug überstanden. Im Vorfeld war diese Tatsache nicht gesichert gewesen, da die Techniker der Scruffs nicht über das technische Verständnis verfügten. Doch ihre Wissenschaftler hatten ganze Arbeit geleistet. Sie reihten Stück für Stück des natradischen Puzzles zusammen.

Immer noch getarnt, trat das Schiff im Sektor des Heimat-Planeten der Scruffs aus dem Hyperraum.

»Alle Maschinen stoppen«, befahl Simback. »Sofort den Raum scannen. «

Für Beobachter unsichtbar, lag das 100-Meter durchmessende Taluk-Raumschiff, ruhig im All. »Langsame Fahrt voraus«, befahl Simback.

Zahlreiche Ortungs-Impulse wurden auf dem Display des Monitors angezeigt.

»Wir sind zu Hause«, meldete Garback. »Die Koordinaten waren richtig. Wir haben Glück gehabt. «

»Erkennen wir Veränderungen in unserem Heimats-System? «, fragte Simback

»Die Situation hat sich nicht geändert«, teilte Garback mit. »Die Daraner sind immer noch da. Ich erkenne 160 ihrer Walzenschiffe in der Umlaufbahn unseres Planeten. Weitere 40 Schiffe werden gelandet sein. Sie haben Verteidigungs-Posten errichtet. «

»Sie werden sich nicht freiwillig zurückziehen«, erkannte Rimback.

Simback war es gewohnt klar zu denken und Analysen anzustellen. Er grübelte über etwas nach.

»Wie können wir unserem Volk helfen? «, fragte er seine Brückencrew. » Noch haben uns die Daraner nicht geortet. Der natradische Tarnschirm unseres Schiffe funktioniert immer noch. «

»Wir können nichts tun? «, antwortete Burgback. » Gegen die Schiffe der Daraner und ihre Sturmtruppen, sind wir nicht gewappnet. «

»Es muss eine Lösung geben«, antwortete Simback. »Was machen wir, wenn die Natrader keine Kontroll-Flotte zu uns senden? Einen zweiten Flug mit diesem Schiff werden wir nicht absolvieren können. Wir haben keine neuen Energie-Kristalle mehr zur Verfügung. «

Die Offiziere auf der Brücke des Taluk-Schiffes, schauten ihren Kommandeur ideenlos an.

»Wir werden unter der Knechtschaft der Daraner sterben? «, sagte ein Offizier. » Wir werden wir nichts mehr ändern können. «

»Warten wir es ab«, konterte Garback. »Ich bin mir sicher, dass die Natrader kommen werden. «

»Sie existieren nicht mehr«, bemerkte ein Offizier. »Die Nachkommen scheinen sich um das ehemalige kaiserliche Imperium nicht mehr zu kümmern. Ansonsten hätten sie unseren Planeten bereits aufgesucht. «

»Sie werden kommen«, bestätigte Simback. »Unsere Sabotage gab ihnen zu denken. Zwei unserer Kollegen sind in ihrer Gefangenschaft. Sie werden auch ihren Teil dazu beitragen, dass die Nachkommen der Natrader neugierig werden. Hiervon bin ich fest überzeugt. «

»Wer sagt dir, dass sie nicht hingerichtet wurden? «, fragte Rimback. » Wir haben erheblichen Schaden auf Natrid angerichtet. «

Das Taluk-Schiff näherte sich dem Planeten des Scruffs.

»Wir müssen Geduld haben«, beruhigte Simback seine Kollegen. »Die Natrader werden kommen. «

»Dann wird es vermutlich zu spät für unseren Planeten sein«, bemerkte Garback.

Er zeigte auf die Ortungs-Monitore des Taluk-Schiffes.

»Es wird starke Radioaktivität, nahe dem westlichen Kontrollposten der Daraner angezeigt«, erklärte er.

»Radioaktivität? «, fragte Simback entsetzt.

Der Ortungs-Offizier nickte.
»Die Daraner scheinen in unserer Abwesenheit mit Atomwaffen angegriffen zu haben«, entgegnete er. »Eine große Landfläche unseres Planeten ist verseucht. Drei Städte wurden in Mitleidenschaft gezogen. «

»Hoffentlich konnte die Regierung alle Bewohner der Städte rechtzeitig evakuieren«, flüsterte Rimback geschockt.

»Wieso greifen die Daraner uns mit Atomwaffen an? «, schrie Simback außer sich.

Er überlegte intensiv.
»Unsere Regierung muss einen Gegen-Angriff angeordnet haben«, sagte er. »Wir hatten doch besprochen, dass auf unsere Rückkehr gewartet werden sollte. Warum wurde gegen unsere Absprache entschieden? «

»Scheinbar hat unsere Reise zu lange gedauert«, antwortete Garback. »Ich kann es nicht anders deuten. Es wird eine hohe radioaktive Strahlung in dem Gebiet angezeigt. Ein Überleben ist dort nicht möglich. «

»Wir müssen mit unserer Regierung sprechen«, sagte Simback. »Nur sie kann uns mitteilen, was in der Zwischenzeit passiert ist. «

Er blickte Burgback an, der für die Steuerung des Taluk-Schiffes zuständig war.

»Unser Schiff bleibt getarnt«, entschied Simback. »Wir fliegen unseren Planeten an und landen auf dem Vorplatz des Regierungsgebäudes. Dort steigen wir aus und bitten um ein Gespräch mit Haynback, dem Sprecher der Regierung. «

Der Steuermann nickte.
»Ihr Befehl wurde eingegeben«, antwortet er. » Ich beschleunige das Schiff mit Zielort unseres Heimat-Planeten. Die Landung erfolgt vor dem zentralen Regierungsgebäude. «

***

Die Aufklärungsflotte des Neuen-Imperiums, bestand aus 300 Schiffen der Prinz-Klasse. Diese Schiffsreihe war eine Sonder-Baureihe, die ausschließlich dem ISD unterstand.

Der neue 400-Meter-Raumer, war nach dem neusten technischen Standard des Imperiums konstruiert und gebaut worden. Es war wendig, schnell und mit einer Minimal-Besatzung zu bedienen. Als Vorbild diente die Naada-Baureihe, dessen experimentelles Schiff von Major Travis befehligt wurde. Oberst Cameron ließ es sich nicht nehmen, die Flotte in Centauri-System persönlich zu kommandieren.

An der Seite der Schiffes des ISD genannt, hatte General Poison eine Flotte von 300 Cuuda-Schiffe befohlen, die im Notfall als Unterstützung fungieren sollten. Diese Einheiten standen unter dem Befehl von Captain Hunter, der in Abwesenheit von Major Travis Sonderaufträge für General Poison erledigte. Die wendigen Cuuda-Schiffe, wurden speziell für die Sonder-Agenten der EWK gefertigt. Sie unterstanden direkt General Poison und wurde ausschließlich für Brandherde und Spezialaufträge eingesetzt.

Oberst Cameron und Captain Hunter arbeiteten gelegentlich gemeinsam an einem schwierigen Einsatz, deren Ausgang nicht hat vorherzusehen war. Dieses Vorgehen hatte sich bewährt.

Die Raumschiffe sammelten sich oberhalb der Titan-Umlaufbahn. Der Ausbau der großen Distributions-

Zentrums schritt in rasantem Tempo voran. Auch erste Arbeiten auf dem Mond Europa hatten begonnen. Hier sollte eine Groß-Basis des Neuen-Imperiums entstehen, um die anderen Produktions- und Werft-Stationen zu entlasten. Dank der sich im Einsatz befindlichen Groß-Duplikatoren, konnten viele einzelne Raumschiffsteile bereits problemlos dupliziert werden und im Anschluss montiert werden. Die End-Montage der Raumschiffe spezialisierte sich immer weiter. Captain Hunter schaute auf die Monitore seines Schiffes. Er sah den Pulk von Raumschiffen, die sich geordnet ihren Gruppen zugeordnet hatten.

»Sind wir bereits vollzählig? «, fragte er Leutnant Groß. Er war der Ortungs-Offizier der Cuuda-001.

»Noch nicht ganz«, antwortete er. »Es fehlen 43 Schiffe der Cuuda-Gruppe und 57 Schiffe der Prinz-Gruppe. Ihr Eintreffen wurde von der Leitstelle auf Natrid für die nächste Stunde zugesagt. General Poison hat sie von ihrer normalen Dienstaufgaben befreit. Sie sind auf den Weg zu uns. «

»Gut«, antwortete Captain Hunter. »Dann können wir in Kürze starten bald los. «

»Wir haben noch keine Startfreigabe durch Natrid erteilt bekommen«, teilte der Steuermann mit. »Die Leitstelle wollte uns noch zusätzliche Anweisungen durchgeben. «

»Die Anweisungen haben wir doch mündlich erhalten«, erwiderte Captain Hunter. »Was soll der andauernde Papierkram? «

Die Offiziere auf der Brücke lachten. Sie kannten ihren Captain zu Genüge.

»Es geht nun mal nicht anders«, antwortete der 1. Offizier. »Das Flotten-Aufkommen im Neuen-Imperium muss lückenlos registriert werden. Ansonsten verliert man den Überblick. Anders ausgedrückt, es muss nachvollziehbar sein, wohin die einzelnen Verbände geschickt werden. «

»Ist ja gut«, entgegnete Captain Hunter.
Er lehnte sich in seinem Kommando-Sessel zurück.

»Warten wir also ab, bis die Bürokraten uns die Folien mit Befehlen geschickt haben «, sagte er.

***

Tief unter der Oberfläche von Natrid, lagen die alten Verhörzimmer des kaiserlichen Imperiums. Hier wurden die Feinde des Imperiums ausgefragt. Noel hatte alle alten Folter-Instrumente entfernen lassen.

Die zwei Scruffs saßen auf einfachen Stühlen, ihre Hände waren an ihren Rücken gefesselt. Ihr blaues Fell schimmerte leicht im Dunkeln. Vier Kampf-Roboter standen an den Wänden verteilt und beobachteten sie mit strengem Blick. Laser-Gewehre lagen in ihren Armbeugen. Ihren roten Augen entging nicht die geringste Kleinigkeit.

Die Wände des Raums waren in den nackten Felsen gehauen. Lediglich der Boden war mit einem kunststoffähnlichen Material ausgegossen worden. An der kahlen Decke waren drei grelle Lampen installiert. Die unangenehmen Lichtquellen waren auf die Gefangenen gerichtet.

Die Scruffs hatte ihre Augen zugekniffen. Die Trostlosigkeit dieses Gewölbes, vermittelte ihnen eine deprimierende Atmosphäre. Vor den Gefangenen stand ein breiter Tisch, vor dem vier Stühle standen. Sie waren wesentlich angenehmer gepolstert als die einfachen Ausführungen, auf denen die Gefangenen saßen.

Rückseitig waren zahlreiche Instrumente und Monitore in die Wand eingelassen.

Ein schriller Ton dröhnte aus einer Anlage und erweckte das Aufsehen der Gefangenen. Eine Türe öffnete sich, ein Medi-Roboter trat ein. Auf seinem Arm trug er ein Tablett, auf dem zwei Spritzen lagen.

Ohne weitere Worte, traten zwei Kampfroboter vor und hielten die Gefangenen fest. Die Scruffs wehrten sich und wollten die Roboter fort drücken, doch es gelang ihnen nicht. Die stahlharten Griffe der Roboterarme aus natradischem Stahl ließ keinen Raum für ungewollte Bewegungen zu. Der Medi-Roboter jagte emotionslos jedem Gefangenen den Inhalt der Spritze in ihren Arm. Die Gefangen schrien und zerrten, doch sie konnten sich nicht von den kräftigen Griffen der Roboter befreien. Langsam ermüdeten ihre Bewegungen. Ihre Augen wurden glasig.

Erneut öffnete sich die Türe. General Poison und Noel traten ein. Sie blickten kurz auf die Gefangenen.

»Das Wahrheits-Serum hat bereits gewirkt«, teilte Noel mit. »Stellen sie jetzt ihre Fragen. Die Scruffs sollten bereitwillig antworten. «

General Poison ging um den Tisch herum und setzte sich auf den ersten freien Stuhl. Mit einem ernsten Gesicht blickte er die Gefangenen an.

»Wie sind ihre Namen? «, fragte er.
Die Scruffs schauten ihn teilnahmslos an.

Der General verzog sein Gesicht und schaute Noel an. »Versuchen sie es noch einmal«, entgegnete dieser. »Die Droge wirkt. «

Der General schlug mit seiner flachen Hand auf den Tisch. Der laute Knall ließ die Scruffs zusammenzucken. Der General wiederholte seine Frage mit energischer Stimme.

»Wie lauten ihre Namen? «, wiederholte er seine Frage.

Endlich schienen die Gefangenen aus ihrer Lethargie aufzuwachen.

»Ich bin Timback«, antwortete der Rechte der Gefangenen. »Mein Freund heißt Mimback. «

»Welches Ziel hatte das Attentat auf die Produktions-Anlage von Energy-Shields-Industries auf Natrid? «, fragte der General.

»Es war ein Täuschungsmanöver«, antwortete Mimback.

General Poison blickte Noel an.
»Erklären sie uns das«, forderte der General. »Warum handelte es sich um ein Täuschungsmanöver? «

»Wir mussten ihre Aufmerksamkeit erregen«, erklärte Timback. »Unsere Regierung hat uns zu ihnen geschickt, um Hilfe bei den Natradern zu erbitten. Als ehemaliger Planet des Imperiums, wurden wir früher von der kaiserlichen Raumflotte beschützt. Leider ist das seit 100.000 Jahren nicht mehr der Fall. Kein Zerstörer des kaiserlichen Imperiums wurde mehr auf unserem Planeten gesehen. Die von den Natradern installierte Hypertonic-KI unseres Planeten, reagiert seit vielen Jahrtausenden nicht mehr. Sie hat schlagartig ihre Aufgaben eingestellt. Selbst die Schiffe unter ihrer Verwaltung, wurden nicht mehr gewartet und liegen seitdem unter einer großen Staub und Sandschicht begraben. Sie zerfallen allmählich. «

Der General drehte seinen Kopf zu Noel.
»Der Deaktivierungs-Befehl von Admiral Tarin«, bemerkte Noel. »Er wurde von der Planeten-KI anstandslos akzeptiert. «

General Poison blickte die Gefangenen an.

»Erzählen sie bitte weiter«, forderte er die Scruffs auf.

»Wir konnten ein Taluk-Schiff über viele Jahre mühsam aus Ersatzteilen restaurieren und flugfähig machen«, teilte Timback mit. »Es sollte uns den Weg nach Natrid ermöglichen. «

»Was hat das mit der Sabotage der Montage-Halle auf Natrid zu tun? «, fragte General Poison ungeduldig.

Mimback schaute ihn traurig an. »Unser Planet ist von einer fremden Rasse, die sich Daraner nennt, besetzt worden«, erklärte er. »Wir sind ihrer Waffentechnik unterlegen. Sie haben uns gezwungen nach dem Heimat-Planeten der Artefakte zu suchen, welche auf unserem Planeten herumstehen. Sie sind an der Technik interessiert. Unsere Regierung wusste natürlich, dass es sich um natradisches Eigentum handelte. Noch konnten wir diesen Sachverhalt den Daraner verschweigen. Wir sagten ihnen unsere Unterstützung zu, nach dem Planeten der ursprünglichen Herren zu suchen. Es konnte ihnen glaubhaft vermittelt werden, dass die Position ihres Planeten noch in dem Navigations-Speicher der Raumschiffs-KI vorhanden ist. Sie beauftragten uns, die Koordinaten zu überprüfen. «

»Sie erwähnten den Namen der Daraner«, fragte General Poison nach. »Diese Rasse ist nicht in der Milchstraße beheimatet? «

»Das ist uns nicht bekannt«, antwortete Timback. »Es handelt sich um eine insektoide Rasse. Sie sehen fast aus wie geflügelte große Käfer. Sie sind mit insgesamt 200 Walzen-Raumschiffen, einer 500-Meter-Klasse, zu uns gekommen. Ihre Sturm-Truppen haben alle wichtigen Gebäude unseres Planeten besetzt. Unsere Regierung ist handlungsunfähig. Wir benötigen dringend ihre Hilfe. «

»Warum haben sie nicht persönlich Kontakt zu uns aufgenommen? «, fragte Noel. » Warum mussten sie erst die Montagehalle sabotieren? «

»Weil wir nicht sicher waren, wie sie reagieren würden«, antwortete der Centauri. »Sie sind keine Natrader mehr. Wir dachten, dass sie nichts mehr mit den früheren Aufgaben der Natrader zu tun haben wollten. «

»Da haben sie falsch gedacht«, antwortete General Poison. »Wir sind dabei das alte natradische Kaiser-Imperium wieder zu aktivieren. Leider braucht das seine Zeit. «

»Diese Zeit haben wir nicht mehr«, antwortete Timback. »Unser Planet wurde besetzt. Wir wissen nicht, was die Daraner mit unserer Bevölkerung vorhaben. Eine schnelle Entscheidung ist notwendig. «

General Poison blickte Noel an
»Das ändert alles«, entgegnete er. »Wie zuverlässig ist ihr Wahrheitsserum? «, fragte er.

»Es ist seit Jahrhunderten getestet und funktioniert«, antwortete Noel. »Den Centauri ist es nicht möglich, falsche Aussagen zu machen.

»Dann haben wir es mit einem neuen Krisenfall zu tun«, sagte General. »Wir haben den Einfall einer fremden Macht in die Milchstraße. Das müssen wir in dem Fall unterbinden. «

Er blickte wieder die blaupelzigen Centauri an.
»Wie ist die Flotte der Daraner auf sie aufmerksam geworden? «, erkundigte sich General Poison bei den Gefangenen.

»Der General der Flotte teilte unserer Regierung mit, dass sie auf der Suche nach ihrer Groß-Königin sind«, sagte Timback. »Sie ist mit einer Raumschiff-Flotte aufgebrochen, die 5.000 Schiffe umfasste. Seitdem ist sie spurlos verschwunden. Der Kontakt zu der Flotte ist abgebrochen. Im ganzen All suchen Flotten-Verbände der Daraner nach ihrer Königin. «

General Poison blickte Noel kritisch an. Der stellte sich unwissend.

»Wir werden ihnen helfen«, antwortete der General. »Haben wir ihr Wort, dass sie keine weiteren Sabotage-Versuche unternehmen werden? «

»Das war auch nicht in unserer Absicht«, erwiderte Timback. »Wie schon mitteilt, wollten wir nur ihre Aufmerksamkeit erregen. «

»Wir schicken sie zurück in die Centauri-Region«, entschied General Poison. »Helfen sie unseren Flotten-Befehlshabern sich zurechtzufinden. Unterstützen sie unsere Flotte bei einer Kontaktaufnahme zu ihrer Regierung. Helfen sie mit, die Daraner zu verjagen. «

Die Gefangenen blickten den General irritiert an.
»Sie nehmen uns nicht in Gefangenschaft? «, fragte Timback sichtlich verlegen.

»Das ist nicht unsere Art«, antwortete der General. »Wir verstehen jetzt ihre Mission, gefolgt von der Besetzung ihres Planeten durch die Daraner. Wir werden sie unterstützen. Ich gehe noch einen Schritt weiter. Falls sie sich ihre Regierung dem Neuen-Imperium anschließen sollte, dann werden wir zukünftig für ihren Schutz sorgen. Wie sie es früher, von dem kaiserlichen Imperium, gewohnt waren. Überzeugen sie ihre Regierung von diesem Vorschlag und berichten sie offen von unserem Verhalten ihnen gegenüber. «

»Wären sie direkt mit der Wahrheit zu uns gekommen, ohne eine Produktionsanlage zu sabotieren, dann hätten wir uns viel Zeit ersparen können«, bemerkte Noel.

»Entschuldigen sie unsere falsche Denkweise«, antwortete Mimback. »Wir konnten sie als Nachfolger der Natrader natürlich nur schwer einschätzen. «

»Vor kriegerischen Maßnahmen sollten immer erst Verhandlungen stehen«, erklärte General Poison. » Das ist etwas, dass sie sich merken sollten. «

»Was denken sie? «, sprach General Poison den Kunst-Klon der großen natradischen Hypertronic-KI an.

»Ich sehe unsere Entscheidung als einen Beitrag zu einer neuen vertrauensbildenden Maßnahme an«, antwortete Noel. »Die Scruff waren ein Mitglied des kaiserlichen

Imperiums. Sie sollten auch Mitglied unseres Neuen-Imperiums werden. Wir werden unsere Hände schützend über ihren Planeten legen. Roboter-Einheiten werden Frühwarnsysteme und Kommunikations-Anlagen installieren, damit uns die Scruffs schnell erreichen können. Sie werden nicht mehr abgeschnitten und auf sich allein gestellt sein. Die Scruffs werden wieder alle Vorteile der Gemeinschaft des Imperiums nutzen können. Wir werden ihre Wissenschaftler schulen, ihren Nachwuchs anlernen und ihnen die Möglichkeit zur Selbstverteidigung geben. Alles unter unserer Anleitung. Über eine vor Ort stationierte Schutz-Flotte kann verhandelt werden. «

»Unsere Regierung wird sich sehr freuen«, antwortete Timback. »Hierauf haben wir Jahrtausende gewartet. «

Der General schaute Noel an.
»Würden sie ihre ehemaligen Imperiums-Mitglieder zu dem Transmitter-Zentrum begleiten? «, fragte er. » Lassen sie eine Verbindung zu dem Schiff von Captain Hunter herstellen. Er nimmt sie mit nach Hause. Ich werde den Captain informieren, dass zwei Berater zu ihm an Bord kommen. Gleichzeitig werde ich ihm den Einsatz-Befehl übermitteln. «

Noel nickte.

»Das mache ich gerne«, bestätigte Noel. » Er wartet bereits ungeduldig hierauf. «

Er blickte die Centauri-Scruffs an.
»Folgen sie mir«, sagte er. »Die Zeit drängt. Sie fliegen zurück in ihr Heimat-System. «

Die beiden Scruffs verneigten sich vor General Posen. »Wie können wir ihnen unseren Dank beweisen? «, erkundigte sich Timback.

General Poison lächelte die Centauri an.
»Dazu haben sie später noch genügend Zeit«, antwortete er. » Beweisen sie sich als ein zuverlässiges Mitglied des Neuen-Imperiums und helfen sie dem Ganzen ein großes Format zu geben. «

»Eingehender Hyperkomm-Funkspruch von der imperialen Leitstelle von Natrid«, meldete Leutnant Tannreich. »General Poison ist in der Leitung. «

»Was will der Alte denn noch? «, stutzte Captain Hunter. » Hat er wieder etwas zu bemängeln? Stellen sie bitte auf die Lautsprecher. «

»Die Leitung ist offen«, antwortete der Funk-Offizier. »Sie können sprechen, Captain. «

»Hier ist Captain Hunter«, sprach er in den Communicator. »Was kann ich für sie tun, Herr General?«

»Aktivieren sie ihren Schiffs-Transmitter nach Natrid«, teilte der General mit. » Es kommen zwei Gäste von mir an Bord. «

»Was soll ich mit zwei Gästen? «, fragte Captain Hunter. »Wollen sie mich kontrollieren. Mein Schiff ist vollständig besetzt. «

»Lesen sie mein Kommuniqué durch«, erklärte der General. »Dort ist alles beschrieben. Die beiden Centauri werden sie bei ihrer Mission unterstützen. «

»Ich denke, das sind Gefangene? «, entgegnete Captain Hunter.

»Lesen sie das Kommuniqué«, knurrte der General ein zweites Mal. »Sie haben Startfreigabe. Synchronisieren sie den Start mit der Flotte von Oberst Cameron. Er bekommt das gleiche Kommuniqué von mir. Rechnen sie am Zielort mit einer starken Flottenpräsenz der Daraner. Sie haben den Heimat-Planeten der Scruffs widerrechtlich besetzt. Es handelt sich um das Gebiet des kaiserlichen Imperiums von Natrid. Machen sie den Daraner das klar, dass wir dieses Gebiet beanspruchen. Falls sie nicht einsichtig sind, schlagen sie die Daraner in die Flucht und teilen sie ihnen mit, wer wir sind. «

»Mit wie vielen Schiffen der Daraner müssen wir rechnen? «, fragte Captain Hunter.

»Die Scruffs teilten uns mit, dass es sich um eine Such-Flotte handelt, die 200 Walzen-Schiffe umfasst. Es sind alles Schiffe einer 500-Meter-Klasse. Alle weiteren Fragen werden ihnen die Centauri beantworten. Sie sind sehr glücklich, dass wir ihnen helfen und werden sie unterstützen. «

»Dann hoffe ich einmal, dass sie Recht behalten werden«, antwortete Captain Hunter.

»Viel Erfolg«, antwortete der General aus den Lautsprechern und unterbrach die Verbindung.

Captain Hunter blickte sein Team an.
»Aktiviert den Transmitter«, befahl er. »Wir bekommen zwei Gäste an Bord. «

Er blickte zu Leutnant Graves.
»Lassen sie bitte zwei Kabinen herrichten«, sagte der Captain. »Wir wollen doch, dass sich die Scruffs bei uns wohlfühlen. «

Leutnant Graves nickte.

»Ich kümmere mich sofort hierum.

»Leutnant Spader«, fuhr Captain Hunter fort. »Begleiten sie bitte unsere Gäste in das Besprechungszimmer 1. Ich rufe noch Oberst Cameron hinzu. Wir brauchen mehr Informationen über die Daraner. «

Der Blick des Captains suchte den Funk-Offizier. »Leutnant Tannreich, öffnen sie eine Hyperkomm-Funkverbindung zu dem Flaggschiff von Oberst Cameron«, befahl er.

Der Funk-Offizier nickte.

»Die Leitung baut sich auf, Captain, « antwortete er. »Sie können sprechen. «

»Danke«, antwortete John.

»Hier ist Captain Hunter«, sprach er in den Communicator. »Ich rufe Oberst Cameron. Bitte melden sie sich. «

Nach einem kurzen Knistern, meldete sich der Befehlshaber des ISD.

»Hier ist Oberst Cameron«, tönte es aus den Lautsprechern. »Was gibt es Captain? «

»Wir haben die Startfreigabe von General Poison erhalten«, teilte der Captain mit. »Doch vorher sollten wir uns noch einmal unterhalten. Ich habe neue Informationen von der Leitstelle auf Natrid erhalten. «

»Was sind das für Informationen? «, erkundigte sich Oberst Cameron.

»Sie werden auch noch ein Kommuniqué erhalten«, teilte der Captain mit. »Kommen sie auf mein Schiff. Wir besprechen uns. Die Centauri sind auch dabei. «

»Die Gefangenen? «, fragte der Oberst. » Was wollen die auf ihrem Schiff? «

»Das ist eine lange Geschichte«, erwiderte der Captain. »Der Heimat-Planet der Scruffs ist von Daraner besetzt worden. Kommen sie auf mein Schiff. Wir besprechen unsere Strategie. «

»Ich bin gleich da«, antwortete der Oberst. »Weisen sie meinem Gleiter eine Andockbucht zu. «

»Ich freue mich auf ihren Besuch«, antwortete Captain Hunter. »Bis gleich, Herr Oberst. «
Die Verbindung wurde beendet.

Ganze 15 Minuten waren vergangen, als die Gruppe komplett war. Die Scruffs waren eingetroffen, Oberst Cameron hatte seinen ersten Offizier, Leutnant Olsen, mitgebracht. Captain Hunter wurde von Leutnant Graves begleitet.

»Erzählen sie uns noch einmal die Geschichte, die sie General Poison mitgeteilt haben«, sagte der Captain. »Er informierte uns, dass ihr Heimat-Planet von den Daraner besetzt wurde? «

»Wir müssen jedes kleinste Detail wissen«, bemerkte Oberst Cameron. »Wir fliegen in ihren Heimat-Sektor. Sie können sich vorstellen, dass wir nicht in eine Falle geraten wollten. «

»Wir haben doch General Poison alles erzählt«, sagte Timback. »Warum müssen wir ihnen noch mal alles erzählen. «

»Weil uns das Kommuniqué des Generals erst auf dem Flug erreicht«, sagte Captain Hunter. » Wir möchten jetzt über alle Einzelheiten informiert werden. Eher werden wir nicht fliegen. «

»Gut«, antwortete Mimback. »Wir erzählen ihnen noch einmal das Gleiche, das wir dem General mitgeteilt haben. «

»Wir sind gespannt«, erwiderte Oberst Cameron. »Fangen sie bitte an. «

»Ich bin Timback«, antwortete der Rechte der Centauri. »Mein Freund heißt Mimback. Unser Attentat auf die Produktions-Anlage von Energy-Shields-Industries auf Natrid war ein Täuschungsmanöver. «

»Erklären sie uns das näher«, antwortete der Oberst Cameron. »Warum handelte es sich um ein Täuschungsmanöver? «

»Wir mussten ihre Aufmerksamkeit erregen«, teilte Timback mit. » Wir wurden von unserer Regierung geschickt, um Hilfe bei den Natradern zu erbitten. Als ehemaliger Planet des Imperiums, wurden wir von der kaiserlichen Raumflotte beschützt. Leider ist das seit 100.000 Jahren nicht mehr der Fall. Kein Schiff des kaiserlichen Imperiums wurde mehr auf unserem Planeten gesehen. Die von den Natradern installierte Hypertonic-KI auf unserem Planeten, reagiert seit vielen Jahrtausenden nicht mehr. Sie hat schlagartig ihre Aufgaben eingestellt. Selbst die Schiffe unter ihrer

Verwaltung, wurden nicht mehr gewartet und liegen seitdem unter einer großen Staub- und Sandschicht begraben. Sie werden nicht besser hierdurch. «

»Die ganzen planetaren Hypertronic-KI's des kaiserlichen Imperiums wurden deaktiviert«, sagte Captain Hunter. »Sie hatten keine andere Wahl. «

»Das wissen wir mittlerweile«, erwiderte Timback. »Das Taluk-Schiff, mit dem wir hierhin geflogen sind, haben unsere Techniker über viele Jahre mühsam aus Ersatzteilen restauriert. Es sollte uns den Weg nach Natrid ermöglichen. Wir wollten nach den Natrader schauen. «

Timback ließ eine kurze Pause vergehen.
»Unser Planet wurde von einer fremden Rasse besetzt, die sich Daraner nennen«, teilte er mit. »Wir sind ihrer Waffentechnik unterlegen. Sie haben uns gezwungen nach dem Heimat-Planeten der Raumschiff-Artefakte zu suchen, welche auf unserem Planeten herumstehen. Sie sind an der Technik interessiert. Unsere Regierung wusste natürlich, dass es sich um natradisches Eigentum handelte. Noch konnte sie diesen Sachverhalt den Daraner verschweigen. Wir sagten ihnen unsere Unterstützung zu. Es konnten ihnen glaubhaft vermittelt werden, dass die Position ihres Planeten, noch im Navigations-Speicher der Raumschiffs-KI vorhanden sein

musste. Sie beauftragten uns, die Koordinaten zu überprüfen. «

»Bei den Daranern handelt es sich um eine insektoide Rasse«, erklärte Mimback. »Sie sehen fast aus wie geflügelte große Käfer. Sie sind mit insgesamt 200 Walzen-Raumschiffen, einer 500-Meter-Klasse, zu uns gekommen. Ihre Sturmtruppen haben alle wichtigen Gebäude unseres Planeten besetzt. Unsere Regierung ist handlungsunfähig. Wir benötigen dringend Ihre Hilfe. «

»Warum mussten sie erst die Montagehalle sabotieren? «, erkundigte sich Oberst Cameron. » Konnten sie nicht direkt Kontakt mit uns aufnehmen? «

»Wir waren uns nicht sicher, wie sie reagieren würden«, antwortete der Centauri. » Sie sind keine Natrader mehr. Wir dachten, dass sie nicht mehr die Aufgaben der Natrader übernehmen. «

»Da haben sie falsch gedacht«, antwortete Captain Hunter. »Wir werden das alte natradische Kaiser-Imperium wieder aufbauen. Das braucht seine Zeit. «

»Diese Zeit haben wir nicht mehr«, antwortete Timback. »Unser Planet wurde besetzt. Wir wissen nicht, was die

Daraner mit unserer Bevölkerung vorhaben. Eine schnelle Hilfe ist notwendig. «

»Warum sind die Daraner überhaupt auf sie aufmerksam geworden? «, fragte Oberst Cameron.

»Der General der Flotte teilte unserer Regierung mit, dass sie auf der Suche nach ihrer Groß-Königin sind«, antwortete Timback. »Sie ist mit einer Raumschiff-Flotte aufgebrochen, die 5.000 Schiffe umfasste. Seitdem ist sie spurlos verschwunden. Der Kontakt zu der Flotte ist abgebrochen. Im ganzen All suchen Flotten-Verbände der Daraner nach ihrer Königin. «

Oberst Cameron blickte Captain Hunter an.
»Ich weiß jetzt, wer die Daraner sind«, sagte er.

Captain Hunter blickte ihn fragend an.

»Diese Rasse hat die evakuierten Natrader angegriffen «, teilte der Oberst mit. »Erst durch die Hilfe von Major Travis, konnte der Angriff vereitelt werden. «

»Die alte Geschichte von Admiral Tarin«, erinnerte sich Captain Hunter. »Jetzt verstehe ich, warum sie ihre Königin suchen. «

Der Oberst legte einen Finger auf seinen Mund. Captain Hunter verstand sofort.

Er blickte die Centauri an.

»Das ist eine unangenehme Rasse«, erklärte er. »Sie hassen andersartige Lebensformen, speziell uns Humanoiden. Das erklärt einiges. Sie sind immer auf der Suche nach neuen Brut-Planeten für ihren Nachwuchs. Es ist gut, dass sie den Weg zu uns gesucht haben. Lange würden sie ansonsten nicht mehr auf ihrem Planeten leben können. «

Die Scruffs schauten sich irritiert an.

»Wir verstehen nicht? «, entgegnete Mimback.

»Es ist ganz einfach«, antwortete Oberst Cameron. »Zuerst besetzen die Daraner heiße Planeten, die für ihren Nachwuchs geeignet sind. Die Bewohner werden zunächst in Sicherheit gewogen, später als Sklaven gehalten. Wenn eine neue Königin da ist, wird sie zu ihren Planeten kommen und die Eier für ihren Nachwuchs legen. Spätestens dann, werden andere Rassen, die möglicherweise noch auf dem Planeten leben, gnadenlos ausgerottet. «

Die Gesichter der Centauri blickten die Offiziere des Neuen-Imperiums erschreckt an.

»Sind sie sicher? «, fragte Timback. » Woher haben sie diese Informationen? «

»Wir haben bereits einmal unliebsamen Kontakt zu den Daranern gehabt«, erklärte Captain Hunter. »Es ist eine sehr nachtragende Rasse. Aber das ist ein anderes Thema.«

»Wir sollten uns schnellsten auf den Weg zu ihrem Heimat-Planeten machen«, entschied Oberst Cameron. »Ich hoffe sehr, dass wir noch nicht zu spät kommen. «

»Wie gehen wir vor? «, fragte Captain Hunter.

»Ich schlage vor, dass wir getarnt in das System der Scruffs einfliegen«, antwortete Oberst Cameron. »Dann können wir uns erst einmal einen Überblick verschaffen.«

»Ich bin einverstanden«, antwortete der Captain. » Wir koordinieren unsere Aktionen. «

Der Oberst nickte.
»Das erachte ich als selbstverständlich«, erwiderte er. »Wir gehe zurück auf mein Schiff. Dann können wir starten. «

»Gutes Gelingen, sagte Captain Hunter. »Wir sprechen uns im System der Centauri. «

***

Das alte Taluk-Schiff war getarnt vor dem Regierungsgebäude der Scruffs gelandet. Der Panorama-Schirm des Schiffes war aktiviert.

»Sind feindliche Truppen auszumachen? «, fragte Simback.

Der Ortungs-Offizier schüttelte seinen Kopf.
»Alles ist ruhig«, antwortete er. »Ich kann keine Truppen der Daraner in der Stadt orten. «

Simback schaute seine Offiziere an.
»Wir lassen das Schiff hier getarnt stehen«, befahl er. »Falls es nicht entdeckt wird, wird es unsere letzte Zuflucht sein. «

Er blickte seine Crew an und griff nach dem Communicator.

»Hier spricht Simback«, sprach er in das Gerät.
»Ich danke euch allen. Ihr alle habt euch freiwillig für diese Aufgabe gemeldet. Wir haben unsere Mission

abgeschlossen. Leider ist Zumback verletzt worden. Doch laut den Ärzten schwebt er nicht mehr in Lebensgefahr. Timback und Mimback sind nicht unter uns. Sie wurden gefangengenommen. Sie wussten, worauf sie sich einließen. Ich bin mir sicher, dass wir sie wiedersehen werden. Geht zu euren Familien und schaut nach dem Rechten. Ich bitte nur die Offiziere der Brücke um einen weiteren Gefallen. Wir werden unsere Regierung aufsuchen und ihr Bericht erstatten. Ihr unterstützt uns hierbei. «

Die Laser-Brücke des Taluk-Schiffes, war in Richtung des Regierungsgebäudes ausgefahren worden. Simback winkte das Schiffs-Personal aus dem Raumer. Die Luft war frei. Kein Daraner beobachtete den Ausstieg. Er wartete, bis die Crew das Schiff verlassen hatte. Die Ärzte transportierten Zumback auf einer Bahre ab. Im Laufschritt eilten sie die Energiebrücke herunter und verschwanden in einer Seitengasse, neben dem Regierungsgebäude.

Simback grinste, als er erkannte, dass Zumback fast von der Bahre gefallen wäre

Der Commander des Taluk-Schiffes blickte Garback an. »Das hat gut funktioniert«, flüsterte er. »Wir sind an der Reihe. «

Simback verließ mit seinen Offizieren das Schiff. Schnellen Schrittes liefen sie die Energiebrücke des Schiffes herunter und eilten auf das Regierungsgebäude zu.

Simback hatte die Hypertronic-KI des Schiffes informiert, die Brücke einzufahren. Er drehte sich kurz um und sah, wie die KI des Schiffes den Befehl ausführte. Das Ausstiegs-Schott des Taluk Schiffes schloss sich. Die Offiziere eilten die Stufen des Regierungsgebäudes hinauf. Erst im Halbdunkel des Einganges, verlangsamten sie ihren Schritt. Simback wartete, bis alle Crew-Mitglieder angekommen waren

»Wir müssen zu Haynback«, sagte er. »Er kann uns informieren, was hier in der Zwischenzeit passiert ist. «

Simback wunderte sich, dass keine Wachen vor dem Gebäude standen.

Er blickte Garback an. Doch dieser zog nur seine Schultern hoch.

Die Gruppe lief durch das Gebäude. Endlich war das Büro von Haynback erreicht. Simback pochte an der Türe.

Die Gruppe hörte lauter werdende Schritte, die Türe öffnete sich. Ein erstaunter Haynback musterte die Rückkehrer.

»Kommen sie schnell herein«, sagte er. » Wir werden überwacht. «

»Was ist hier los? «, fragte Garback. » Es stehen keine Wachen mehr vor dem Regierungsgebäude. «

Haynback schaute ihn an.
»Sie sind ohne Bedeutung«, antwortete der Sprecher der Regierung. »Die Daraner haben uns gezeigt, wer die neuen Herren auf unserem Planeten sind. «

Die Offiziere des Taluk-Raumers blickten ihn fragend an. »Sie haben 10.000 Scruffs unserer Bodentruppen vernichtet«, erklärte er. » Wir beklagen großes Leid. Die Daraner haben einen Atomschlag gegen unsere Truppen geführt. «

Simback schüttelte seinen Kopf.
»Das ist eine verdammte Schweinerei«, rief er wütend aus. »Die Daraner haben den Tod verdient. «

»Sie gehören zu den Rassen, die einmal annektierte Planeten nicht mehr abgeben«, teilte Haynback mit. »Lieber vernichten sie die Planeten. «

»Wir hatten doch besprochen abzuwarten«, erwiderte Rimback. » Warum hat die Regierung unsere Sturm-Truppen in den Einsatz befohlen? «

»Wir waren unsicher«, antwortete Haynback. »Der Kontakt zu eurem Raumschiff war abgebrochen. Wir dachten, ihr hättet es nicht geschafft. Unsere schlimmsten Befürchtungen haben sich nicht bewahrheitet. Ihr seid zurückgekehrt. «

»Das Schiff hat durchgehalten«, erklärte Rimback. »Wir mussten uns lediglich ruhig verhalten. In dem System der Natrader haben wir ein großes Schiffs-Aufkommen geortet. «

»Die Natrader gibt es noch? «, fragte Haynback erstaunt. »Es scheinen ihre Nachkommen zu sein«, antwortete Simback. »Es sind die gleichen Schiffe, doch auf ihren Seiten prangern andere Logos als zu den Zeiten des kaiserlichen Imperiums. Wir konnten das Zeichen nicht identifizieren. Doch die ehemals blühende Welt der Natrader, ist eine leblose Stein und Sandwüste geworden.

Irgendetwas muss vorgefallen sein. Die Nachkommen fangen an, den Planeten wieder zu besiedeln. «

»Das bedeutet, wir können keine Hilfe von ihnen erwarten? «, vermutete Haynback. » Unsere ganzen Hoffnungen verschwinden in Schall und Rauch. «

»Das würde ich nicht unbedingt sagen«, bemerkte Simback. » In ihrem ganzen Heimat-System haben wir unzählige Raumschiffe ausgemacht. Hierunter waren auch die gigantischen Schiffe, der natradischen Kaiser-Klasse. Diese 2.000-Meter durchmessenden Kolosse scheint es immer noch zu geben. «

Simback blickte Garback an.
»Ich möchte nicht lügen«, erklärte er. Es werden weit mehr als 10.000 Schiffe gewesen sein, die in dem natradischen System von uns geortet wurden. Es war ein stetiges Kommen und Gehen. Die Flotten-Verbände materialisieren in dem System, andere Verbände verlassen den Sektor wieder. «

»Wir waren sehr beeindruckend«, bestätigte Garback. »Es waren fast mehr Schiffe zugegen als zu den Hoch-Zeiten des kaiserlichen Imperiums. «

»Was bedeutet das jetzt für uns? «, fragte Haynback. »Kommen die Nachkommen der Natrader und unterstützen uns, oder kommen sie nicht? «

»Wir wissen es nicht«, entgegnete Rimback. »Sie haben Timback und Mimback festgenommen. Vermutlich werden sie verhört. Unsere Kollegen werden versuchen unsere Mission zu rechtfertigen. Falls die Nachkommen der Natrader noch Ehre in sich tragen, werden sie nicht zusehen, wie ein Planet ihres ehemaligen Territoriums, von einer Fremdrasse besetzt wird. «

»Hoffentlich kommen sie schnell«, antwortete Haynback. »Der General der daranischen Flotte, hat unserer Regierung mit dem Atomschlag sein wahres Gesicht gezeigt. Wir haben erkannt, dass wir waffentechnisch nichts gegen sie ausrichten können. Es ist damit zu rechnen, dass die Daraner in Kürze neue Forderungen stellen werden. Sie haben uns aufgefordert, kräftige junge Scruffs für den Arbeitsdienst zu überstellen.

Ferner planen sie, ihre eingezäunten und gesicherten Truppen-Lager zu vergrößern. Es sollen weitere großflächige Gebiete, auf dem ganzen Planeten entstehen. Unsere Wissenschaftler sehen die Größe dieser Lager kritisch. «

»Wofür sollen diese gut sein? «, fragte Rimback.

Der Sprecher des Rates schaute ihn an.
»Um zu gegebener Zeit unsere Bevölkerung zusammentreiben zu können«, fluchte Haynback. »Wir werden dort eingepfercht werden. Dann haben die Daraner uns besser unter ihrer Kontrolle. Sie wollen uns wie Tiere halten.«

Die Crew des Taluk-Schiffes riss ihre Augen auf.
»Das können wir nicht zulassen«, schimpfte Simback. »Wir werden uns im Untergrund organisieren. «

»Wie soll das kurzfristig organisiert werden? «, fragte Haynback.

»Durch eine geheime Mund zu Mund Absprache«, erwiderte Rimback. »Das geht schneller als man denkt. «

»Haben wir alte Aufzeichnungen vorliegen? «, fragte Simback. » Ich spreche von der Zeit, als unsere natradische Hypertronic-KI noch aktiv war. Sie liegt unter dem Raumschiff-Hafen in stiller Ruhe und rostet vor sich hin. Doch es muss doch einen geheimen Zugang zu ihr geben. Vielleicht können unsere Wissenschaftler sie wieder aktivieren. Ihre Räumlichkeiten können unserer Bevölkerung Schutz bieten. «

»Die Daraner werden uns suchen«, bemerkte Haynback. »Die Vergeltung wird furchtbar sein. «

»Haben wir jetzt bereits Angst vor einer Wespenrasse? «, fragte Simback. » Sollen wir uns kampflos ergeben? Lasst uns ihnen die Flügel herausreißen. Was plant die Regierung genau? «

Haynback schaute ihn an.
»Die Regierung möchte weitere Opfer unter unserer Bevölkerung vermeiden«, antwortete er.

»Das halten wir für die falsche Vorgehensweise«, entgegnete Garback. »Wollen wir warten, bis die Daraner ihre Sammel-Lager fertiggestellt haben, oder soll ich sie besser Vernichtungs-Lager nennen? Ab diesem Zeitpunkt wird das Entkommen für uns schwierig sein. Aus einer gesicherten Anlage kommen wir nicht mehr heraus. «

Simback nickte.
»Garback hat Recht«, bestätigte er. »Jetzt ist die Zeit zum Handeln gekommen. Lasst uns diesen Moment nutzen. Einen zweiten wird es nicht geben. «

»Ich bin einverstanden«, antwortete Haynback. »Uns allen muss klar sein, dass dies das letzte Aufbaumen unserer Rasse sein wird. Wie gehen wir vor? «

»Informieren sie die Regierung, ihre Staatsdiener und ihre Soldaten«, entschied Simback. »Wir bringen die Nachricht unter die Bevölkerung. «

»Was ist mit den alten Aufzeichnungen unserer Vorfahren? «, fragte Rimback. » Wir brauchen einen Zugang zu den Räumlichkeiten der alten Planeten Hypertronic. So wie ich weiß, existieren auch unterirdische Raumschiff-Docks. Das wird für unsere Bevölkerung reichen. «

»Ich lasse in den Archiven suchen«, bestätigte Haynback. »Es muss irgendein Hinweis vorhanden sein. «

Die große natradische Anlage lag 16 Kilometern unter der Oberfläche des Planeten der Scruffs. Es war eine sogenannte Hypertronic-KI Verwalter-Anlage mit angeschlossener Raumschiff-Werft und entsprechenden Hangars. Es gab viele hiervon im Gebiet des kaiserlichen Imperiums von Natrid. Die N-KI 83.719 hatte, wie viele andere vor ihr, den überlagernden Befehl von Admiral Tarin zur sofortigen Deaktivierung sämtlicher Systeme erhalten. Obwohl sie den Befehl nicht deuten konnte, musste sie vor 100.000 Jahren, dieser kaiserlichen Anordnung Folge leisten. Seit dieser Zeit wartete sie auf eine Re-Aktivierung. Lediglich ein System-Befehl ihrer Programmierung, befand sich nur im Halbschlaf. Diese

Sensoren wachten über einen Angriff von außen. Diese hoheitliche Programmierung besagte, natradisches Eigentum unter allen Umständen zu schützen und nicht in die Hände fremder Rassen fallen zu lassen.

Der massive Einschlag von fünf Atombomben auf die äußere Hülle ihres Planeten, ließ die Sicherheitsschaltung aktiv werden. Alle Systeme der Hypertonic-KI wurden automatisch neu gestartet. Die Sicherheitsschaltung ließ alle Systemtaster in die aktive Stellung schnellen. Der KI-verwalter erwachte aus ihrem Tiefschlaf.

Die Hypertonic-KI rechnete die Zeit ihrer Abschaltung hoch und aktivierte unzählige Wartungs-Roboter, die sie zu den kritischen Komponenten ihrer Systeme beorderte. Ferner wurden Arbeits- und Wartungs-Roboter zu lange überfälligen Wartungen der Raumschiffe befohlen, die in ihren großen Hangars lagerten.

In der Zentrale der Station leuchteten zahlreiche Lichter auf. An der Wand stand eine Roboter-Ladestation. Etliche Kontroll-Lichter flammten an der großen Apparatur auf und flackerten rhythmisch. Nach wenigen Minuten wechselte die Farbe der Lichter in ein konstantes Grün. Weißes Licht schaltete sich in der Lade-Schale an und bestrahlte einen Shy-Ha-Narde. Langsam bewegte er sich. Der natradische Kampf-Roboter war seit vielen

Jahrtausenden der mobile Arm der Hypertronic-KI. Er hatte den Impuls zur Aktivierung erhalten. Langsam stieg er aus der Lade- Station und blickte sich um. Vorsichtig schritt er auf die zentrale Steuerkonsole zu. Seine Hand glitt liebevoll über das Glas eines Monitors. Eine dicke Staubschicht lag hierauf. Er wischte sie fort und drehte sich entgegengesetzt zur Wand um.

Zahlreiche kleine Signallampen blinkten in der Hypertronic-KI, die in der Wand installiert war. Der Kampf-Roboter erkannte, dass die Hypertronic-KI wieder zum Leben erwacht war.

»N-KI«, fragte er. »Wie lange waren wir deaktiviert? «
»Es waren exakt 100.000 natradische Jahre«, antwortete N-KI-83.719. »Vermutlich wären wir noch länger in diesem Zustand geblieben, wenn uns nicht eine Not-Sicherheits-Schaltung aus dem Schlaf gerissen hätte. «

»Aus welchen Gründen hat die Schaltung reagiert? «, fragte der Roboter.

»ES fand ein mehrfacher Atomschlag auf der Oberfläche des Planeten statt «, teilte die Hypertronic-KI mit. »Mir wurde ein Angriff durch eine fremde Species gemeldet. «

»Sind es Rigo-Sauroiden? «, erkundigte sich der Robot.

»Die Frage wird verneint«, antwortete die KI. »Es handelt sich tatsächlich um eine nicht bekannte Rasse. Alle Systeme werden hochgefahren. «

»Sollen wir Gegenmaßnahmen einleiten? «, fragte der Robot.

»Erst wenn die äußere Lage analysiert wurde«, entgegnete die Hypertronic-KI.

»Sind die Scruffs noch die Bewohner unseres Planeten? «, ergänzte der Robot seine Fragen.

Die Hypertronic-KI bestätigte diese Frage.
»Leider wurden 10.000 Scruffs-Soldaten bei dem Atomschlag getötet«, teilte sie mit. »Sie wollten ihren Planeten verteidigen. «

»Das sollte nicht unbeantwortet bleiben«, antwortete der mobile Arm der KI.

»Das wird es auch, « bestätigte die Hypertronic-KI. »Vorher benötigen wir alle verfügbaren Informationen über die Rasse der Invasoren. Ich werde meine Sensoren ausfahren und Informationen über den derzeitigen Zustand der Oberfläche einziehen. «

An vielen Stellen des Planeten, fing der Sand sich an zu bewegen. Sensoren, nicht größer als Sandkäfer, fuhren aus dem Boden und drehten sich in alle Richtungen. Die gewonnenen Informationen wurden fast per Lichtgeschwindigkeit, an die erwachte Hypertronic-KI übermittelt. Sie bereitete die Daten auf und legte sie auf die zahlreichen Monitore. Der mobile Arm der KI sah die Veränderungen auf den Monitoren. Das dunkle Schwarz verschwand, erste verschwommene Farben wurden sichtbar, die sich immer wieder neu ordneten. Dann regelte die Hypertronic-KI die Feineinstellung der Bilder. Die Aufzeichnungen der Außensensoren wurden plastischer und sauber erkennbar.

Die Bilder zeigten vierzig Sicherheitszonen auf dem Planeten an. In der Mitte dieser abgezäunten Gebiete stand jeweils ein Walzen-Raumschiff. In allen Zonen wurden Unterkünfte für Sturmtruppen aufgebaut. Jede dieser Verteidigungs-Points wurde durch einen Schutz-Schirm gesichert.

Der Kampf-Roboter blickte auf den Bildschirm, der die Umlaufbahn des Planeten zeigte.

»Es befinden sich noch zahlreiche Raumschiffe im Orbit«, bemerkte er.

»Es sind exakt 160 Schiffe, die den Planeten aus der Umlaufbahn beobachten«, teilte die KI mit. »Mit den 40 Abwehrstellungen auf unserem Planeten gerechnet, haben wir es mit 200 unbekannten Schiffen zu tun. «

»Haben wir Informationen über die Fremden? «, fragte der Roboter.

»Ich habe alle meine Archive geöffnet«, antwortete die KI. »Es sind keine Daten verfügbar. Es ist eine unbekannte Species auf uns aufmerksam geworden. Ich habe einen verschlüsselten Notruf nach Natrid entsandt. Vielleicht können wir von dort Hilfe erwarten. «

»Sollten nicht alle Natrader evakuiert werden«, erinnerte sich der Robot. »Sie werden ihren Heimat-Planeten verlassen haben. Das zeigt bereits die lange Zeit unserer Deaktivierung an. Vielleicht leben sie nicht mehr. «

»Diese Daten stehen nicht zur Verfügung«, meldete die Hypertronic-KI.

Sie wusste natürlich, dass ihr mobiler Arm recht haben könnte.

»Welche Optionen stehen uns zur Verfügung? «, sprach der Robot die Hypertronic-KI an.

»Derzeit nur die Wartung unserer Ressourcen«, antwortete die Verwalterin des ehemaligen natradischen Planeten. »Wir verfügen über keine Informationen die Kampfstärke der Fremden. Es wäre möglich unsere Abwehr-Türme auszufahren und die Verteidigungs-Points der Fremden anzugreifen. Leider wissen wir nicht, ob ihre Schutz-Schirme unsere Laser-Salven absorbieren. Ferner haben die Fremden noch nichts von unserer Existenz erfahren. «

»Über wie viele Schiffe verfügen wir in unseren drei unterirdischen Hangars? «, fragte der mobile Arm.

»Alle intakten Schiffe wurden von Admiral Tarin abgezogen«, teilte die KI mit. »Es stehen uns nur beschädigte Schiffe zur Verfügung. Diese konnten durch unsere Deaktivierung noch nicht instandgesetzt werden. Es handelt sich um 50 Naada-Angriffs-Schiffe, 25 Schiffe der Königs-Klasse und 15 Schiffe der Kaiser-Klasse. Ferner haben wir 120 Taluk-Schiffe an der Oberfläche, die leider vollständig vom Sand eingeschlossen sind. Hierauf werden wir kurzfristig keinen Zugriff haben. «

»Das bedeutet, dass wir keines der Schiffe einsetzen können«, erkannte der Roboter.

»Frühestens in vier Wochen, wenn ich sofort Wartungs- und Reparatur-Teams beauftrage. «

»Dann kann es für unsere Bevölkerung zu spät sein«, bemerkte der mobile Arm.

Er zeigte auf einen der Monitore.
»Dort wurden die 10.000 Scruffs getötet, die sich den Fremden entgegenstellen wollten«, sagte er. » Das ganze Gebiet ist radioaktiv verseucht worden. «

»Das habe ich bereits registriert«, antwortete die KI. »In der Mitte dieses Sektors liegt auch ein Verteidigungs-Posten der Fremden. Vermutlich sollte hier der Angriff der Scruffs erfolgen. «

»Fußtruppen gegen Raumschiffe«, entgegnete der Roboter. »Das war eine falsche Entscheidung der Regierung der Scruffs. «

»Die blauen Bären waren die ganzen 100.000 Jahre auf sich gestellt«, teilte die KI mit. »Sie werden versucht haben, die fremden Invasoren zurückzudrängen. Scheinbar mit einigem Erfolg, ansonsten ist der Atomschlag der Invasoren nicht zu erklären. «

Ortungstaster piepsten und neue Monitore aktivierten sich.

Interessiert blickte der Robot auf die Anzeigen.
»Ein getarntes Taluk-Schiff ist in die Atmosphäre eingedrungen«, meldete die KI. »Es ist die Taluk 80.390, ein Schiff unseres Verbandes. «

»Wieso ist es im Flugeinsatz? «, wunderte sich der Roboter.

»Vermutlich wird es von den Scruffs geflogen«, erwiderte die Hypertronic-KI.

»Die Scruffs können keine Raumschiffe fliegen«, antwortete der Robot.

»Scheinbar doch«, teilte die Hypertronic-KI monoton mit. »Nach 100.000 Jahren Entwicklung, scheinen sich unsere blaupelzigen Bären weiter entwickelt zu haben. «

»Das ist erstaunlich«, bemerkte der Robot. »Sie haben mehr Potenzial, als wir ihnen früher zugestanden haben.«

»Wir müssen mit ihnen Kontakt aufnehmen«, entschied die Hypertronic-KI.

»Aus welchem Grunde? «, erkundigte sich der Roboter.

»Um unseren Gegenschlag zu koordinieren«, antwortete KI. »Vielleicht können die Scruffs auch Tarin-Jets fliegen. Diese stehen unversehrt in einem unserer Hangar. Hiervor hätten wir 250 Stück zur Verfügung. «

»Die Tarin-Jets werden nicht ausreichen, um die Walzenschiffe der Fremden zu vernichten«, erwiderte der Robot.

»Sie sind wendig, mit einer starken Bug-Kanone und seitlichen Laser-Geschützen ausgestattet«, erklärte die Hypertonic-KI. »Meine Scans der Walzen-Schiffe zeigt mir, dass die Schiffe der Fremden nur sehr schwer reagieren auf kleine Objekte reagieren können. «

»Trotzdem könnten wir uns täuschen«, antwortete der Roboter. »In diesem Fall schicken wir weitere Scruffs in den Tod. «

»Welche Alternative gibt es? «, erkundigte sich die Hypertronic-KI.

»Wir benötigen mehr Zeit«, sagte der Robot. »Dann können wir eine gemeinschaftliche Aktion zusammen mit den Scruffs planen. Je mehr Zeit wir haben, umso schneller werden unsere großen Raumschiffe betriebsbereit sein. Vielleicht sollten wir den Scruffs Unterschlupf anbieten? «

»Wir können sie nicht verpflegen«, antwortete die Hypertronic-KI. »Meine Vorratsspeicher sind ausgetrocknet. Selbst die Konzentrate für die Zubereitung von Speisen fehlen vollständig. Sie wurden auf die Schiffe von Admiral Tarin verladen. «

»Wir brauchen einen geeigneten Plan«, erwiderte der mobile Arm der Hypertronic. »Die Besetzung unseres Planeten durch eine fremde Rasse nicht tragbar. «

»Das ist mir bewusst«, antwortete die KI. »Aber wir müssen erst unsere Ressourcen auffüllen. Von daher brauche ich noch etwas Zeit. Vorrangig sollten wir Abgesandte der Regierung der Scruffs zu einem Gespräch einladen. «

»Ich öffne eine geheime Hyperkomm-Funkverbindung zu unserem Taluk-Schiff«, entschied die Hypertronic-KI. »Vielleicht ist noch Jemand an Bord. «

Die KI öffnete die Verbindung und wartete ab.

Etwas piepste in der Tasche des Kampf-Anzuges von Simback. Verdutzt blickten ihn seine Offiziere an.

»Du wirst gerufen«, sagte Garback.

»Ich weiß nicht, wer das sein könnte «, antwortete der Anführer der Gruppe.

»Gehen sie endlich an das Gerät«, sagte Haynback. »Oder stellen die zumindest den schrecklichen Ton ab. «

Simback fühlte seine Taschen ab. Dann hatte er den Übeltäter gefunden. Es war ein Communicator des Taluk-Schiffes.

»Es ist unser Raumschiff«, bemerkte er. »Alle Offiziere wurden doch von Bord geschickt. «

»Anscheinend nicht«, lächelte Rimback. »Zumindest einer von ihnen versucht dich zu erreichen. «

Simback aktivierte den Communicator.

»Hier ist Simback«, sprach er in das Gerät. »Wer ruft mich? «

Es knirschte und piepste aus dem Gerät. Dann meldete sich eine computergenerierte Stimme.

»Hier spricht N-KI 83.719, die natradische Hypertronic-KI und Verwalterin des Scruffs-Planeten. «

Simback traute seinen Ohren nicht.
»Wer spricht? «, fragte er nach.

»Die Frage wurde bereits beantwortet«, bestätigte die KI. »Ein Atomschlag, durch eine äußere Einwirkung fremder Invasoren, hat meine Deaktivierung aufgehoben. Ich stehe in Kürze wieder in vollem Umfang zur Verfügung. Ich bitte um die Einleitung von Gegenmaßnahmen und um ein vorrangiges Gespräch mit einem Abgesandten der Scruffs-Regierung. «

»Die Planeten-KI ist wieder erwacht«, teilte Simback seinen Begleitern zu. »Sie bittet um ein Gespräch mit uns.«

Haynback reagierte als Erster.
»Sagen sie zu«, antwortete er. »Fragen sie nach dem Wann und wo? «

»Wie kommen wir zu ihnen? «, übermittelte Simback die Frage.

»Ich öffne einen Eingang auf dem alten Flugfeld«, antwortet die KI. »Vor dem ehemaligen Kontrollgebäude wird ein Aufzugsschacht aus dem Boden kommen. Seien sie in 30 Minuten vor Ort. Achten sie auf einen Kubus, der aus dem Boden fährt. «

»Wir werde dort sein«, antwortete Simback.
Die Verbindung brach ab.

Simback schaute Haynback an.
»Vielleicht ist das der Glücksfall, worauf wir gewartet haben? «, flüsterte er.

Er drehte seinen Kopf zu seinen Begleitern.
»Garback, du begleitest mich«, entschied er. »Rimback, du sorgst dafür, dass unsere Mannschaft zurückkommt. Ich vermute, dass wir unser Schiff noch einmal in Anspruch nehmen müssen. «

Er blickte den Sprecher der Regierung an.
»Kümmern sie sich bitte darum, dass alle Soldaten mit schweren Waffen ausgestattet werden«, ergänzte er. »Sie möchten auf weitere Befehle von uns warten. Zuerst muss die Luftunterstützung der Daraner ausgeschaltet werden. Noch einen Atom-Angriff können wir uns nicht leisten. «

»Ich sorge für alles«, antwortete Haynback. »Wie halten wir Kontakt? «

Garback reiche ihm seinen Communicator.

»Wenn wir Befehle für sie haben, melden wir uns über diesem Gerät bei ihnen«, antwortete er. »Bis dahin verhalten sie sich ruhig und geben den daranischen Kontrollposten keinen Anlass zu umfangreicheren Kontrollen. «

Der Sprecher der Regierung nickte zustimmend.

Die Crew des Taluk-Schiffes lief bereits dem Ausgang entgegen.

Am Ausgang hielt Simback die Gruppe an.

»Aktiviert die Tarnung eures Kampfanzuges«, befahl er. »Die Daraner dürfen uns dann nicht orten können. «

»Ich verlasse euch jetzt und nehme Kontakt zu unserer Crew auf«, erklärte Rimback. »Bis später. «

Der drückte den gelben Knopf seines Kampfgürtels. Vor den Augen seiner Kollegen verschwand die Silhouette des Scruffs.

Simback beobachte den Vorgang.

»Die Tarnung funktioniert einwandfrei«, bestätigte er.

Er und Garback wiederholten den Vorgang. Ihre Konturen verschwanden. Nichts deutete mehr auf das Vorhandensein der Scruffs hin.

Sie beiden getarnten Offiziere, hatten das Terrains des ehemaligen Raumhafens der Natrader erreicht. Sie standen im Schatten des ehemaligen Kontrollgebäudes. Unruhig blickten sie auf die Fläche, auf denen sich unzählige Sandhügel aufgebaut hatten. Hierunter lagen die Taluk-Schiffe es ehemaligen kaiserlichen Imperiums.

Vor ihren Augen vibrierte der Sand. Die kleinen Steine fingen an zu tanzen und rutschten zur Seite. Langsam hob sich ein Turm aus dem Sand. Er hatte eine Höhe von drei Metern, eine Breite von 2,50 Metern. Vorderseitig wurde eine bläulich schimmernde Türe mit natradischen Symbolen sichtbar. Der ausfahrende Turm kam zu Stillstand. Quietschend öffnete sich die Tore nach innen. Ein natradischer Kampf-Roboter trat heraus und blickte sich vorsichtig nach allen Seiten um.

Er winkte den noch getarnten Scruffs zu. Vermutlich konnten seine sensiblen Augen das Tarnfeld ausheben. Die Offizier liefen auf den Eingang zu. Es waren nur 20 Schritte für sie. Sie betraten den Turm. Der Kampf-Roboter drückte im Inneren des Aufzuges auf einen Knopf. Die Türen schlossen sich und der Aufzug senkte sich ab. Nachdem er in den Boden gefahren war, fielen die aufgetürmten Sandmassen wieder in ihre ursprüngliche Position zurück und bedeckten das entstandene Loch des Sandhügels.

»Sie können jetzt ihr Tarnfeld ausschalten«, sprach der Kampf-Roboter die Scruffs auf Natradisch an.

Simback und Garback, schalteten die Tarnvorrichtung ihres Anzuges aus.

»Ich bin der mobile Arm von N-KI-83.719«, stellte er sich vor. »Wir bedanken uns, dass sie unserer Einladung gefolgt sind. Es sind besondere Dinge passiert, die eine gemeinschaftliche Gegenwehr erforderlich machen. «

»Warum hat uns das natradische Kaiserreich verlassen? «, fragte Simback. » Wir konnten über 100.000 Jahre keinen Kontakt mehr zu der N-KI aufnehmen? «

Der Robot blickte die Scruffs an.
»Hoheitliche Befehle überlagern die Befehle einer planetaren N-KI«, antwortete der Robot. »Die Kommandoebene auf Natrid hatte zu dieser Zeit die einheitliche Abschaltung aller planetaren Hypertronic-KI's angeordnet. Dem Befehl musste Folge geleistet werden. Das kaiserliche Imperium von Natrid existiert

nicht mehr. Die natradische Bevölkerung wurde evakuiert. Sämtliche Einrichtungen des Imperiums wurden abgeschaltet, um eine Nutzung durch die fremde Species zu verhindern. «

»Das Imperium hat uns im Stich gelassen«, antwortete Garback verärgert.

»Das war eine Entscheidung der natradischen Kommandantur, die nicht diskutiert werden konnte«, teilte der Robot mit. »Lediglich ein Befehl zur Selbsterhaltung, ließ uns jetzt nach dieser langen Zeit wieder aktiv werden. «

»Der Atomschlag der Daraner? «, bemerkte Simback. »Das ist richtig«, antwortete der Roboter. »Gegenmaßnahmen müssen eingeleitet werden. «

Der Aufzug stoppte. Er hatte die Tiefe von 16 Kilometern erreicht. Die Türe des Aufzuges klappten automatisch auf.

»Ich bringe sie jetzt zu unserer N-KI«, teilte der Robot mit. »Wir besprechen alle Möglichkeiten einer sinnvollen Gegenwehr. «

Die Scruffs folgten dem Robot durch zahlreiche Maschinenhallen, Gänge und Korridore.

»Die unterirdische Anlage muss riesig sein«, flüsterte Simback seinem Begleiter zu.

Sie waren bereits 30 Minuten zu Fuß unterwegs, als der Robot stoppte.

Ein breites Tor versperrte ihnen den Weg.

»Wir sind da«, sagte der Robot. »Hier war noch nie ein Scruff. Das ist die Zentrale unserer N-KI. «

Der gab einen Code an dem Wandschloss der Türe ein. Ruckartig öffnete sich das Schott und verschwand in der Wand.

Der Blick in die große Halle, ließ die Scruffs staunen. Unzählige Monitore, Display und Anlagen schienen in Betrieb zu sein. Überall blinkten kleine Leuchten.

Der Robot führte die Scruffs an einen Tisch, vor dem zwölf Stühle standen.

»Entschuldigen sie unsere spärliche Einrichtung«, bemerkte er. »Wir sind nicht auf einen Besuch von lebenden Rassen eingerichtet. Ich habe für sie diesen Platz kurzfristig aufbauen lassen. Bitte setzen sie sich. «

Simback und Garback nahmen den erstbesten Stuhl und setzte sich.

»Ich begrüße die Abordnung der Scruffs«, tönte es aus den Lautsprechern. »Ich danke ihnen, dass sie meiner Einladung gefolgt sind. Ich bin die natradische Hypertronic-KI ihres Planeten. Meine Kennung ist N-KI-83.719. «

Simback und Garback schauten sich um und nickten. »Warum haben sie uns eingeladen? «, fragte Simback. » Sie werden die Situation auf unserem Planeten kennen?«

»Das entspricht den Tatsachen«, antwortete die Hypertronic-KI » Eine besondere Situation erfordert einen durchdachten Plan zur Gegenwehr. Mir sind ihre militärischen Ressourcen nicht bekannt. Ich habe registriert, dass sie mit einem Taluk-Schiff in die Atmosphäre eingedrungen sind. Besitzen sie noch mehr Raumschiffe meines Bestandes, die sie bedienen können?«

»Leider nicht«, antwortete Simback. »Das Schiff war unser einziges. Wir haben es aus Ersatzteilen erbaut. Unsere Wissenschaftler haben es nach mehreren Jahren wieder flugfähig gemacht. «

»Das ist bedauerlich«, antwortete die Hypertronic-KI. »Wir dachten, sie hätten mehrere Raumschiffe des alten Bestandes wieder in Betrieb genommen. «

»Nein«, antwortete Garback. »Alle Schiffe, die unter dem Sand stehen, sind Schrott und nicht mehr flugfähig. «

»Sie sind nicht betriebsfähig«, korrigierte die N-KI. »Erst nach einer Wartung und einer Reparatur, werden sie wieder in den Flugbetrieb gehen können. «

Simback und Garback schauten sich an.
»Es ist möglich alle Schiffe zu reparieren? «, fragte Simback. » Wir dachten, es handelt sich um Raumschiffs-Schrott. «

»Keineswegs«, erwiderte die Hypertronic. »Natradische Raumschiffe können nicht rosten. Sie wurden im großen Krieg beschädigt, können aber wieder diensttauglich gestellt werden. «

»Wie lange wird das dauern? «, fragte Simback.

» Ich habe bei einem Einsatz aller Wartungs-Einheiten eine Dauer von mindestens 4 Wochen errechnet «, antwortete die N-KI. »

Die Scruffs resignierten.

»Das ist zu lange «, erklärte Simback. »Die Daraner bauen bereits zahlreiche Sammellager für unser Volk auf. Sie werden uns in Kürze jagen und dort einsperren. Wir wissen nicht, was sie vorhaben. «

»Das habe ich registriert«, antwortete die N-KI. » Gibt es Piloten unter den Scruffs, die Tarin-Jets fliegen können? «, erkundigte sie sich.

Simback überlegte kurz.
»Wir haben einige Piloten geschult«, antwortete er. »Warum fragen sie? «

»Wir haben 250 einsatzbereite Jets in unseren Hangars«, teilte sie mit. »Diese sind sofort einsatzfähig. «

»Was können Tarin-Jets gegen die Walzen-Raumschiffe der Daraner ausrichten? «, fragte Garback. » Wir hatten einen dieser Jet im Einsatz, bei unserer Mission auf Natrid. «

»Sie waren auf dem Heimat-Planeten der Natrader? «, stutzte die Hypertronic-KI.

»Ja«, antwortete Simback. »Wir waren verzweifelt und wollten die Natrader um Hilfe bitten. «

»Sie haben keine Natrader mehr vorgefunden? «, antwortete die N-KI.

»Doch«, antwortete Simback. »Ihre Nachkommen sind sehr aktiv. In dem natradischen Heimat-System konnten wir ein gewaltiges Flotten-Aufkommen registrieren. Wir haben eine Sabotage-Aktion durchgeführt und hofften hiermit, das Interesse der Nachkommen auf uns ziehen zu können. «

»Sie haben keine offizielle Bitte auf Unterstützung gestellt? «, fragte die Hypertronic-KI.

»Nein«, antwortete Simback. »Wir wussten nicht, ob die Nachkommen noch ein Interesse an dem ehemaligen Imperium der Natrader haben würden. «

»Das war der falsche Weg«, antwortete die Hypertronic-KI. »Es ist durchaus möglich, dass die Nachkommen sie als gefährliche Rasse eingestuft haben und ein Vergeltungs-Kommando schicken«.

»Das Risiko mussten wir eingehen«, antwortete Simback.

»Es ist ebenfalls möglich, dass sie nicht kommen werden, weil sie die Grenzen ihres Hoheitsgebietes neu abgesteckt haben«, ergänzte die KI. »In diesem Fall wären wir auf uns gestellt. «

»Hierüber haben wir mit unserer Regierung bereits diskutiert«, antwortete Simback. »Ich bin mir sicher, dass sie kommen werden. «

»Woraus resultiert ihre Erkenntnis? «, fragte der mobile Arm der KI.

»Es ist nur so ein Gefühl«, antwortete Simback. »Sie haben die gleichen Raumschiffe, wie das ehemalige natradische Imperium. Wir haben unzählige Schiffe der 2.000-Meter-Klasse geortet. Nur das Emblem auf den Schiffen ist anders als früher. Falls sie in die Fußstapfen ihrer Vorfahren treten möchten, dann kann ihnen das Schicksal unseres Planeten nicht gleichgültig sein. «

»Können sie mir die aufgezeichneten Daten ihres Besuches überspielen«, fragte die N-KI. » Meine Daten liegen 100.000 Jahre zurück und wurden nicht mehr aktualisiert. «

»Wenn wir wieder auf dem Taluk-Schiff sind, wäre dies möglich«, antwortete Simback.

Er überlegte einen kurzen Augenblick.

»Wir haben einen Tarin-Jet erbeutet«, sagte Simback. »Er ist ebenfalls mit einer Tarnvorrichtung ausgestattet. Es schien so, dass die Nachkommen diese Tarnung nicht erkennen konnten. «

»Eine interessante Neuentwicklung«, antwortete die N-KI. »Ich würde diesen Jet gerne einmal überprüfen lassen, welche Änderungen vorgenommen worden sind. «

»Wie können wir gegen die Daraner vorgehen? «, fragte Garback ungeduldig.

»Ich werde fünf Tarin-Jets ausschleusen, die mit Piloten ihres Kommandos einen Angriff auf eines der Walzen-Schiffe in der Umlaufbahn unseres Planeten fliegen«, schlug die N-KI vor. »Sie kommandieren den Angriff von einem Tarin-Jet aus. «

»Ist die Bewaffnung der Jets ausreichend hierfür? «, fragte Simback.

»Das wäre zu klären«, antwortete der Robot. »Nach unserer Meinung, können die Walzen-Schiffe nicht über starke Schutz-Schirme verfügen. Fliegen sie einen Angriff und testen sie die Wirksamkeit ihrer Schilde. Erst dann können wir mehr sagen. «

»Was ist mit den Abwehr-Türmen, die wir von früher her kennen?«, fragte Simback. »Können diese unterstützend eingreifen?«

»Es existieren 53 planetare Abwehr-Geschütze, die ich ausfahren kann«, antwortete die N-KI. »Falls die 140 daranischen Schiffe einen konzentrierten Angriff auf meine Abwehrstellungen vornehmen, werden meine Schutzschirme nicht halten. Eine Frage stellt sich, wollen wir die Laser-Geschütztürme einfach einer Vernichtung aussetzen? Sie können noch sehr hilfreich sein.«

»Das ist ein guter Gedanke«, antwortete Simback. »Ich halte es auch für besser, die Abwehr-Geschütztürme noch versteckt zu halten.«

»Dann bleibt erst einmal nur der Test-Angriff mit den Tarin-Jets«, sagte Garback. »Sind die Maschinen tarnfähig.«

»Das sind sie«, antwortete der Roboter. »Sie wurden auf dem neusten technischen Stand des kaiserlichen Imperiums von Natrid gefertigt. Leider jetzt bereits 100.000 Jahre alt.«

»Ihnen ist bekannt, dass vor dem Angriff die Jets enttarnt werden müssen?«, fragte die Hypertronic.

Simback nickte.

»Ja, das ist es«, antwortete er. »Wie kommen wir unbemerkt zu den Jets. «

»Meine Sensoren haben registriert, dass sich die Daraner in der Nacht in ihre eingerichteten Verteidigungs-Lager zurückziehen«, erklärte die KI. »Ich schlage vor, dass wir bereits in dieser Nacht den Angriff durchführen. Nahe ihres Taluk-Schiff, werde ich die fünf Tarin-Jets über eine Hebe-Plattform an die Oberfläche bringen. Die Tarn-Vorrichtung wird aktiviert sein. Ich gebe ihnen fünf Code-Schlüssel mit. Hiermit können sie die Einstiege öffnen. Verlieren sie keine Zeit und begeben sie sich sofort an Bord. Verschließen sie das Schott. So entgehen sie einer Entdeckung durch die Daraner. Starten sie die Jets im geräuschlosen Anti-Grav.-Modus. Warten sie mit der Aktivierung der Triebwerke, bis sie in der oberen Atmosphäre sind.

Nehmen sie gezielt Kurs auf das nächstgelegene daranische Schiff. Sie sollten den Überraschungs-Moment auf ihrer Seite haben. Die Fremden werden auf einen Angriff nicht vorbereitet sein. Synchronisieren sie den Angriff untereinander. Die Laser-Einschläge in den Schutz-Schirm des Walzenschiffes müssen gleichzeitig erfolgen. Nur so ist eine immense Kraftentfaltung zu realisieren.

Wenn wir Glück haben, werde ich das Verhalten der daranischen Schutz-Schirme analysieren können. «

»Haben sie noch Kampf-Roboter eingelagert? «, fragte Simback.

»Das haben wir«, antwortete die Hypertronic-KI. »Leider sind sie noch nicht gewartet und vollständig geladen. Das wird aber nicht mehr lange dauern, dann stehen sie ebenfalls zur Verfügung. «

»Fantastisch«, antwortete Garback. »Diese werden uns im Boden-Einsatz sehr hilfreich sein. Die Daraner verfügen nur über sehr kleine Kampf-Roboter. Die natradischen Ausführungen sollten leicht mit ihnen fertig werden. «

»Bereiten sie sich vor«, antwortete die Hypertronic-KI. »Wir werden nur einen Versuch haben, dann wissen die Daraner, dass dieser Planet mehr Geheimnisse zu bietet als von ihnen angenommen. «

»Was ist mit unserer Bevölkerung? «, fragte Garback. »Wenn unsere Mission scheitert, werden die Daraner sicherlich ein Exempel an ihr statuieren? «

»Wir können der Bevölkerung für eine gewisse Zeit Schutz gewähren«, antwortete die Hypertronic-KI. »Doch ich weise ausdrücklich darauf hin, dass wir kein Wasser und keinen Proviant haben. Hiermit sollten die Flüchtenden sich selbst versorgen.

»Das lässt sich organisieren«, bestätigte Simback.

»Ich verfüge nur in der Hauptstadt über einen großen Zugang zu meiner Anlage«, teilte die Hypertronic-KI mit. »Aus allen anderen Städten ist ein Zugang zu meiner Anlage nicht möglich. «

»Das würde bedeuten, dass wir alle Scruffs in die Haupt-Stadt befehlen müssen«, antwortete Garback.

»Wie hoch ist die Population ihres Planeten? «, erkundigte sich der mobile Arm der N-KI.

»Nach der letzten Zählung werden wir wohl knapp 7 Millionen Scruffs sein«, teilte Garback mit.

Das ist eine ganze Menge«, antwortete die Hypertronic-KI. »Für einige Tage lässt sich das bewerkstelligen. Danach werden Probleme entstehen. «

»Wie schnell können sie ihre Bevölkerung informieren? «, erkundigte sich der mobile Arm.

»Sehr schnell«, antwortete Simback.

Er überlegte kurz.

»Ich kann für heute Nachmittag eine Groß-Demonstration einberufen«, sagte er. »Sämtliche Bevölkerungsschichten werden sich hieran beteiligen. Hier werden die Informationen wie ein Lauffeuer weitergegeben. Diese wird bis in die Nacht hinein andauern. Im Dunkeln können wir nach und nach Teile der Bevölkerung in ihre Anlage bringen. «

»Die Daraner dürfen hiervon nichts mitbekommen«, betonte der Roboter.

»Wir versuchen es zu ermöglichen«, antwortete Garback.

»Wichtig ist der Angriff auf ein Walzenschiff der Daraner«, bemerkte die Hypertronic-KI. » Erst dann werden wir über weitere Maßnahmen diskutieren können. «

»Wir haben verstanden«, antwortete Simback. »Danke für ihre Hilfe«.

»Nicht dafür«, entgegnete die Hypertronic-KI. »Es geht um unser aller Existenz. Mein Gehilfe bringt sie zum Aufzug. Viel Erfolg für ihre Mission. «

Der Aufzug hatte die zwei Scruffs wieder an die Oberfläche transportiert. Fast schon instinktiv schalteten die Offiziere das Tarnfeld ihres Kampf-Anzuges an. Im Schatten der alten natradischen Kontrollgebäude liefen sie zurück in die Stadt. Sie wollten alles Weitere mit Haynback besprechen.

Der große Platz, vor dem Regierungsgebäude war leer. Gerade als sie loslaufen wollten, bog eine Garnison daranischer Soldaten um die Ecke des Gebäudes. Sie hatten Rüstungen aus Metall angelegt. Aufmerksam blickten sie in alle Richtungen und inspizierten die Gassen und die zahlreichen Verbindungsstraßen. Laser- Gewehre lagen schussbereit in ihren Armbeugen. Doch nichts schien ihre Aufmerksamkeit zu erregen. Im Gleichschritt marschierten die Soldaten weiter und bogen an der nächsten Hauptstraße rechts ab.

Die beiden Scruffs warteten noch einen Augenblick, bis sie sicher waren, dass die Soldaten nicht zurückkommen würden. Dann liefen sie los und überquerten den großen Platz. Leichtfüßig sprangen sie die fünf Stufen zu dem Regierungsgebäude hoch und verschwanden in seinem Inneren.

Haynback und drei weitere Regierungs-Vertreter erwarten die Gruppe bereits.

»Wie ist es gelaufen? «, fragte der Sprecher der Regierung.

»Gut«, antwortete Simback. »Eine Sicherheitsschaltung hat die natradische Hypertronic-KI wieder zum Leben erweckt. Dafür war der Atomschlag der Daraner verantwortlich. Einerseits müssen wir unseren Besatzern noch dankbar sein. Ohne diesen Angriff, wäre die N-KI nicht aus ihrer Deaktivierung geweckt worden. «

»Kann sie uns helfen? «, fragte Dynback.
Er war der Verteidigungs-Minister der Scruffs.

»Langfristig ja, kurzfristig ist es eher schwierig«, antwortete Simback. »Sie müssen verstehen, dass die Hypertronic-KI erst jetzt alle erforderlichen Wartungen und Reparaturen durchführen muss. Die ganze Anlage befand sich 100.000 Jahre in einem deaktivierten Ruhestand. «

»Hat sie Schiffe zur Verteidigung? «, fragte der Minister nach.

»Sie verfügt über genügend Schiffe in ihren Depots«, antwortete Garback. »Doch auch diese müssen erst alle repariert und gewartet werden. Alle flugfähigen Schiffe wurden seinerzeit von der Admiralität abgezogen. Die Hypertronic-KI hat uns 250 einsatzbereite Tarin-Jets angeboten. «

»Was können wir mit den Tarin-Jets gegen die Walzen-Raumschiffe ausrichten? «, fragte Dynback.

»Das versuchen wir auszuloten«, antwortete Simback. »Heute Nacht werden wir fünf Tarin-Jets erhalten. Im getarnten Zustand nähern wir uns im Orbit einem Walzen-Raumschiff und nehmen es unter Beschuss. Wir sollen die Wirksamkeit der Schutz-Schirme ihrer Schiffe testen. Erst dann kann die Hypertronic-KI wirksame Maßnahmen planen, um die Daraner abzuwehren. Wenn es uns mit fünf Tarin-Jets gelingt, ein Walzen-Schiff der Daraner zu zerstören, dann haben wir eine reale Chance zur Verteidigung. Zusätzlich werden dann auch 53 bodengebundene Laser-Abwehr- Gefechtstürme in den Kampf eingreifen. Aus diesem Grunde brauchen wir fünf freiwillige Piloten. Es kann eine Mission ohne Wiederkehr werden. «

»Was kann sie uns sonst noch anbieten? «, fragte Leynback.
Er war der Minister für die Öffentlichkeitsarbeit. »Dürfen wir unsere Bevölkerung in Sicherheit bringen? «

»Das war unsere letzte Frage an die KI«, antwortete Simback. »Sie stand dieser Frage nicht direkt positiv entgegen. Ihre Meinung ist es, dass bei einer Evakuierung von sieben Millionen Scruffs, unweigerlich die Daraner auf ihre Station aufmerksam werden würde. Das sollte möglichst lange vermieden werden. «

»Wir haben ihr plausibel erklärt, dass jeder von uns ein Teil des Risikos tragen muss«, teilte Garback mit. »Letztendlich willigte sie ein. Wir gehen nach Plan vor. Minister Leynback befiehlt alle Scruffs aus allen Städten zu einer heutigen Groß-Demonstration in die Hauptstadt. Unsere Bevölkerung soll gegen die Besetzung unseres Planeten durch die Daraner protestieren. Diese Demonstration sollte im Vorfeld von Haynback bei dem kommandierenden General der Daraner angemeldet mitgeteilt werden. Auf diesem Weg schöpfen die Daraner keinen Verdacht. Die Demo wird gewaltlos, bis spät in die Nacht andauern.

Ab einem gewissen Zeitpunkt begeben sich alle Demonstranten auf das alte Flugfeld der Natrader. Die Hypertronic-KI unseres Planeten wird alle Hebeaufzüge aktivieren und ausfahren. Hierauf haben alle Scruffs Platz. Dann senkt sie die Aufzüge ab, in ihre unterirdische Anlage. Der KI steht keinen frisches Wasser und keine

Verpflegung für uns zur Verfügung. Hieran sollte unsere Bevölkerung selbst denken. «

Er schaute Minister Leynback.

»Trauen sie sich zu, diese Aufgabe zu organisieren? «, fragte Simback. » Hierdurch wäre unsere Bevölkerung erst einmal in Sicherheit. «

»Ich habe genügend Vertrauensleute«, antwortete der Minister für die Öffentlichkeitsarbeit. »Ich begebe mich sofort an die Arbeit. Alle Scruffs werden informiert in die Hauptstadt kommen. «

***

General Da-Qisaarahh saß in dem Kommando-Sessel auf der Brücke seines Flaggschiffes. Er schaute auf die zahlreichen Monitore, die sämtliche Aktivitäten am Boden anzeigten. Wohlwollend registrierte er den Fortschritt der Montage der Befestigungsanlagen. In ihnen sollten später die Scruffs eingepfercht werden sollten.

»Noch können sich die blauen Bären an ihrer Freiheit ergötzen«, dachte er. »Das wird aber bald vorbei sein. Die Fortschritte an den Anlagen, sind nicht mehr zu übersehen. In sieben Tagen werden die Anlagen fertig sein. Dann wird das große Leiden der Scruffs beginnen. «

General Da-Qisaarahh lachte gehässig auf.

»Es ist nicht anders, wie auf allen Planeten«, dachte er. »Am besten ist es, wenn man die Bevölkerung im Ungewissen lässt. Umso einfacher gehorchen sie zum Schluss. «

»Eingehender Hyper-Funkspruch für sie, General«, meldete der Funk-Offizier des Schiffes.

Der General blickte ihn an.

»Er kommt von der Regierung der Scruffs«, ergänzte der Offizier. »Möchten sie das Gespräch annahmen? «

»Was wollen sie? «, fragte der General. » Hören wir uns an, was sie jetzt wieder haben. Legen sie das Gespräch bitte auf die Lautsprecher. «

»Hier ist Haynback«, tönte es auf der Brücke. »Ich rufe General Da-Qisaarahh. «

»Hier ist Da-Qisaarahh«, antwortete der Befehlshaber der Flotte unwirsch. »Was wollen sie schon wieder? «

»Endlich«, antworte Haynback. »Unsere Bevölkerung ist sehr aufgebracht, wegen der Vernichtung von 10.000 Soldaten. Ich konnte sie nicht beruhigen. Sie werden heute eine waffenlose Groß-Demonstration in der Haupt-Stadt abhalten. Ich informiere sie kurz hierüber und hoffe, dass sie nichts dagegen haben werden. «

»Waffenlos? «, fragte der General nach.

»Ja«, bestätigte Haynback. »Darauf ist von unserem Sicherheits-Personal geachtet worden. «

»Ich mache sie dafür verantwortlich, falls Unruhen entstehen«, ergänzte der General. » Sie wissen, was das bedeutet? «

»Das ist uns bekannt«, antwortete Haynback.

»In bin informiert«, antwortete der General abweisend. »Genießen sie ihre Demonstration. «
Das Gespräch brach ab.

Haynback lehnt sich in seinen Sessel zurück. Er putzte sich mit einem Tuch den Schweiß von der Stirn. Langsam blickte er die verschworene Gemeinschaft an.

»Er hat es uns abgekommen«, flüsterte der Sprecher der Regierung. »Wir können die Demonstration durchführen. Ich gebe Leynback grünes Licht. Alle Scruffs sollen in die Hauptstadt kommen. «

»Weisen sie bitte einige Personen an, Transparente mitzubringen, auf denen unser Unmut gegenüber den Demonstranten zum Ausdruck gebracht wird«, schlug Simback vor. »Das unterstreicht unsere Glaubwürdigkeit.«

Die Gruppe ging auseinander. Zahlreiche Vorbereitungen waren zu treffen.

Drei Stunden waren vergangen. Das Flaggschiff von General Da-Qisaarahh erhielt von den Walzen- Raumern im Orbit des Planeten, globale Informationen über die Aktivitäten der Scruffs. Er blickte sich die einzelnen Bildsequenzen an.

»Unzählige Transportgleiter sind auf dem Weg in die Hauptstadt«, bemerkte der 1. Offizier des Schiffes. »Das scheint eine Demonstration größeren Umfanges zu werden. «

»Vergrößern sie das Bild«, befahl der General.
Die Bild-Sequenz wurde deutlicher.

»Sie haben einige Plakate dabei«, bemerkte der General. »Auf einigen steht notiert, Freiheit für den ganzen Planeten. Auf anderen steht geschrieben, wir fordern den Abzug der Invasoren. «

Der General schüttelte seinen Kopf.
»Sie wollen uns ihren Unmut zu verstehen geben«, erkannte der General. »Nur wird es ihnen nicht nützen. Ihre Zeit ist bald abgelaufen. «

»Die Scruffs sind unterentwickelt und dumm«, erwiderte der 1. Offizier. »Diese Rasse sollte eigentlich gar nicht in dem Besitz eines so wunderbaren Planeten sein. Er ist wie erschaffen, für ein Brutgelege unserer Königin. «

»Dafür müssen wir unsere Königin erst einmal finden«, antwortete der General. »Ich hoffe sehr, dass andere Suchflotten mehr Glück haben als wir. «

»Wir stehen nicht mit leeren Händen da«, entgegnete der 1. Offizier. »Ein solcher Planet kann nicht mit Edelsteinen aufgewogen werden. «

»Das ist sicherlich wahr«, antwortete der General. »Informieren sie unsere Verteidigungs-Stellungen, dass eine Menge Scruffs in die Richtung der Hauptstadt aufgebrochen sind. Teilen sie ihnen mit, dass sie ihre Ruhe behalten sollten. Ein Blutbad unter den Scruffs kommt unseren Plänen nicht entgegen. Bei solchen Massen, kann so ein falsches Vorgehen bereits eine Hysterie auslösen. Ich möchte in keinem Fall erleben, dass sich die Massen organisieren und gegen unsere Verteidigungs-Anlagen anrennen. «

»Sie haben keine Waffen dabei«, antwortete der 1. Offizier. »Alle Gruppen wurden gescannt. «

»Der Sprecher der Regierung hat Wort gehalten«, antwortete der General. »Lassen wir die Gruppen ziehen. Morgen wird der Spuk ein Ende haben. «

Gegen Abend waren alle Straßen der Hauptstadt mit zugereisten Scruffs überfüllt. Diese zogen mit Transparenten und Plakaten durch die Gassen und schrien ihren Unmut heraus.

Freiwillige Mitarbeiter von Leynback versuchten die Massen zu lenken, doch das gelang nicht immer. Die Scruffs waren über die Pläne der Regierung informiert worden. Sie wussten, dass sie noch bis zur Dämmerung ihren Unmut hinausschreien mussten. Das große Spiel hatte gerade es begonnen.

Langsam zog sich die Sonne zurück. Die Dämmerung erreichte die Stadt. Langsam wurden die Schatten der Häuser größer. Erste Gruppen hatten sich auf dem Vorplatz des Regierungsgebäudes versammelt. Noch immer schrien die Scruffs ihren Hass auf die Daraner in den Himmel.

Endlich war es so weit. Die Hypertronic-KI hatte Simback informiert, dass sie den einen großen Aufzug nach oben schicken wollte. Hierauf standen die getarnten Tarin-Jets.

Simback stand mit den freiwilligen Piloten am alten natradischen Landefeld. Er wusste nicht, was die Hypertronic-KI mit einer Hebe-Plattform meinte. Mit zugekniffenen Augen starrten die Piloten auf den dunklen Raumhafen. Da bewegte sich etwas.

Große Platten zogen sich auseinander. Eine Fläche von exakt 120 Metern Länge und 100 Metern Breite wurde geöffnet. Aus dem Boden fuhr eine Stahlplatte aus, auf der nichts sichtbar stand.

Simback nickte seinen Begleitern zu.
»Aktiviert euren Codegeber«, flüsterte er.

Aus dem Nichts tauchten helle Lichter auf, die von der Innenbeleuchtung der fünf stammten. Die Schotts waren geöffnet worden.

»Sofort einsteigen, die Schotts schließen und die Anti-Grav.-Absorber einschalten«, befahl Simback.

Die Piloten liefen auf die Jets zu und sprangen in die Maschinen. Die Schotts schlossen sich und hinterließen ein Nichts an Sichtbarkeit.

***

Unzählige wartenden Scruffs erkannten, wie Sand vor ihnen aufgewirbelt und durch die Luft geschleudert wurde. Dann beruhigte sich der Boden wieder. Leynback griff nach seinem Communicator.

»Die erste Gruppe von 25.000 Scruffs auf die Plattform treten«, befahl er. Rückt dicht aneinander. «

Die ausgewählte Gruppe hastete ohne Geräusche durch den Sand. Die Personen wussten, worauf es in diesem Moment ankam. In Reihe und Glied drängen sich die Scruffs aneinander. Alles war optimal organisiert. In nur fünf Minuten, war die Plattform gefüllt

Haynback informierte die Hypertonic-KI.

»Die erste Reisegruppe ist vollständig«, teilte er mit.

Nur Sekunden später senkte sich die Plattform in die Tiefe. Sechzehn Kilometer unter dem Boden, nahmen Kampf-Roboter die Scruffs auf und verteilten sie in den weitläufigen Bereichen der der natradischen Station.

Die Plattform fuhr erneut nach oben, um die nächste Gruppe aufzunehmen. Der Test hatte funktioniert. Die Hypertronic-KI aktivierte weitere 10 Plattformen, um die Scruffs schnell aufnehmen zu können.

Haynback wusste, dass alle Plattformen 25.000 Scruffs aufnehmen konnten, wenn diese sich aneinanderdrängten. Unauffällig und geräuschlos spulte die KI ihren Job herunter. Alle Hebebühnen mussten von ihr insgesamt 28-Mal eingesetzt werden, um wartenden Scruffs evakuieren zu können.

Der Sprecher der Regierung fühlte sich nicht wohl in seiner Haut.

»Hoffentlich bemerken die Daraner nichts«, dachte er.

Er schaute sich um, doch keine daranische Patrouille war in der Nähe. Er drehte seinen Kopf wieder den Scruffs auf den Plattformen zu Bevölkerung. Erneut hatten die schweren Aufzüge nachrückende Gruppen nach unten befördert. Weitere Scruffs strömten nach und füllten die Plattform erneut.

Die fünf Tarin-Jets flogen getarnt durch die Atmosphäre des Planeten. Langsam erreichten sie die Umlaufbahn. Simback befahl den Piloten auf Stand-Bye-Modus zu schalten. Es war noch zu früh für einen Angriff. Zuerst mussten alle Bewohner evakuiert sein.

Gemächlich lehnte er sich in der Pilotenkanzel des Tarin-Jets zurück und blickte auf die unförmigen Walzen-Schiffe der Daraner.

»Wie kann man nur so grobe und schwerfällige Schiffshüllen bauen? «, dachte er.

Die Zeit verstrich nur langsam. Ein Piepsen holte Simback in die Realität zurück. Haynback versuchte ihn zu erreichen.

»Hier ist Simback«, sprach er in das Funkgerät.

»Wir haben die letzte Reisegruppe auf dem Weg gebracht«, teilte der Sprecher der Regierung mit. »Die Hebeplattform kommt noch einmal, um eure Jets aufzunehmen. Meldet euch vor der Landung an. Ihr könnt mit dem Angriff beginnen. Wir verfolgen euer Manöver über die Bildschirme der Hypertronic-KI. Viel Erfolg, ihr werdet in die Geschichtsbücher unseres Volkes eingehen.«

»Nicht so voreilig«, antwortete Simback. »Erst müssen wir Erfolg haben. Danke für die Information. Wir werden den Angriff jetzt starten. «

Simback beendete das Gespräch und drückte einen Knopf an der Konsole des Tarin-Jets.

»Alle Reisegruppen sind angekommen«, teilte er mit. »Wir fliegen als erstes die untere Seite, des vor uns liegenden Walzen-Raumschiffes an. Meine Schiffs-KI überlagert eure Hypertronic-KI. Der Feuerimpuls wird zentral von meiner KI aus gesteuert. «

Die Bestätigungen kamen herein. Langsam beschleunigten die getarnten Jets und flogen auf ihr Ziel zu.

General Da-Qisaarahh blickte müde auf die Monitore. Es war ein langer Tag gewesen. Nicht Besonderes wurde registriert. Die Dunkelheit war über den Planeten der Scruffs eingebrochen.

»Die Demonstrationen scheinen alle friedlich verlaufen zu sein«, sagte er.

»Wir haben keine gegenteiligen Meldungen erhalten«, antwortete der Funk-Offizier. »Die Gruppen scheinen sich auch wieder aufgelöst zu haben. Die Straßen und der große Platz vor dem Regierungsgebäude, sind wie leergefegt. «

»Sie werden sich wieder auf den Rückweg gemacht haben«, erwiderte der General.

»Wir erfassen keine Scruffs auf einem Rückweg«, teilte der Ortungs-Offizier mit. »Es ist niemand mehr in der Stadt. «

»Wo sollen sie den hingegangen sein? «, fluchte der General. » Sie können sich nicht in Luft aufgelöst haben.«

»Vermutlich haben sie sich eine Unterkunft gesucht«, antwortete der General.

»Es werden keine Lebenszeichen mehr in der Hauptstadt angezeigt«, erwiderte der Ortungs-Offizier. »Die Stadt ist vollkommen tot. «

Langsam verstand der General, was der Ortungs-Offizier ihm mitteilen wollte.

»Wo sind sie hin? «, erkundigte er sich. » Sieben Millionen Scruffs können sich nicht hinter einer Mauer verstecken.«

»Wir haben ihre Spuren verloren«, antwortete der Offizier. »Der Erdboden hat sie verschluckt. «

»Da stimmt etwas nicht«, schimpfte der General. »Öffnen sie mir eine Leitung zu der Regierung des Planeten. «

»Die Verbindung wird aufgebaut«, antwortete der Funk-Offizier. »Leider bekomme ich keine Verbindung. Eine automatische Ansage ist eingeschaltet. «

»Lassen sie hören«, entschied der General.

»Wegen einer Großveranstaltung ist die Regierung der Scruffs momentan nicht zu sprechen«, tönte es aus den Lautsprecher. »Wegen einer «

»Sie wiederholt sich ständig«, erklärte der Funk-Offizier.

»Schalten sie den Unsinn ab«, befahl der General.

Er überlegte nach dem Grund.
»Wohin konnten die Massen geflüchtet sein? «, fragte er sich.

» Fragen sie alle Verteidigungs-Stellungen ab, ob Truppenbewegungen registriert wurden«, befahl er.

Der 1. Offizier trat an die Seite des Generals. »Gibt es Probleme? «, erkundigte er sich.

»Eigentlich nicht«, erwiderte der General. »Nur eine Kleinigkeit. Uns sind gerade sieben Millionen Scruffs verloren gegangen. «

Der 1. Offizier schmunzelte den General an.
»Sehr komisch«, antwortete er. »Wie sollen so viele Scruffs verloren gehen? «

Der General blickte ihn böse an.
»Das möchte ich gerne von ihnen wissen«, schrie er den Offizier an. »Kümmern sie sich sofort hierum. Ich möchte Ergebnisse vorgelegt bekommen. «

Die fünf Tarin-Jets hatten die Unterseite des daranischen Walzen-Schiffes erreicht. Noch waren sie nicht geortet worden. Simback drückte zwei Taster an seiner Steuerkonsole nach unten.

»Waffen scharf«, flüsterte er. »Nach dem Erstbeschuss sofort in das automatisches Dauerfeuer schalten. Alle Geschütze versuchen mögliche Lücken im Schirm der Daraner zu nutzen. «

Die Piloten der Jets bestätigten ihre Kampfbereitschaft. Sämtliche Waffen an den Jägern waren aktiviert worden.

Die Tarin-jets gelangten in eine optimale Feuerreichweite. Simback befahl die Tarnfeld abzuschalten.

Nur Sekunden später feuerten fünf Tarin-Jets die Laser-Salven ihrer Bug-Geschütze synchron auf die Unterseite des ahnungslosen Walzen-Schiffes. Der gleichzeitige massive Einschlag riss die Struktur des Schirmfeldes des auf. Der Schirm kollabierte und zog. sich zurück. Die KI von Simbacks Jet reagierte sofort. Sie ließ alle Geschütze der Tarin-Jäger im Dauerfeuer auf die Bordwände feuern. Die heißen Strahlen fraßen sich in das Schiffsinnere. Im Rhythmus von Sekunden feuerten die Tarin-Jets ihre heiße Fracht auf das große Schiff. Der Boden des

Walzenschiffes wurde förmlich aufgeschweißt. Immer mehr Laser-Salven drangen in das Innere des großen Schiff vor.

»Ich messe einen massiven Energie-Anstieg im inneren des Schiffes«, teilte Simback seinen Kollegen mit. »Aktiviert sofort die Tarnschirme und dreht ab. Das daranische Schiff wird gleich explodieren. «

Die Jets wurden wieder unsichtbar. Sie flogen mit maximaler Höchstgeschwindigkeit aus der Gefahrenzone. Ihre Backbordsensoren zeichneten eine grelle Explosion auf, die fast einer Nova glich. Simback musste seine Augen zukneifen, um nicht geblendet zu werden. Das daranische Walzen-Schiff war explodiert und in zahlreiche kleine Partikelstücke zersplittert.

Jubel brach auf den Tarin-Jets aus.
»Ruhe behalten«, befahl Simback. »Wir sind noch nicht zu Hause. «

General Da-Qisaarahh konnte es nicht glauben. Die Meldungen überschlugen sich in den letzten Minuten. Ein Walzenraumer seines Geschwaders meldete einen Angriff auf die Unterseite des Schiffes. Es ging alles so schnell. Bevor die anderen Schiffe ihre Sensoren auf das in Not geratene Walzen-Raumschiff ausrichten konnten, explodierte es bereits in einem grellen Atomfeuer. Die gigantische Glut erhellte das dunkle Weltall.

»Wo sind die Angreifer? «, tobte der General. » Ich sehe keine Schiffe. «

»Es gibt keine Angreifer«, antwortete der 1. Offizier. »Wir erfassen keine fremden Schiffe in diesem Raumsektor. «

»Das gibt es nicht«, schrie der General und schlug mit seinem Stachel mehrmals auf die vor ihm stehende Konsole ein.

Entsetzt blickten ihn seine Offiziere an. Einen solchen Wutausbruch hatten sie bei ihrem Vorgesetzten noch nie erlebt.

»Wir brauchen die Schuldigen«, sagte der General. »Unsere Schiffe explodieren nicht von allein. «

»Vielleicht Saboteure? «, fragte der 1. Offizier.

»Wie sollten diese auf unsere Schiff kommen? «, fragte der General.

Erneut schlug er mit seinem Stachel auf das Kontroll-Panel vor ihm.

»Ich will die Scruffs und die Saboteure«, schrie er. »Lokalisiert sie und fangt sie ein, ansonsten lernt ihr mich kennen. «

Die fünf Tarin-Jets hatten ihre Rückkehr gemeldet. Der Aufzug war ausgefahren worden. Vorsichtig landeten die Jets auf der geöffneten Plattform des großen natradischen Raumhafens. Sofort nachdem der letzte Jet aufgesetzt hatte, senkte sich die Plattform ab und transportierte die Kampfmaschinen nach unten. Oberhalb schoss sich die Abdeckung des natradischen Stützpunktes wieder.

Die 16 Kilometer in die Tiefe des Planeten kamen den Piloten diesmal sehr lang vor. Helles Licht erreichte sie, als sie den Boden erreicht hatten. Tausende von Scruffs hatten die Manöver auf Monitoren mit verfolgt und applaudierten rhythmisch.

Haynback trat auf die Piloten zu.
»Unseren Glückwunsch zu ihrer gelungen Mission«, sagte er. »Wir alle haben mit ihnen gefiebert. Ein erster Erfolg der Gegenwehr kann auf unserer Seite verbucht werden.«

»Die Hypertronic-KI will uns sprechen«, bemerkte Garback. »Wir sollten sie nicht warten lassen.

Simback nickte. «

»Wir sprechen später weiter«, sagte Haynback. »Gehen sie zu der KI. «

Der mobile Arm der Hypertronic-KI wartete im Halbdunkel des Ganges. Er wies den Piloten den Weg zu der natradischen Hypertronic-KI.

Der Robot führte sie in die Leitzentrale der Anlage. Er zeigte auf die bereitgestellten Stühle.

»Bitte setzen sie sich, sie haben einen anstrengenden Tag hinter sich«, sagte er.

»Ich beglückwünsche sie zu ihrem Erfolg«, tönte es aus den Lautsprechern der Hypertonic-Anlage. »Dank ihrem wagemutigen Einsatz, ist uns eine Analyse des Schutz-Schirmes gelungen, den die Daraner für ihre Raumschiffe einsetzen. Er ist unseren Geschützen nur bedingt gewachsen. Sie konnten erkennen, dass ein gezielter Dauerbeschuss den Schirm eines daranischen Schiffes kollaborieren lässt. Wir orten die gleichen Schirmfeld-Daten von den Schirmen ihrer Verteidigungs-Stellungen. Ein Angriff durch unsere Laser-Geschütztürme wird um einiges effektiver sein als durch die Geschütze der Tarin-Jets. Sie sehen also, ihr Einsatz hat sich gelohnt. Lassen sie uns weitere Pläne ausarbeiten, wie wir die Daraner besiegen können. Sie werden nicht untätig bleiben und jeden Stein auf ihrem Planeten umdrehen, um nach den Verursachern zu suchen. «

Anflug auf das zierrakische Heimat-System

Der zierrakische Groß-Kaiser Zyrithsyths hatte eine Notstands-Sitzung einberufen. Alle hochrangigen Offiziere seines Stabes waren eingetroffen.

»Was ist mit meinen Untergebenen los? «, schrie der Kaiser. » Bin ich nur noch von Intriganten umgeben? Wie konnte es zu dieser peinlichen Schlappe kommen? «

Lord-Admiral Öythrisyth stand unter den Zuhörern und senkte seinen Kopf. Noch wagte er es nicht, einen Kommentar abzugeben.

Admiral Virthsysth trat vor.
»Wir hatten sie gewarnt, einem Worgass das Kommando der Unterstützungs-Flotte anzuvertrauen«, erklärte er. »Meine Informationen besagen, dass die Worgass auf vielen Planeten unseres Reiches versuchen, ihre Eigenständigkeit zu organisieren. Bisher konnten wir diesen Wünsche immer niederkämpfen. Doch dieses Mal breitet sich die Idee in Windeseile über alle Kolonien aus. Informationen über die Freiheit der Worgass-Gruppe in der 2. Anomalie sind zu ihnen durchgesickert. Der Spuk entwickelt sich immer weiter zu einem Flächenbrand. «

»Die Wünsche unserer Diener müssen im Keim erstickt werden«, schrie der Kaiser. »Unser ganzer Wohlstand ist auf der Dienstleistung der Worgass aufgebaut. «

»Das ist uns bewusst«, antwortete ein Berater des Kaisers. »Doch wie wollen wir, ohne ausreichende Schiffs-Flotten, die Kolonien wieder beruhigen? Zumal in Kürze mit einem Angriff von Fremd-Rassen zu rechnen ist. «

Das Gesicht des Groß-Kaisers verzog sich zu einer Fratze. Er war kurz vor dem Explodieren.

»Muss ich meinen Offizieren alles vorkauen«, schimpfte er. »Ich erwarte Vorschläge von ihnen. Bringt mir den Sieg, dass ist der einzige Befehl, den ich euch gebe. Bereitet meine glorreiche Ankunft auf den Kolonien vor. Die minderwertigen Species sollen vor mir auf den Boden fallen. «

»Bis dahin ist es noch ein weiter Weg«, dämpfte Lord Byrdrasith die Euphorie des Groß-Kaisers. »Erst müssen die Feinde des Imperiums besiegt werden. Das ist im Moment die Blickrichtung, die ihre Aufmerksamkeit verdient. «

Ärgerlich blickte der Groß-Kaiser in seine Richtung. »Wie können sie es wagen? «, gurrte er kreischend. » Ich werde sie «

Lord Syrithsyths trat vor und hob seine Klaue.

Der Groß-Kaiser verstummte.

»Lord Byrdrasith, hat Recht«, bestätigte der Berater des Kaisers. »Unsere Heimat-Verteidigung ist derzeit nicht in der Lage, größere Wellen von Flotten fremder Species bei dem Einflug in unser Hoheitsgebiet aufzuhalten. Ich bitte Lord-Admiral Öythrisyth vorzutreten. Er hatte sich mit 2.000 eigenen Schiffen an ihrer Flotte beteiligt. Wir kennen den Lord als zuverlässigen Unterstützer ihrer Politik. Er möchte seine Erlebnisse schildern. «

»Einverstanden«, stimmte der Groß-Kaiser zu. »Lord-Admiral Öythrisyth treten sie und klären sie uns auf. «

Zögernd trat der Lord-Admiral vor und verbeugte sich tief vor der kaiserlichen Hoheit.

»Ehrenwerte Eminenz«, sagte er leise. »Darf ich freisprechen? «

Der Groß-Kaiser blickte ihn verächtlich an.
»Sprechen sie«, sagte er grob. »Verschweigen sie nichts. Über ihr Verhalten bezüglich eines nicht genehmigten Rückzuges, muss noch entschieden werden. «

Lord-Admiral erhob sich und blickte den Groß-Kaiser an.
»Sie sehen mich in Ungnade gefallen«, begann der Lord-

Admiral. »Doch die Notwendigkeit eure Eminenz zu informieren, war mir wichtiger, als ohne eine Erfolgschance in den Tod zu gehen. Unsere Flotte hatte rechtzeitig die Koordinaten der zweiten Anomalie erreicht. Die fremden Kampfverbände waren immer noch zugegen. Wir hatten es mit der folgenden Anzahl von feindlichen Schiffe zu tun. «

Der Lord-Admiral zog einen Folie aus der Innentasche seiner Uniform und las die Daten ab.

»Die KI meines Schiffe erfasste 1.245.000 Schiffe einer 250-Meter-Klasse", fuhr er fort. »Ferner 43.000 Schiffe einer 1.000-Meter-Klasse, 3.552 Schiffe einer 1.500-Meter-Klasse, 5.000 Schiffe einer 2.000-Meter-Klasse, 500 Schiffe einer 250-Meter-Klasse und 5 Schiffe einer 500-Meter-Klasse. Hinzu kamen noch 3.900 Schiffe unserer eigenen 2.500 Meter-Klasse hinzu, die von abtrünnigen Worgass gegen uns eingesetzt wurden. Trotz der massiven Überzahl der Gegner, griffen wir todesmutig an. «

Lord-Admiral Öythrisyth ließ eine kurze Pause vergehen. »Dann geschah das Unvorhergesehene«, ergänzte er. »Dem ehemaligen Leiter der zierrakischen Fern-Aufklärung der 2. Anomalie gelang es, die Schiffe unter einem Worgass-Kommando zu infiltrieren. Er versprach ihnen Freiheit, Selbstverwaltung und einen eigenen Planeten. Admiral Dragphan sicherte den Worgass-Besatzungen zu, niemals mehr unter der Knechtschaft von Zierrakies leiden zu müssen. «

»Das haben die Commander der Schiff geglaubt? «, stutzte der Groß-Kaiser.

Lord-Admiral Öythrisyth nickte.
»Vermutlich handelte es sich um einen geheimen Wunsch, welche die Worgass-Dienerschaft schon seit längerer Zeit in sich trägt«, bemerkte er. »Insgesamt 7.920 Schiffe unserer Unterstützungs-Flotte, scherten aus und liefen zu den Gegnern über. Wir versuchten sie aufzuhalten, doch wir gerieten sofort in das starke Feuer der gegnerischen Verbände. Obwohl wir tapfer kämpften, gelang es keine großen Erfolge zu erzielen. Die fremden Geschwader waren waffentechnisch stark ausgerüstet und griffen in Gruppen von mindestens 120 Schiffen unsere Verbände an.

Obwohl wir einige der ablondischen Schiffe vernichten konnten, bröckelte unsere Unterstützung immer weiter. Es war ein Gemetzel. Wir konnten zusehen, wie stetig mehr unserer Schiffe von den Ablondern vernichtet wurden. Ich habe die Notrufe von unseren Besatzungen noch in den Ohren. Es war entsetzlich. Wir konnten nichts für sie tun. Durch den massiven Beschuss unseres Schiffes, hatten wir genug mit uns selbst zu tun. Trotzdem gaben wir nicht auf. Immer wieder ließ ich unsere Schiffe angreifen, doch es konnten keine Erfolge erzielt werden. Die Übermacht war zu stark. Unsere Flottenstärke nahm immer weiter ab. Dann kam der Punkt, an dem wir uns entschieden den Kampf abzubrechen, um sie von den Vorkommnissen zu informieren. Es gelang uns mit 590 Schiffen den Rückflug in unser Heimat- System antreten. Ganze 1.490 Groß-Kampfschiffe meiner Flotte waren vernichtet worden. «

Der Groß-Kaiser war außer sich und schlug mit seinem Zepter um sich. Die nahestehenden Berater wichen einen Schritt zurück.

»Das ist noch nicht alles«, bemerkte der Lord-Admiral Öythrisyth. »Die 2. Anomalie ist für immer verloren Sie existiert nicht mehr. Die Sonnen-Giganten wurden von den Ablondern zerstört, der Asteroiden- und Steinwall wurde aufgebrochen. Er ist zu einem durchlässigen Asteroiden-Feld geworden. Die 8.300 Planeten der ehemaligen Anomalie, sind wieder den normalen Naturgesetzen des Universums unterworfen. «

»Das ist nicht möglich«, tobte der Groß-Kaiser. »Die Ablonder haben nicht die technischen Möglichkeiten für solche Angriffe. Jemand muss ihnen geholfen haben. «

»Wir konnten Fremd-Schiffe unbekannter Herkunft orten«, teilte der Lord-Admiral mit. » Das waren Schlachtschiffe einer 2.000-Meter-Klasse. Sie verfügten über unzählige Waffentürme, die starke Laser-Salven verschossen. Ein Volltreffer ihrer großen Schiffe, ließ die Schutzschirme unserer Schiffe in den meisten Fällen kollabieren. Die fremden Schlachtschiffe besaßen im Front-Bereich ein neues Geschütz, das wir nicht ausschalten konnten. Es feuert Raketen ab, die in den Hyperraum wechseln und erst kurz vor dem Einschlag wieder materialisieren. Es ist nicht möglich Gegenmaßnahmen einzuleiten. Ein Treffer dieses Geschosses lässt unsere Schiffe erzittern. Die Schutzschirme fallen aus, die Elektronik wird gestört. Unsere Einheiten waren eindeutig unterlegen. Es ist zu vermuten, dass die Flotte einen Kurs auf unser zierrakisches Imperium programmiert hat. «

Der Groß-Kaiser hatte bedächtig zugehört.
»Wollen sie hiermit andeuten, dass es den Fremden nicht nur um die Befreiung der 8.300 Reservat-Planeten ging? «, erkundigte er sich.

»Ja«, antwortete der Lord-Admiral. »Es geht den Kommandeuren der Flotte um die Zerschlagung des ganzen zierrakischen Imperiums. Auch die Befreiung der Worgass ist ein Ziel ihres Angriffes. Die Ablonder haben ihre Herren befreit, die unter dem Namen der Macoronarus, von uns gefangen gehalten wurden. Die Ablonder nennen sie die Aller- Ersten. «

»Der Name der Aller-Ersten ist mir geläufig«, antwortete der Kaiser. »Er ist in dem ganzen Universum zu finden. Es handelt sich um eine humanoide Rasse, denen man nachsagt, dass sie maßgeblich an der Aussaat des Lebens im Universums beteiligt waren. Angehörige dieser Species hätten sich niemals von uns gefangen nehmen lassen. Sie verfügen über das komplette Wissen und die Macht des Zwischenraumes. «

»Wir haben Hyperkomm-Funksprüche abgefangen«, teilte Lord-Admiral Öythrisyth mit. »Sie haben sich unter einem falschen Namen bei uns eingeschlichen. Es handelt sich eindeutig um die Herren der Ablonder. Sie wurden bei uns unter dem Namen Macoronarus geführt. «

Der Groß-Kaiser lehnte sich in seinem Thron zurück. »Jetzt wird mir einiges klar«, erwiderte er. »Diese Rasse war an dem alten Vertrag beteiligt, welcher die Aufteilung der Sterneninseln regelt. In den Unterlagen wurde vermerkt, dass sie die Einhaltung der Verträge des Konzils der Ältesten überprüfen würden. «

»Es sind Gefangene, die über 250.000 Jahren auf einem unserer Planeten leben? «, teilte ein Berater mit. » Wie konnten sie von einem Reservat-Planeten diese Invasion planen? «

»Sie sind nicht an die Gesetze des Universums gebunden«, fluchte der Groß-Kaiser. »Ist ihnen das immer noch nicht klar. Man sagt ihnen nach, dass sie sich nur mit der Kraft ihres Geistes an alle Orte des Universums begeben können. Es sind Götter, die ihre Körperhüllen verlassen können. Wenn wir gegen sie kämpfen müssen, dann wird das unser letzter Kampf werden. «

Der Kaiser stand auf und ging an das große Fenster des Regierungs-Palastes. Er blickte auf das große Flugfeld hinunter. Unzählige Raumschiffe standen dort und warteten auf den Einsatz. Er versuchte das Ende des zentralen Raumhafens zu finden, doch es verschwand am Horizont. Einige Raumschiffe standen in den Werften und warteten auf ihre Fertigstellung. In den Produktions-Hallen arbeiteten die Monteure mit Hochdruck, um die Schiffe im Trockendock einsatzbereit zu machen. Der Groß-Kaiser hatte eine Verdoppelung der Arbeitsschichten befohlen.

»Was für eine einmalige Flotte«, dachte er. »Sie sollte doch problemlos in der Lage sein, die Angreifer zu vernichten. Welche primitiven Ausgeburten können es schon mit der zierrakischen Technik aufnehmen. «

Seine Offiziere und Berater debattierten immer noch. Sie suchten anscheinend nach einer respektablen Lösung. Einer von ihnen trat an die Seite des Kaisers. Dieser blickte ihn mit abwesendem Blick an.

»Ich kann die Denkweise der Ablonder verstehen«, erklärte der Herrscher seinem Berater. »Sie haben die langen Jahrtausende gewartet, bis ihr Volk wieder zu einer starken Population herangewachsen war. Sie haben ihr altes Ziel nie aus den Augen verloren. Die Rache hat sie stark gemacht. Jetzt ist der Zeitpunkt für sie gekommen, um aktiv zu werden. Wir dachten immer, die Rasse der Ablonder wäre besiegt worden. Das ist nicht der Fall. Sie haben sich feige versteckt und sich lediglich zurückgezogen. «

»Welchen Befehl haben sie für uns? «, fragte der Berater.

»Wir ziehen einen Strich unter dieses Kapitel«, erwiderte der Groß-Kaiser. »Wir werden sie alle auslöschen. Ich werde persönlich unsere Flotten kommandieren. «
Der Berater blickte ihn mit aufgerissenen Augen an.

»Ist das nicht eher eine Aufgabe für einen erfahrenen Flotten-Kommandeur? «, fragte der Vertraute.

»Besondere Situationen benötigen einzigartige Lösungen«, lächelte der Groß-Kaiser. »Ich kann nicht mehr allen Offizieren meiner Flotte trauen. «

Der Kaiser drehte sich zu seinen Offizieren um. Er schlug dreimal mit dem Zepter auf dem Boden auf. Dumpfe Schläge dröhnten durch den Konferenzsaal. Die Gespräche des General-Stabes verstummten schlagartig.

»Hört meine Befehle«, rief Groß-Kaiser Zyrithsyth. »Noch nie hat das zierrakische Imperium einer so starken Flotte von Gegnern gegenübergestanden. Diese Situation fordert alle unsere Ressourcen. Ruft 75 Prozent unserer Flotten-Verbände aus den Grenzgebieten zurück. Die restlichen 25 Prozent unser Flotten-Verbände werden Blockade-Geschwader bilden. Sie werden die Schiffe die Primitiven aufhalten, falls sie erwägen nachzurücken. Wir sammeln unsere Flotte in unserem Heimat-System und warten auf die Ankunft der ablondischen Flotte. «

Er blickte seine Offiziere an.
»Aktiviert sofort die komplette Reserve des Flotten-Personals«, befahl er. »Aus das Personal der Akademien

wird mit eingebunden. Die Sturm-Truppen sollen sich bereithalten. Nach der Ankunft unserer Schiffs-Verbände, werden alle Besatzungen von Bord gebeten und einer Überprüfung unterzogen. Den Worgass-Offizieren und ihrem Personal, wird mit sofortiger Wirkung die Befehlsgewalt über unsere Schiffe entzogen. Wir können ihnen nicht mehr trauen. Es ist notwendig, ihre Genmanipulationen aufzufrischen. Alle Worgass werden in Sammel-Lager überführt und unter eine militärische Bewachung gestellt. Falls Unruhen entstehen, ordne ich die Freigabe von Schusswaffen an. Sämtliche Ausständigen werden eliminiert. Über alle weiteren Worgass wird später entschieden. Wichtig ist es, dass alle Groß-Raumschiffe von zierrakischer Hand kommandiert werden. «

»Ja, mein Herrscher«, bestätigten einige Offiziere.

Der Groß-Kaiser verstummte. Nach wenigen Sekunden fuhr er fort.

»Alle zivilen Schiffe unseres Planeten werden annektiert und der Regierung unterstellt«, entschied er. »Rüsten sie diese nachträglich mit Waffentürmen, Kanonen, Raketen, Minen und Torpedos aus. Wir werden uns nicht kampflos den Ablondern ergeben.

»Sie wissen von dem Mangel an erfahrenen Piloten? «, fragte Admiral Virthsysth nach. » Die Reservisten verfügen über sehr wenig Kampferfahrung. Bis sie halbwegs einsatztauglich sind, werden noch sechs Monate vergehen. «

»Diese Zeit steht uns nicht zur Verfügung? «, tobte der Groß-Kaiser. » Bringt es ihnen bei und bereitet sie auf die Schlacht vor. «

»Wie ihr befiehlt, Hoheit«, antwortete der Admiral.

»Ich erwarte von meinen Offizieren, dass sie uns zum Sieg führen«, schrie der Kaiser. »Eine Alternative gibt es nicht.

»Gewürdigt sind die Zierrakies«, antworteten die Offiziere laut.

Der Kaiser nickte.
»Gewürdigt sind die Zierrakies«, antwortete er nachdenklich.

Vor der ehemaligen Anomalie in der 2. Dimension der Zierrakies herrschte große Betriebsamkeit. Die starken Kampf-Verbände hatten den Raumsektor großräumig abgesperrt. Unzählige Schiffs-Verbände warteten auf ihre weiteren Befehle. Die zierrakischen Schiffe unter dem

Worgass-Kommando, evakuierten ihre Angehörigen, Familien und Clans. Sie alle sollten auf einen Planeten umgesiedelt werden, den ihnen das Neue-Imperium angeboten hatte. Alle Familien der Formwandler wurden auf die 11.820 Groß-Raumschiffe der Zierrakies überführt. Hier war genügend Platz für die Aussiedler vorhanden. Admiral Dragphan und sein Stellvertreter Commander Breckphan leiteten die Aktion von unterschiedlichen Groß-Raumschiffen aus. Immer wieder flogen sie einzelne Planeten an und sammelten Kontroll-Offiziere ein, die ehemals unter den Zierrakies ihren Dienst absolvierten. Zahlreiche Schiffe beteiligten sich an der großen Evakuierung. Nach mühsamer Kleinarbeit konnte endlich der Abschluss der Passagier-Aufnahmen gemeldet werden.

Die Gruppen von ablondischen Schiffen blieben ebenfalls nicht untätig. Sie flogen im Auftrag der Aller-Ersten, die einzelnen Reservats-Planeten der ehemaligen Anomalie an, um mit den inhaftierten Species zu sprechen, die von den Zierrakies auf diese Welten zwangsumgesiedelt worden waren nach vielen Jahrtausenden, hatten sich die unterschiedlichen Rassen an ihre Planeten gewöhnt. Nur wenige wollten von Schiffen der Ablonder zurück auf ihren ehemaligen Planeten gebracht werden. Sie hatten sich ihr neues Zuhause eingerichtet. Viele nachgewachsene Generationen kannten die ursprüngliche Welt ihrer Vorfahren nicht mehr. Die Freude über die Vertreibung des Zierrakies ließ überall auf den Planeten Freudenfeste ausbrechen. Die Aller-Ersten sagten zu, Teile der ablondischen Flotte noch einige Jahre bei den Planeten zu stationieren, um die freie Entfaltung der Species zu überwachen.

Major Travis hatte zu einem Gespräch auf der Termar 1 gebeten. Die weitere Vorgehensweise sollte besprochen werden. Alle wichtigen Führungsoffiziere, hatten sich in dem Konferenz-Saal versammelt. Commander Stuart, Commander Malley, Commander Cottle, Commander Haught und Commander Lindsey Fontana, waren der Einladung von dem Major gefolgt. Auch Thoran und Heran waren hinzu gebeten worden. Sil'drock und Ras'ekin waren in Begleitung von Geoffwan erschienen. Sie hatten mit ihren Schiffen an dem Flaggschiff des Majors angedockt.

An der Seite von Major Travis standen Tart 1 und Tart 2. Die beiden Personenschutz-Roboter ließen ihren Schutzbefohlenen nicht aus den Augen. Hinter ihnen standen Commander Brenzby und Heinze. Der Ro sondierte vorsichtig die Gedanken der Gäste. Major Travis wusste, dass Heinze ihn sofort informieren würde, wenn er negative Gedanken esperte. Service-Roboter servierten Getränke und fragten nach den Wünschen der

Gäste. Die Lantraner bestellten sich Bier. Heran und Thoran kannten das edle Getränk bereits von früheren Besuchen auf Tarid.

Geoffwan trat an die Seite von Major Travis und blickte ihn an.

»So stelle ich mir ein gemeinschaftliches Miteinander aller Rassen im Universum vor«, lächelte der Macoronarus. » Warum geht nicht alles so friedlich in der Entwicklung der unterschiedlichen Rassen voran? «

»Das muss ich ihnen ja nicht erklären«, antwortete der Major. »Bis intelligente Rassen einen geistigen Punkt erreicht haben, an dem sie von andersartigen Species akzeptiert werden, vergehen vielen Jahrtausende in der Entwicklung. Am Anfang steht immer das Überleben. Es würde schneller gehen, wenn man ihnen den Weg zeigt.«

»Das ist wohl war«, antwortete Geoffwan. »Wir haben den Fehler gemacht, in den Zierrakies mehr zu sehen, als sie waren. Vor 250.000 Jahren dachten wir, dass Gespräche genügen würden, um sie von ihrer aggressiven Politik abzubringen. Wir haben uns getäuscht. Die Erkenntnisse aus unseren Forschungen bestätigt, dass die Zierrakies diese Politik betreiben, um den Krieg zwischen den Clans ihrer Bevölkerung zu vermeiden. Falls die Zierrakies wieder auf ihr Heimat- System zurückgedrängt werden, dann brechen unweigerlich Kriege zwischen den unterschiedlichen Clans ihrer Bevölkerung aus. Das scheint in ihren Genen verankert zu liegen. «

Major Travis blickte Geoffwan fragend an.
»Dem kann kein Einhalt geboten werden? «, erkundigte er sich.

»Das ist schwierig«, antwortete der Sprecher der Regierung der Aller- Ersten. »Schauen sie sich die Entwicklung dieser Rasse an. Sie stammen von Raubvögeln ab. Vermutlich gibt es vergleichbare Lebewesen in der Tierwelt auf ihrem Planeten. Die Zierrakies sind Nesträuber. Sie überfallen Brutnester anderer Raubvögel-Clans. Falls sich die Gelegenheit ergibt, zerstören sie das Brutgelege der gehassten Clans. Die Groß-Kaiser der Zierrakies konnten diese angeborene Eigenart für sich nutzen und ins Universum tragen. Hierunter mussten Jahrtausende alle unterlegenen und nachgewachsenen Rassen des Universums leiden. Wir sind hier, um dieser schrecklichen Geschichte endlich ein gutes Ende zu bereiten. Die Zierrakies hätten mit dieser Politik niemals aufgehört. Immer mehr Zivilisationen wären versklavt worden. Wir danken ihnen und dem Neuen-Imperium für ihre Unterstützung. «

Major Travis lächelte.

»Es ist auch in unserem Interesse«, antwortete er. »Wir möchten in unserer Milchstraße keine solchen Aggressoren einfallen sehen. Aus diesem Grunde unterstützen wir den Wunsch von Sil'drock, den wir bei unserer ersten Reise in die 2. Dimension kennengelernt haben. «

Geoffwan lächelte.

»Er hat uns von ihrem ersten Treffen erzählt«, bestätigte er. » Ich bedaure zutiefst, dass die Hypertronic-KI ihr Eintreffen als Angriff interpretierte. Sie war während den Kriegszeiten neu programmiert worden. Das alles wurde von unseren Technikern in Windeseile erledigt. Vermutlich haben sich bei der Justierung kleine Fehler eingeschlichen. «

»Das verstehe ich gut«, antwortete Major Travis. »Es geht uns bei den natradischen KIs nicht anders. Auch sie haben über den langen Zeitraum der Deaktivierung ein Eigenleben entwickelt. In ihrem Fall betrug die Schlafphase fast 250.000 Jahre. «

Geoffwan nickte.

»In unserem Fall waren die Hypertronic-KIs nur zu Teil abgeschaltet«, teilte er mit. »Erforderliche Wartungen konnten zu jeder Zeit durchgeführt werden. Sie erkennen also, dass auch bei sprichwörtlich ausgereiften Techniken, es immer wieder zu Fehlern kommen kann. «

Nadewan, der Befehlshaber der Wolkenstädte materialisierte neben Geoffwan.

Freundlich begrüßte er Major Travis und das Team der Termar 1.

Geoffwan blickte seinen Kollegen fragend an.
»Wir haben im Rat der Wolkenstädte über unsere Verantwortung für die 8.300 Planeten der Anomalie gesprochen«, teilte er mit. »Die Mehrheit des Rates ist für eine Adoption der Planeten. Sie unterliegen ab sofort unserem Schutz. Wir werden uns weiterhin um das Wohlbefinden der niedergelassenen Rassen kümmern. Es wird eine ständige Niederlassung eingerichtet und ein großes Kontingent ablondischer Angriffs-Geschwader hier deponiert. Ferner richten wir einen Kontaktruf per Energieader ein, der von allen Wolkenstädten unserer Rasse empfangen werden kann. Entsprechend diesen Möglichkeiten können wir im Notfall schnell Hilfe leisten. «

»Das höre ich gerne«, antwortete Geoffwan. »So steht es im Buch des großen Aahnn bereits geschrieben. Ich bin froh, dass wir seine Vorgaben erfüllen. «

Geoffwan drehte sich wieder Major Travis zu.

»Unsere Mission steht hier vor dem Ende«, teilte er mit. »Wir sollten das weitere Vorgehen und den Flug in das Heimat-System der Zierrakies mit den anwesenden Offizieren besprechen. «

Der Zeitpunkt war gut gewählt. Sergeant Hardin und 2 Kampf-Roboter geleiteten Admiral Dragphan und Commander Breckphan zu Major Travis.

Die Worgass begrüßten ihre neuen Freunde.

»Die Evakuierung aller Worgass ist abgeschlossen«, teilte der Admiral mit. »Wir sind ihnen unschätzbar dankbar, dass sie uns diese Möglichkeit eröffnet haben. Ich hoffe sehr, dass wir uns bei ihnen revanchieren Können. «

Major Travis lächelte die Worgass an.

»Dazu bekommen sie sicherlich schnell die Gelegenheit«, erwiderte er. »Dank ihrer 11.000 Schiffe sollte es möglich sein, dass sie für das Neue-Imperium den Schutz ihres zugeteilten Raumsektors übernehmen. Sie fliegen Patrouille und informieren uns über alle Vorkommnisse. Sie werden integriert und übernehmen direkt Verantwortung. Ist das für sie vorstellbar? «

»Das ist ein geringer Preis für unsere Freiheit und unsere Selbstverwaltung«, antwortete der Worgass-Admiral.

»Selbstverständlich werden wir der Einheit des Imperiums dienen, um die Sicherheit und das Erreichte zu erhalten. «

»Das habe ich nicht anders von ihnen erwartet«, antwortete Major Travis. »Nach unserer Rückkehr in die Milchstraße, werden wir uns um einen Planeten für ihre Bevölkerung kümmern. «

»Wir haben uns in ihnen getäuscht, « sagte Geoffwan und gab dem Worgass die Hand. »Es sind viele Jahrtausende vergangen, seit sie unser Hilfsvolk waren. Es macht uns stolz, dass sie diese Gedanken in sich tragen und mithelfen wollen, andere Worgass-Clans von ihrem Gedanken zu überzeugen. «

»Wir werden es versuchen«, sagte Commander Breckphan. »Letztendlich können wir nur für unseren Zierrakies-Clan sprechen. Wie weit die Genmanipulation bei anderen Worgass-Großfamilien fortgeschritten ist, dass entzieht sich unserer Kenntnis. «

»Der Erfolg wird ihnen sicher sein«, antwortete Geoffwan geheimnisvoll. »Ein Eingreifen unsererseits ist nicht mehr erforderlich. Das haben unsere Blicke in die Zukunft offenbart. «

»Können sie uns mehr mitteilen? «, fragte Admiral Dragphan.

Geoffwan lächelte geheimnisvoll.

»Das ist etwas, dass unser Ältestenrat strengstens verbietet«, erwiderte Nadewan. »Sie haben sicherlich Verständnis dafür, dass jede Rasse in ihrer Evolution mehrere Wege beschreiten kann. Ich kann ihnen nur empfehlen, weiter auf dem Weg der Einsicht und der Vernunft zu gehen. Mit dieser Entscheidung werden sie den richtigen Weg für ihr Volk vorgeben. «

»Ich verstehe«, antwortete der Admiral. »Das ist unser Ziel. «

Heran und Thoran hatten sie zu der Runde gesellt. »Wann werden wir hier fertig sein? «, fragte Heran.

Geoffwan schaute ihn an.

»Ich danke dem Volk der Lantraner, dass sie so großzügig für Recht und Ordnung in der Milchstraße einstehen«, bemerkte er. » Sie gehören auch zu den ersten Rassen im Universum. Es freut uns sehr, dass sie die Natrader und uns unterstützen. Nach dem letzten Stand der Informationen, wurden alle Worgass auf die zierrakischen Schiffe evakuiert. Ich denke, dass wir morgen mit dem Weiterflug in das Heimat-System der Zierrakies beginnen können. Auch die ablondische Flotte wird sich sammeln und einsatzbereit sein. «

»Vermutlich werden die Zierrakies nicht kampflos mit sich reden lassen? «, bemerkte Major Travis. » Sehen sie eine andere Möglichkeit, um den Kampf noch abzuwenden? «

Geoffwan schüttelte seinen Kopf.
»Reden kann man mit den Zierrakies in den wenigsten Fällen«, entgegnete er. »Kriegerische Rassen, hierzu gehören die Vogelwesen, können nur mit einer Niederlage in die richtige Bahn gelenkt werden. Wir werden nicht vermeiden können, einen letzten Kampf mit ihnen auszutragen. «

Er blickte die Zuhörer an.
»Wir werden in Wellen angreifen«, sagte der Aller-Erste. »Unsere Strategie hat sich vor der Anomalie der Zierrakies gut bewährt. Ich denke, die gleiche Taktik sollten wir auch in dem Heimat-System der Vogel-Wesen anwenden. «

»Die Zierrakies werden informiert sein, dass wir kommen«, bemerkte Thoran. »Sie werden sämtliche Kampf-Verbände von ihren zahlreichen Fronten in ihre Heimat zurückbeordert haben. «

»Diese Vermutung wird sich bestätigen«, antwortete Geoffwan. »Ferner müssen wir mit den Nachrücken der von ihnen angegriffenen Rassen rechnen. Sie wollen ihnen den Todesstoß versetzen. «

Geoffwan ließ seine Worte einwirken. Dann fuhr er fort. »Wir sind nicht darauf aus, die Zierrakies zu vernichten«, erklärte er. »Auch die Vogelköpfe stellen eine Bereicherung des Universums da. Sie sollen lediglich auf ihren Raumsektor im Universum beschränkt werden und keine Ambitionen mehr auf eine Erweiterung ihres Imperiums haben. «

»Ob sich das so leicht realisieren lässt, das ist eine andere Frage«, entgegnete Sil'drock gedrückt. »Erfolgsgekrönte Rassen werden nicht schnell kapitulieren. «

»Das werden sie«, antwortete Geoffwan. »Die Unterlegenheit der zierrakischen Flotte wird klar ersichtlich sein. «

Er blickte Thoran an.
»Sie sind der Oberbefehlshaber der lantranischen Flotte«, erkundigte er mit. »Würden sie mit ihren Schiffen wieder die rechte Flanke sichern?«

Thoran nickte.

»Nichts leichter als das«, antwortete er. » Das können wir gerne machen. Wir sorgen dafür, dass keine Schiffe aus dem Verband ausscheren und uns in den Rücken fallen können. «

Geoffwan nickte dankend. Er suchte mit seinem Blick Major Travis.

»Kann die linke Seite wieder von Ihrer Flotte geschützt werden? «, fragte er. » Das würde uns sehr hilfreich sein. Achten sie drauf, dass keine Flotten-Geschwader aus dem Haupt-Verband der Zierrakies ausscheren. «

»Das werden wir«, antwortete der Major. »Verlassen sie sich auf uns. «

»Wir stellen das Haupt-Kontingent der Flotte«, teilte Geoffwan mit. » Das ist unser Kampf. Wir werden wieder mit mindestens 120 Schiffen ein zierrakisches Groß-Raumschiff angreifen. Diese Vorgehensweise hat sich bewährt. Die zierrakischen Schiffe werden gebunden und mit der Abwehr beschäftigt sein. Wir geben ihnen keine Möglichkeit zur Unterstützung anderer Flottenteile. Das ist der grobe Strategieplan. Alles Weitere werden wir sehen, wenn wir in das zierrakische Heimat-System erreicht haben. Die zierrakischen Flotten-Geschwader werden verunsichert sein. Zumindest die Schiffe unter einem Worgass-Kommando werden sich Gedanken machen, warum ihre Artgenossen übergelaufen sind. «

»Der Groß-Kaiser wird Vorkehrungen getroffen haben«, bemerkte Admiral Dragphan. »Die Besatzungen unter dem Befehl des Lord-Admiral Öythrisyth, werden ihm von der Schlappe in diesem Sektor berichtet haben. Ich rechne stark damit, dass alle Worgass-Offiziere ihres Kommandos enthoben wurden. Vermutlich werden wir nur Schiffen mit einer reinen zierrakischen Besatzung gegenüberstehen. «

»Das ist auch meine Vermutung«, bestätigte Thoran. »Der Groß-Kaiser ist gewarnt. «

»Die zierrakische Besatzung weiß, was sie bei einer Niederlage erwartet«, entgegnete Major Travis. »Aus diesem Grunde werden sie bis zu einer Vernichtung ihres Schiffes kämpfen. «

»Damit rechnen wir«, erwiderte Geoffwan. »Die Niederlage muss selbst für den Groß-Kaiser ersichtlich werden. Ohne diese, wird er zu keinem Umdenken gezwungen. «

Die Gäste an Bord der Termar 1 dachten über die Äußerung des Aller-Ersten nach.

»Bereiten sie sich alle auf den morgigen Abflug vor«, teilte er mit. »Es geht in das Heimat-System der Zierrakies. Ich möchte, die von Worgass kommandierten Schiffe, in unserem Rücken wissen. Sie befördern viele evakuierte Zivilisten, Familien und Angehörige der Worgass. Nur im äußersten Notfall möchte ich sie als Kriegs-Schiffe einsetzen. «

»Wir haben verstanden«, sagte Major Travis. » Ich werden unsere Commander entsprechend instruieren. «

Geoffwan bedankte sich und verschwand mit Nadewan nach kurzer Zeit.

Mayor Travis wartete, bis alle fremden Gäste den Konferenzsaal verlassen hatten.

»Ich bitte die Commander der Termar- Schiffe noch zu bleiben«, sagte er.

Commander Stuart, Commander Malley, Commander Cottle, Commander Haught und Commander Lindsey Fontana, blickten ihn fragend an.

»Ich möchte mit ihnen noch unsere Strategie besprechen«, ergänzte er.

»Was immer die nächsten Tage und Stunden bringen werden, das ist uns nicht bekannt«, sagte der Major. »Mir ist es wichtig, dass wir ohne große Verluste aus diesem Angriff herausgehen. Den Aller-Ersten scheint die Zukunft bekannt zu sein. Doch eine genaue Angabe, dessen was uns erwartet, dürfen sie uns nicht geben. Von daher vermute ich, dass sie nur begrenzt in die Zukunft schauen können. Wir werden uns auf unsere eigenen Qualitäten verlassen. Ich schätze sie alle als kampferfahrene Commander. Bilden sie Gruppen zu zwei Schiffen. Jede einzelne Gruppe konzentriert sich auf ein zierrakisches Schiff. Wir besetzen die linke Flanke der zierrakischen Armada, oder besser gesagt ihrer Heimat-Verteidigung.

Der vor uns liegende Kampf wird härter werden als die Verteidigung ihres Brückenkopfes. Jetzt geht es um ihr Heimat-System. Ihre Schiffe werden mit allen Mitteln versuchen uns aufzuhalten. Unser Zerstörer-Verbände werden raumversetzt kämpfen. Jeder von ihnen befehligt 1.000 Schiffe. Bilden sie eine künstliche Grenze, welche die Zierrakies nicht überschreiten dürfen. Fliegen sie getarnt ihre Positionen an. Achten sie auf ausbrechende Einheiten der Zierrakies, die uns unterfliegen wollen. Im Notfall fordern sie Unterstützung an. Weitere Geschwader schließen dann zu ihnen auf. «

»Verstanden«, antwortete Commander Stuart. »Wir machen es genauso, wie vor der Anomalie. Es zeigte sich, dass der Schutzschirm der Schiffe der Zierrakies nach einem Treffer unserer Hyper-Space- Kanone kollabiert. «

»Das ist richtig«, antwortete Major Travis. »Ich gehe davon aus, dass wir mit der gleichen Technik konfrontiert werden, auf die wir hier vor Ort gestoßen sind. Gehen sie kein Risiko ein. Bewerten sie jede Situation neu. «

»Machen sie sich keine Gedanken«, entgegnete Commander Malley. »Die Haupt-Flotte der Ablonder wird die Kampfverbände der Zierrakies auf sich ziehen. Es kommt darauf an, mit wie vielen Schiffen wir es zu tun bekommen. «

Es werden wesentlich mehr sein als hier vor ihrem Brückenkopf«, antwortete Major Travis. » Seien sie auf der Hut. Das Leben unserer Besatzung ist sehr wichtig. Weitere Befehle erhalten sie im Heimat-System der Zierrakies. Ich danke für ihr Verständnis. «

Die Commander erhoben sich und verabschiedeten sich. Major Travis wandte sich an seinen Freund, Commander Brenzby.

»Wurdest du das Kommando des Schiffes übernehmen?«, fragte er. » Ich gehe in meine Kabine und schaue nach Sirin. Sie wartet sicherlich bereits auf mich. «

»Ich übernehme das Schiff«, lächelte der Commander. »Kümmere dich um Sirin. Wir brauchen morgen einen ausgeschlafenen Major. «

Major Travis verließ den Konferenzsaal und eilte durch das Schiff. Schnell hatte er die Offizierskabinen erreicht. Tart 1 und Tart 2 standen bereits vor seiner Türe. Sie hatten sich mit den Gästen aus dem Konferenzsaal entfernt.

Der Major nickte ihnen kurz zu und schritt an ihnen vorbei. Er öffnete seine Kabinentür und trat ein. Sirin saß auf der großen Couch und blätterte in einer Zeitung auf ihrem Tablet durch. Leise Musik drang aus den Lautsprechern.

»Hallo Liebling«, hauchte sie zu ihm herüber. »Endlich bist du da. Ich habe dich bereits vermisst. Das war wieder ein langer Tag. Du wirst müde sein? «

Eine Flasche Wein stand auf dem Tisch vor ihr. Der Major trat an die Couch und ließ sich neben sie fallen.

»Möchtest du auch einen Schluck Wein trinken? «, fragte die Prinzessin.

»Gerne«, antwortete Marc.
Ein betörender Duft strömte auf ihn ein, als sie aufstand und ein Glas aus dem Schrank holte. Barfüßig kam sie zurück und setzte sich wieder. Sie griff nach der Flasche Wein schüttete sein Glas halb voll. Verführerisch blickte sie ihn an. Sie hob das Glas und stieß mit ihm an.

»Zum Wohl«, hauchte sie ihm zu. »Genieße deinen Feierabend. «

Major Travis stieß mit seinem Glas an. Er setzte es an den Mund und nahm einen kleinen Schluck. Der Wein war köstlich.

»Du hast eine gute Auswahl getroffen«, sagte Marc und blickte Sirin in die Augen.

Die pfiffigen Blicke forderten mehr. Er erkannte erst jetzt, dass sie eine natradische Robe angelegt hatte. Es war eine Art seidenartiges Gewand, das leicht durchsichtig auf ihn wirkte. Es betonte den leicht braunen Ton ihrer Haut. Sie beugte sich zu ihm herüber und gab ihm einen langen und intensiven Kuss. Der anfängliche, zögerliche Kuss entwickelt sich zu einer Explosion. Wie im Duell, spielten zwei ungestüme Zungen miteinander. Als sie sich trennten, waren die Wangen von Sirin rosarot angelaufen.

»Du scheinst mich wirklich vermisst zu haben«, lachte Marc. »So lange war ich doch gar nicht fort?

Sirin grinste ihn an.
»Für mich war es eine lange Zeit«, hauchte sie und rückte noch etwas näher an ihn heran. Major Travis schaute sie an.

Sie blickte ihn neckisch und verführerisch an. Ihre wohlgeformten Brüste berührten seine Seite. Die natradische Robe ließ tief blicken. Marc wusste, was sie vorhatte, doch er ließ sich nichts anmerken. Sie kuschelte sich fester an ihn. Ihre Hand suchte seinen Rücken und kroch unter sein Uniformhemd. Langsam massierte Sirin seine Muskeln. Marc ließ sich anstecken. Auch seine Hand fuhr langsam unter ihre Robe. Ihr muskulöser Körper spannte sich vor Leidenschaft. Marcs Hand glitt weiter nach unten. Sirin schrie leidenschaftlich auf und zog ihn auf sich. Sie riss ihm förmlich die Kleidung vom Körper. Nebenbei versuchte Marc Sirin zu entkleiden. Schnell zog er die Robbe über ihren Kopf. Ihr gut geformter Körper strahlte in hellem Braun. Ohne Scheu beugte sich Sirin vor und bedeckte das Gesicht ihres Lebenspartners mit

Küssen. Zwischendurch stieß sie ihre Fingernägel in die Rückenhaut von Marc.

Er musste schmunzeln und genoss ihre Hände. Schnell hatte die Ekstase sie eingefangen. Marc spürte, wie Sirin das Tempo ihrer Massage erhöhte.

»Ein Schluck Wein? «, fragte sie.
»Jetzt nicht«, antwortete er.

Sie zog ihn energisch auf sich. Ihre langen Beine öffneten sich. Dann vereinigten sie sich. Es wurde eine lange intensive Nacht.

***

Die Evakuierung der Worgass-Clans war abgeschlossen. Die große Gemeinschaft-Flotte der Ablonder stand unter dem Kommando von Sil'drock. Er und Ras'ekin hatten auf das Schiff vom Marschall War'drock übergesetzt und koordinierten die Schiffs-Bewegungen. Die Gruppe der Aller-Ersten hatte sich aufgeteilt. Jeweils eine Person von ihnen unterstützte die Flaggschiffe der und hielt Kontakt zu den anderen Rats-Mitgliedern. Die Macoronarus konnten sich auf gedanklicher Ebene austauschen.
Geoffwan stand auf der Brücke der Termar 1. Er blickte auf die Bildschirme. An seiner Seite standen Major Travis,

Commander Brenzby und Heinze, die ebenfalls die Formation der Schiffs-Verbände anblickten.

»Eine stolze Flotte«, sagte Major Travis. »Man erkennt, was möglich ist, wenn man sich nicht mit allen Rassen im Universum verfeindet. «

»Völlig richtig, antwortete Geoffwan. »Das ist der Weg in die Zukunft. Nur gemeinsam kann man allen Gefahren trotzen. «

Er legte seinen Kopf schräg. Der Sprecher des Ältestenrates der Macoronarus schien neue Informationen erhalten zu haben.

»Wir können starten«, teilte er mit. »Die Flotten-Verbände haben sich formiert. «

»Wir möchte erst einmal in einen Raumsektor, vor dem Heimat-System der Zierrakies springen«, schlug der Major vor. »Von dort aus können wir Drohne entsenden, um Aufklärung über den Aufmarsch der zierrakischen Kriegsschiff zu erhalten. Ferner können die ablondischen Träger dort ihre Schiffe entladen und auf uns warten. «

Geoffwan drehte seinen Kopf und blickte Major Travis in die Augen.

»Das wollte ich auch gerade vorgeschlagen«, erwiderte er. »Wir werden die Träger keinen unnötigen Angriffen aussetzen. Ich stelle fest, dass die Nachkommen der Natrader es gewohnt sind, mit ihrem Kopf zu arbeiten. «

»Ich nehme das als ein Kompliment«, lächelte der Major.

»So war es auch zu verstehen«, erklärte Geoffwan. »Talswan, unser Flotten-Befehlshaber, ist bei Sil'drock auf dem Flaggschiff. Er wird uns ein Wurmloch in die Region öffnen. Infomieren sie bitte ihre Flotte, dass sie ohne lange Wartezeiten in das Portal einfliegt. Meine Kollegen kontaktieren bereits alle anderen Oberbefehlshaber der Flotte. «

Major Travis blickte Sergeant Farmer an.
»Öffnen sie bitte unseren Flotten-Kanal«, sagte er.

»Die Funkverbindung ist offen«, antwortete der Funkoffizier. »Sie können sprechen. «

Der Major griff nach dem Communicator.
»Hier ist Major Travis, Oberbefehlshaber der Flotte des Neuen-Imperiums«, sprach er in das Gerät. »In den nächsten Sekunden öffnen uns die Aller-Ersten ein Wurmloch. Das Portal bringt uns einen Klick vor das

Heimatsystem der Zierrakies. Dort treffen wir die letzten Vorbereitungen. Starten sie ihre Antriebe. Fliegen sie ohne größere Wartezeiten in das Wurmloch ein. Es wird so lange aktiv bleiben, bis das letzte Schiff durch ist. Als erste Flotte werden die Schiffe der Ablonder fliegen, danach unsere lantranischen Freunde. Wir folgen als dritte Gruppe. Als letzte Formation folgen die Schiffe unter dem Worgass-Kommando von Admiral Dragphan. An unserem Zielpunkt gehen alle Schiffe in den Wartemodus. Wir entsenden zuerst getarnte Drohnen, um nähere Informationen über den Flotten-Aufmarsch der Zierrakies zu erhalten. Weitere Befehle werden folgen. Bitte bestätigen sie die Befehle. «

Geoffwan nickte.

»Die Bestätigungen treffen ein«, teilte Sergeant Farmer mit.

Major Travis wandte sich Geoffwan zu.

»Wir können beginnen«, sagte er.

»So sei es«, antwortete dieser. »Jetzt wird das letzte Kapitel in der Geschichte der Zierrakies aufgeschlagen. Sie entscheidet über Sein oder Nichtsein. «

Geoffwan hob seine Arme in die Luft. Es sah so aus, als stemmte er sich gegen etwas. Auf den Flaggschiffen der

Gemeinschaft-Flotte, verhielten sich die Aller-Ersten gleich.

Vor den Augen der Schiffe, öffnete sich ein gigantisches Wurmloch. Groß genug, um gleichzeitig mehrere Geschwader Schiffe Einlass zu gewähren. Beeindruckend leuchtete das Portal in einem hellen Blau. Der Ereignishorizont stabilisierte sich.

Erste Verbände der ablondischen Flotte flogen hinein und verschwanden. Weitere Schiffe ruckten nach. Alles wirkte eingespielt und bereits öfters geübt. Langsam löste sich der Pulk wartender Raumschiffe auf. Immer mehr Schiffe folgten den Spuren ihren Vorgängern. Der ganze Prozess dauerte nur 30 Minuten. Nach dem letzten Schiff verschloss sich das Wurmloch wieder. Nichts deutete mehr auf seine Existenz hin.

Am Zielort hatte die Gemeinschaft-Flotte das Wurmloch verlassen und wartete in unterschiedlichen Formationen auf neue Befehle.

»Status? «, fragte Major Travis.
»Alles ist ruhig«, meldete Ortungs-Offizier Dantow. »Ich registriere keine feindlichen Schiffs-Impulse. «
»Nur noch ein Lichtsprung«, erklärte Geoffwan. »Dann haben wir das zierrakische Heimat-System erreicht.

Aktiveren sie bitte ihren großen Schirm. Wir werden das System der Zerstörer bereits sehen können. «

»Außenbildschirm aktivieren«, befahl Major Travis.

Der große Schirm zeigte das Universum, mit vielen kleinen Sternen und Systemen.

»Rechts oben«, erklärte Geoffwan. »Die drei Sonnen, dicht nebeneinander. Das ist das Heimat-System Zierrakies. Das Sonnen-System besitzt 15 Planeten. Der achte von ihnen ist die Regierungswelt und Sitz des Groß-Kaisers. Die Zierrakies werden tatsächlich alle ihre Ressourcen nach Hause befohlen haben. In der Regel wird dieser Zwischenraum auch von ihren Schiffen kontrolliert.«

»Haben sie die exakten Koordinaten? «, fragte der Major.

Der Aller Erste nickte und reichte dem Major eine Infofolie. Hierauf standen die exakten Koordinaten.

»Wir werden fünf getarnte Drohne entsenden«, sagte erklärte Major Travis »Sie werden uns Gewissheit über die Flottenstärke der Zierrakies geben. «

Der Major gab die Daten Sergeant Hausmann weiter, der sie in die Hypertronic-KI des Schiffes einspeiste.

»Die Drohnen sind startklar«, meldete der Steuermann der Termar 1.

»Die Drohnen ausschleusen«, befahl der Major Travis.

Die Offiziere der Crew sahen, wie sich die Drohnen aus dem Bug des Schiffes lösten. Ihre grellen Energiestrahlen wiesen auf eine immense Beschleunigung hin. Nur Sekunden später wechselten die Drohnen in den Hyperraum und verschwand von dem Bildschirm.

»Das Ortungsbild auf den Hauptschirm legen«, sagte Major Travis.

Der große Bildschirm der Termar 1 wechselte in die Farbe Dunkelblau. Fünf rote Markierungslinien wiesen auf den Flug der Drohnen hin.

»Gleich werden sie das System der Zierrakies erreicht haben«, erklärte der Major » Hoffen wir einmal, dass sie nicht entdeckt werden. «
»Die Zierrakies können getarnte Flugkörper noch nicht orten«, teilte Geoffwan mit. »Sie sind technisch noch nicht so weit. «

Gespannt verfolgten die Offiziere den Flug der Drohnen. Diese drangen in das System der Zierrakies ein.

»Jetzt heißt es abwarten«, sagte Major Travis. »Die Drohnen haben ein Zeitfenster von 10 Minuten, um sämtliche Aktivitäten zu analysieren und aufzunehmen. «

Mit zusammengekniffenen Augen schaute Geoffwan auf den Bildschirm. Er konnte viele Sterne erkennen. Sie alle kannte er namentlich.

Die Beklemmung war spürbar. Die Erkenntnisse der Sonde waren wichtig für die weitere Mission. Nur langsam verstrich die Zeit.

Major Travis blickte auf seine Zeitgeber. Es war exakt 9:21 Uhr nach terranischer Zeitrechnung.

»Nur noch zwei Minuten«, flüsterte der Major. »Dann sollten sich die Drohnen auf den Rückflug begeben. «

Die Crew blickte gespannt auf den Ortungs-Schirm. Noch immer gab es keinen Hinweis auf die Sonde. Ein Aufschrei ging durch die Crew. Von den drei Sonnen ausgehend, entstanden fünf rote Striche auf dem Bildschirm. Er wies auf den Rückflug der Sonde hin. Die roten Linien wurden größer.

»Unser Richtstrahl wurde aktiviert«, meldete Commander Brenzby. »Die Drohnen haben ihren Kurs eingerastet.«

Spontaner Applaus wurde hörbar. Die ganze Crew hatte mitgefiebert.

Nach zwei kurzen Hyperraumsprüngen konnten die Drohnen wieder eingeschleust werden.

Sergeant Dantow war bereits in den Hangar unterwegs, um die Speicher-Chips der Drohnen zu entnehmen. Kurze Zeit später kam er auf die Brücke zurück. Mit zwei Fingern hielt er die fünf Speicher-Kristalle in die Luft.

»Hier sind sie«, sagte er.

»Geben sie Chips unserer Hypertronic-KI zur Auswertung «, lächelte der Major. »Sie wird die Daten analysieren. «

Es dauerte nur wenige Sekunden. Die KI meldete sich. »Alle Daten wurden aufbereitet und können abgespielt werden«, meldete sie monoton.

»Auf den Haupt-Bildschirm legen«, befahl Major Travis. Der Bildschirm baute sich auf. Die Drohnen näherte sich mit rasanter Geschwindigkeit dem zierrakischen Heimat-System. Erneut wechselten sie wieder in den Hyperraum. Sekunden später fielen sie in den Normalraum zurück. Die Aufnahmen zeigten das Heimat-System der Zerstörer in voller Größe. Drei große Sonnen erwärmten 15 Planeten. Noch waren die Drohnen zu weit entfernt, um detailliertere Aufnahmen zu machen. Wieder wechselten sie in den Hyperraum.

Auch dieser Sprung dauerte nur wenige Sekunden. Getarnt waren sie in das System der Zierrakies eingetaucht. Sie drosselten ihre Geschwindigkeit und zoomten analysierte Energiequellen heran. Das System war mit unzähligen Kriegs-Schiffen gefüllt. Pulks von Raumschiffen lagen an unterschiedlichen Koordinaten und warteten auf etwas. Vor dem achten Planeten waren zahlreiche Blockade-Verbände zu sehen. Rings um den Regierungs-Planeten hatte sich ein Ring von Groß-Raumschiffen positioniert und wartete mit aktivierten Waffentürmen auf die Feinde.

»Ich habe 75.000 Schiffe der 2.500 Meter-Klasse erfasst «, meldete die Hypertronic-KI des Schiffes monoton. »Ferner konnte ich 1.140.000 Kampf-Gleiter einer 80-Meter-Klasse finden. Sie sind lediglich mit drei Geschützen ausgestattet. Es handelt sich um eine Bug-

Kanone und je eine Abschuss-Vorrichtung unter den Tragflächen. «

»Das sind kleine Kampf-Jets«, bemerkte Geoffwan »Sie sind schnell und wendig. Als letzte Abfang-Linie sehr effizient. Die Jets sind aufgrund ihrer Wenigkeit von größeren Schiffen kaum zu treffen. Vermutlich werfen die Zierrakies alles in den Kampf, was sie flugfähig machen konnten. «

Er schaute wieder auf den Bildschirm mit den Aufnahmen der Drohne.

»Die Planeten der Zierrakies scheinen Methan-Planeten zu sein«, sagte Major Travis.

Geoffwan nickte.
» In diesem System befindet sich eine Häufung dieser Planeten«, erklärte er. »Aus diesem Grunde sind die Zierrakies auch Methan-Atmer. «

»Methan ist sehr leicht entzündbar«, bestätigte Commander Brenzby.

Geoffwan blickte ihn skeptisch an.

»Es werden über 60 Millionen Lebenszeichen angezeigt«, erkannte Major Travis. »Der achte Planet ist voll von zierrakischen Lebensformen. «

Die Drohnen sandte immer weitere Daten. Dank ihres Tarnschildes wurden sie nicht entdeckt.

Die übersandten Bilder zeigten eine starke Bewachung des achten Planeten an. Hier konzentrierten sich die zierrakischen Kampf-Flotten-Verbände.

»Ein großer Teil der Schiffsbewegungen ist ziviler Art«, meldete die Hypertronic-KI des Schiffes. »Es scheinen nachträglich Waffen installiert worden zu sein. «

Sie zoomte ein Schiff heran. Es schien sich um eine Art Transport-Schiff zu handeln. Auf der linken Seite des Schiffes, welches der Drohne zugewandt war, konnten die Beobachter zahlreiche Bullaugen erkennen. Vergleichbar mit einem interstellaren Bus. Auf der Frontseite war ein Metallgerüst angebracht, in der ein Laser-Werfer saß.

» Die Zierrakies scheinen zivile Schiffe nachgerüstet zu haben«, erkannte Major Travis. »Ihnen ist klar geworden, dass wir mit einer großen Flotte in ihr System einfliegen. Vermutlich haben sie sich nicht die Mühe gemacht, die Schiffe auch noch mit einem Schutz-Schirm auszustatten.

Sie verheizen die Besatzungen ihrer zivilen Schiffe als Kanonenfutter. Das sagt uns bereits einiges über die Denkweise des Groß-Kaisers. Er ist nur darauf bedacht sich zu schützen. «

Der Aller-Erste dachte intensiv nach.

»Den gegnerischen Verteidigungs-Schild können wir mit unserer Flotte durchbrechen«, sagte Geoffwan. » Es wird aber schwerer als gedacht. Wir haben 21.400 ablondische Angriffs-Kreuzer bei der ehemaligen Anomalie stationiert. Sie beschützen die Rassen, die auf ihrem Reservats-Planeten bleiben wollten. Das bedeutet, wir verfügen über 1.200.000 Angriffs-Schiffe der 250-Meter-Klasse. Derzeit sind unsere Flotten- Verbände in der Überzahl. Bei 75.000 gegnerischen Groß-Kampfschiffen, schrumpfen unsere Angriffs-Gruppen auf 16 Schiffe zusammen. Das wird nicht ausreichen, um die Giganten der Zierrakies zu erschüttern.

Wir benötigen 100 unserer kleinen Schlacht-Kreuzer, um ein Groß-Kampfschiff der Zierrakies zu beschäftigen, oder zu vernichten. «

»Wir brauchen eine neue Strategie«, entschied Major Travis. »Die Zierrakies haben es doch noch geschafft, rechtzeitig ihre Verbände von den Fronten zurückzuziehen. Wir sind hier, um ihre Kapitulation einzufordern und um sie an die Einhaltung des alten Vertrages zu erinnern. «

Die Drohnen tauchten in die Umlaufbahn des achten Planeten ein. Sie durchstieß die Wolkenschichten und konnte endlich Bild Aufnahmen von dem Boden der zierrakischen Heimat senden. Das rötliche Licht des Methan-Planeten, verursachte eine schlechte Bildqualität. Doch es reichte aus, um Details zu erkennen.

Interessiert blickten die Offiziere auf die Bilder der Sonde. »Ihr achter Planet ist ein reiner Industrie-Planet«, erkannte Commander Brenzby. »Es sind keine Grünflächen mehr ersichtlich. Alles wurde mit diesen gewaltigen Industrie-Anlagen zugebaut. Ich würde gerne wissen, was die Zerstörer da alles produzieren? «

Die Drohnen fotografierten im Sekunden-Rhythmus und zeichneten ein vollständiges Bild der Industrieanlagen auf. Gebäude an Gebäude, Turm an Turm, reihten sich über den ganzen Planeten. Unzählige Schornsteine stießen schmutzigen Dampf in die Atmosphäre ab. Zahlreiche Transport-Schiffe zogen in Kolonen durch die Lüfte und senkten sich in den Landezonen dem Boden entgegen.

Entlade-Roboter eilten herbei und griffen nach der Fracht. In der Ferne wurden die gewaltigen Palast-Anlagen des Groß-Kaisers sichtbar. Es war ein eigener Stadtteil für sich. Der Kaiser und sein adeliges Gefolge lebten unter einer Energie-Glocke, die den Smog der äußeren Industrie-Werke von ihrem Lebensraum abhielt. Hier wurden die Weichen des zierrakischen Imperiums gestellt.

Die Drohne überflogen die kaiserlichen Anlagen und fotografierten Grünanlagen, kleine Seen, weitläufige Erholungs-Bereiche und Sportanlagen. Die prächtigen Palastbauten, unterbrochen von Türmen und hohen Gebäuden, wechselten sich ab. Alles war von großen Mauern umgeben, auf denen gewaltige Abwehr-Anlagen installiert worden waren.

Die Drohnen drehten ab und flog den Wolkenschichten entgegen. Im All entmaterialisierten sie und beschleunigten aus dem System heraus. Zwei weitere Hyperraumsprünge waren notwendig, bis sie wieder von der Termar 1 aufgenommen werden konnten.

Die Aufnahmen endeten.
Geoffwan blickte Major Travis an.
»Gut, dass wir uns vergewissert haben«, sagte er. »Wir wären in eine Falle der Zierrakies geflogen. «

»Von einer Falle kann man nicht sprechen«, erwiderte Major Travis. »Sie haben lediglich ihre Heimat-Verteidigung verstärkt, so wie wir alle das machen würden. Es ist ein Akt der Selbstverteidigung. Wir brauchen einen neuen Plan. «

Er blickte Leutnant Farmer an.
»Stellen sie eine Konferenzschaltung zu den Flaggschiffen der Flotte her. Auch die Commander der Termar-Schiffe sollen mithören. «

»Die Verbindungen bauen sich auf«, teilte der Funk-Offizier mit. » Sie können sprechen, Herr Major. «

Major Travis griff nach dem Communicator und sah, wie der große Bildschirm sich in kleine Flächen teilte. Die Commander der einzelnen Schiffe wurden sichtbar.

»Hier ist die Termar 1«, sprach er in seinen Communicator. »Die Situation in dem zierrakischen Heimat-System stellt sich anders dar, als vermutet. Es ist den Zierrakies gelungen, starke Verbände zusammenzuziehen. Wir haben 75.000 schwere Einheiten der 2.500 Meter-Klasse registriert. Ferner wurden 1.140.000 Kampf-Gleiter einer 80-Meter-Klasse erkannt. Zusätzlich haben die Zierrakies eine erhebliche Anzahl von Zivilschiffen umgerüstet. Sie wurden alle mit einer Laser-Kanone bestückt. Inwieweit die Zivilschiffe von Bedeutung sind, kann ich nicht sagen. Geoffwan und ich schlagen folgende Vorgehensweise vor. Zu ihrem besseren Verständnis, übersende ich ihnen ein Skizze der Flottenbewegung. «

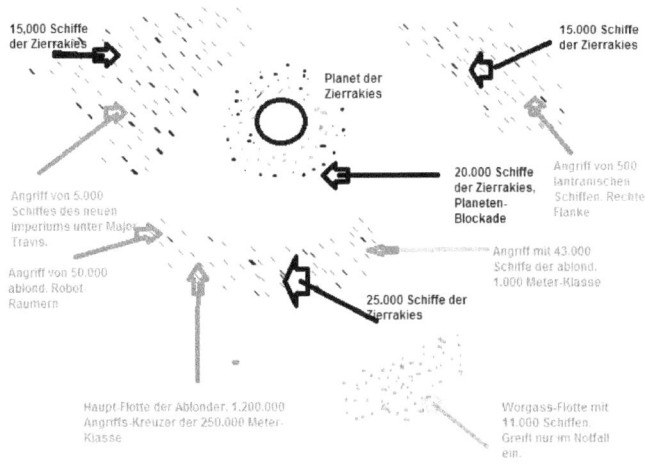

»Der Regierungs-Planet wird von einer Flotte von 20.000 Schiffen bewacht«, ergänzte er. » Um an sie heranzukommen, müssen wir erst einmal das vorgelagerte Blockade-Geschwader aus dem Weg räumen. Es verfügt über eine Anzahl von 25.000 Schiffen und ist somit ihr stärkster Verband. Ferner liegen rechts und links des Planeten, jeweils 15.000 ihrer Schiffe in Bereitschaft. Ob sie die ihnen zugewiesenen Positionen verlassen werden, wissen wir nicht. Es ist möglich, dass sie die vorgelagerte Flotte verstärken, falls es zu einem Angriff kommt. Um dieses zu verhindern, werden unsere lantranischen Freunde getarnt eine Position an der rechten Seite ihrer Flotte einnehmen. Falls die 15.000 Schiffe vorrücken, wird Thoran mit seinen Evolutions-Schiffen das Feuer eröffnen und sie an einem Eingreifen hindern. «

Er blickte den lantranischen Flotten-Oberbefehlshaber »Ist das für sie machbar? «, fragte er.

»Der Auftrag wird von uns angenommen«, schallte es aus den Lautsprechern. »Wir haben einiges an Bord, mit dem wir die Flotte aufhalten können. «

»Danke«, antwortet Major Travis. »Das habe ich nicht anders erwartet. «

Der Major ließ eine kurze Pause vergehen. Dann sprach er weiter.

»Die Flotte des Neuen-Imperiums steht unter meinem Kommando, « ergänzte er. »Wir versuche die gleiche Aufgabe auf der linken Seite zu lösen. Auch wir werden verhindern, dass eine Unterstützung zu der vorgelagerten

Flotte durchdringt. Ich gebe weiter an Geoffwan, der die Flotte der Ablonder begleitet. «

Major Travis gab den Communicator an den Aller-Ersten weiter.

»Hier spricht Geoffwan«, sprach der Macoronarus in das Gerät. »Ich halte es für notwendig, dass unsere Haupt-Flotte frontal die erste Linie der zierrakischen Schiffe angreift. Obwohl bei der Anzahl der feindlichen Schiffe nur Gruppen zu je 48 Schiffen errechnet werden können, empfehle ich Sil'drock und Ras'ekin, wieder Gruppen zu je 100 Schiffen zusammenzustellen. Diese konzentrieren sich auf den Beschuss eines zierrakischen Groß-Kampf-Schiffes. Gleichzeitig mit dem Angriff attackieren 50.000 Roboter-Schiffe des neuen Flotten-Oberkommandos die linke Seite dieser Linie. Die rechte Seite wird synchron von 43.000 Schiffen der 1.000 Meter-Klasse angegriffen. Diese Welle wird noch durch 3.600 Schiffen der 1.500 Meter-Klasse, unseres Flotten-Oberkommando verstärkt. Wir hoffen, dass so genug Verwirrung entsteht, um die vorderste Linie der Zierrakies zu brechen. «

»Wir haben verstanden«, antwortete Sil'drock. »Was passiert mit den Kampf-Gleitern der Zierrakies? «

»Hierauf wollte ich gerade kommen«, antwortete Geoffwan. »Major Travis hat mit zugesagt, dass seine Schiffe starke Tarin-Gleiter an Bord haben. Von dieser Seite werden also insgesamt 250.000 Gleiter ausgeschleust. Alle weiteren Jets werden von unseren Schiffen kommen. Ich befehle alle verfügen ablondischen Kampf-Jets in den Einsatz. Sie sollen sich jedoch nur um die Abwehr der 80-Meter Flugboote der Zierrakies kümmern. «

»Ich weise daraufhin, dass diese Piloten bisher kaum an einem Kampf-Einsatz teilnehmen konnten«, bemerkte Ras'ekin.

»Heißt das für sie, wir sollten hier abbrechen und uns zurückziehen? «, fragte Geoffwan.

Ras'ekin schüttelte seinen Kopf.
»So war das nicht gemeint«, entgegnete er. »Doch wir sollten nicht zu viel erwarten. «

»Es geht um den Abschluss einer langen Geschichte, antwortete Geoffwan. »Die Piloten sind für solche Einsätze ausgebildet. Wir sollten ihnen vertrauen. Hier und jetzt beginnt für unser Volk ein neues Zeitalter. Schwören sie ihre Piloten ein, um ihr Leben zu kämpfen.

Für das ablondische Flotten-Oberkommando, für alle Ablonder der ersten Generation und für ihre Herren. «

»Haben alle die Befehle verstanden? «, fragte Major Travis.

Die Flotten-Kommandeure bestätigten den Befehl.

»Sobald die ablondischen Träger ihrer Schiffe entladen haben, machen wir uns bereit für den letzten Sprung«, sagte Major Travis. » Alle Schiffe aktivieren ihr Tarnfeld. Bringen wir es zu Ende. «

***

In dem zierrakischen Heimat-System herrschte Anspannung. Stündlich rechnete man mit dem Einfall der ablondischen Flotte.

Der Groß-Kaiser befehligte die Flotte, die einen Blockade-Ring um den Heimat-Planeten errichtet hatte.

Der Kaiser saß in dem Kontroll-Sessel seines Flaggschiffes und schaute auf die Monitore. Noch war alles ruhig. Sein 1. Offizier stand an seiner Seite.

»Vielleicht stimmen die Meldungen nicht«, sagte er. »Die inhaftierten Rassen in unserer Anomalie wurden befreit. Die Ablonder sollten zufrieden sein. «

Groß-Kaiser Zyrithsyth blickte ihn an.
»Sie verkennen die Situation«, erklärte er. »Die Ablonder sind nicht hier, wegen den von uns inhaftierten Rassen. Sie wollen Rache für die Vernichtung ihres Volkes und ihrer Welten vor 250.000 Jahren. Sie haben die Gräueltaten unseres Volkes nicht vergessen können. «

»Das ist so lange her«, antwortete der 1. Offizier. »Wie kann man so nachtragend sein. «

»Würden wir es einfach vergessen? «, erkundigte sich der Groß- Kaiser. » Ich glaube, so weit sind die Ablonder von uns nicht entfernt. Ich habe sie immer für unterentwickelt gehalten, doch ich werde mein Urteil revidieren.«

Alarmsirenen fluteten das Schiff. Das Licht dämpfte sich. Die Ortungs-Taster überschlugen sich. Das grelle Piepsen verstärkte sich jede Sekunde.

»Was ist? «, rief der Kaiser.
»Unzählige Schiffe sind in unserem System materialisiert«, schrie der Ortungs-Offizier. »Noch ist unsere KI nicht in der Lage, eine genaue Anzahl zu der

fremden Schiffe zu ermitteln. Die Ablonder sind eingetroffen. «

»Alarm für alle Schiffe, befahl der Kaiser. »Die Feuerfreigabe ist autorisiert. Alle Schiffe greifen nach eigenem Ermessen an. «

»Ich orte einen massiven Angriff auf unser vorgelagertes Blockade-Geschwader«, meldete der Ortungs-Offizier. »Die Einheiten stehen unter schwerem Beschuss. «

»Hieran können wir nichts ändern«, antwortete der Kaiser. »Wir müssen unseren Planeten sichern. Die Verbände an den Flanken können eingreifen. Sofort den Haupt-Schirm einschalten. «

Der große Schirm auf dem Schiff baute sich auf und zeigte die Raumschlacht in voller Ausdehnung an. Ein dichter Pulk von kleinen Raumschiffen attackierte die zierrakischen Groß-Raumschiffe. Der Kaiser erkannte, dass sich Gruppen zu 100 Schiffen jeweils ein zierrakisches Groß-Raumschiff vornahmen. Unzählige Laser-Strahlen erhellten den Sektor. Ein Blitzgewitter war ausgebrochen. Die ersten Kunstsonnen gingen auf dem Bildschirm an

»Wir haben gerade fünf unserer Schiffe verloren«, meldete der Ortungs-Offizier.

Er blickte auf den Bildschirm.
»Weitere 50.000 Schiffe greifen die linke Flanke unserer Hauptformation an«, teilte er mit. »Es handelt sich um Schiffe in einer 1.500 Meter-Klasse. Zusätzliche 46.600 Einheiten greifen die rechte Flanke an. Sie fallen unseren Schiffen in die Seite. «

Die zweite Angriffswelle gehörte den Robot-Schiffen der Ablonder. Sie griffen in den Kampf ein. Nur Minuten vergingen, bis die Schiffe des Flotten-Oberkommandos, an der linken Seite des zierrakischen Blockade-Geschwaders den Kampf aufnahmen. Alle Beiboote waren ausgeschleust worden und griffen die zierrakischen Jets an. Im Dauerfeuer prasselten die Laser-Strahlen auf die zierrakischen Schiffe. Sobald sie ihre Waffentürme auf die neuen Angreifer eingeschenkt hatten, veränderten diese ihre Positionen. An neuen Koordinaten attackierten sie erneut die Groß-Raumschiffe ihrer gehassten Gegner.

Immer mehr Glutsonnen entstanden in dem Schlachtfeld. Die Ablonder kämpften tapfer und schlau. Sie ließen die Zierrakies nicht zu einem wirksamen Beschuss kommen.

Die Flotte es Neuen-Imperiums hatte ihre Tarin-Jets ausgeschleust. Auch sie waren mit dem Super-Schutz-Schirm ausgestattet. Sie kümmerten sich um die Pulks der zierrakischen Gleiter. Im Dauerfeuer entstanden zahlreiche kleine Sonnen. Die gegnerischen Gleiter explodierten, bei dem Einschlag der natradischen Laser-Salven. Scheinbar besaßen die kleinen Schiffe keinen Schutz-Schirm. Ein Heer von Lichtern war auf den Ortungs-Anzeigen der Schiffe zu registrieren. Es zeigte die Vernichtung der unzähligen zierrakischen Jäger an. Obwohl sie massenhaft in der Überzahl waren, nahm ihre Anzahl rapide schnell ab.

Die zierrakischen Schiffe, an dem Flanken des Heimat-Planeten rückten vor. Hierauf hatten sie Schiffe des Neuen-Imperiums und die Evolutionsschiffe der Lantraner gewartet. Sie planten diese Verstärkung aufzuhalten.

Beide Flotten enttarnten sich. Die Schiffe der Lantraner hatte eine breite Linie gebildet. Ihr Bug-Geschoss war aktiviert. Im Salventakt feuerten die Evolutionsschiffe ihre heißen Strahlen auf die anrückenden Groß-Kampfschiffe.

Heran sah, wie sein Bug-Geschütz einen massiven Laser-Press-Strahl auf das Ziel abschoss. Das zierrakische Schiff wurde vollständig von dem Strahl eingeschlossen. Der

Schutzschirm kollabierte und zog sich zurück. Der mächtige Strahl verformte das Schiff zu einem Metallklumpen. Dieser Vorgang wiederholte sich noch öfters. Immer wieder konnte Heran das gleiche Ergebnis feststellen. Blitze schlugen aus den Schiffen, Luft und Wasser entwich. Einige von den zierrakischen Schiffen explodierten sich verwandelten sich in gigantischen Sonnen. Zahlreiche Raumschiffe zerbarsten. Die Trümmer zogen in die Kälte des Alls ab.

Heran schalte seine Kanone um.
Ab jetzt wurden nur noch massive Laser-Strahlen abgeschossen.

Er verfolgte, wie der massive Strahl seines Geschützes den Schutzschirm des vordersten zierrakischen Schiffes durchschlug und in das Schiff eindrang. Es dauerte nur Sekunden, bis das Schiff in einer grellen Stichflamme verdampfte.

»Es ist immer das gleiche Ergebnis«, dachte Heran. »Ohne gute Schutz-Schirme richtet man nicht viel aus. «

Er aktivierte die seine Kanone erneut und blickte auf die Monitore, auf denen die Aktivitäten der anderen Evolutions-Schiffe angezeigt wurden. Auch sie führten ihre Befehle aus. Ein zierrakisches Schiff nach dem anderen, wurde in den Untergang gesprengt. Mehr als 6.000 Schiffe, hatte der lantranische Verband bereits aus dem Wege geräumt.

Major Travis hatte die Aktivitäten beobachtet.
Er schüttelte seinen Kopf.

»Die Evolutionsschiffe schlachten die zierrakische Flotte ab«, dachte er. »Für sie ist das nicht mehr als eine Übung.«

Aber auch die Schiffe des Neuen-Imperiums standen den Schiffen der Lantraner nicht viel hinterher. Die großen Zerstörer der Kaiser-Klasse, hatten ihre seitlichen 25 Waffentürme auf die gegnerischen Schiffe ausgerichtet. Aus 5.000 Schlachtzerstörern schlugen den zierrakischen Schiffen 125.000 natradische Laser-Lanzen entgegen und hüllten ihre Schiffe ein. Sofort versagten die Schutz-Schirme der Groß-Kampfschiffe. Die nachfolgenden Salven durchschlugen die Bordwände und suchten sich einen Weg in das Innere der Schiffe.

Zahlreiche Kampfschiffe explodierten und zogen weitere Schiffe mit in den Untergang. Es war ein buntes Feuerwerk. Innerhalb von wenigen Minuten, war die ursprüngliche Flanken-Flotte von 15.000 zierrakischen Schiffen auf die Hälfte reduziert worden. Doch die

Vogelwesen lernten nicht dazu. Sie brachen ihren Angriff nicht ab. Immer mehr Schiffe rückten nach, die ebenfalls von den natradischen Laser-Strahlen angegriffen und das gleiche Schicksal erleiden mussten.

Major Travis konnte es nicht mehr mit ansehen.
»Öffnen sie eine Verbindung zu den Zierrakies«, befahl er.

Er griff nach dem Communicator.
»Probieren sie es«, sagte Geoffwan. »Doch sie werden nicht auf sie hören. So steht es in dem Buch des großen Aahnn geschrieben. «

»Hier spricht Major Travis«, sprach er in das Gerät. »Ich rufe die Zierrakies. Brechen sie ihren Angriff ab. Sie sind unterlegen. Kapitulieren sie und wir verschonen sie. «

Major Travis blickte Sergeant Farmer an.
»Keine Antwort«, meldete dieser. »Die Zierrakies wollen es nicht anders. «

Major Travis nickte.
Die Flotte der Lantraner hatten eine ihrer Spezial-Waffen aktiviert. Vor den Schiffen der Zierrakies bildete sich ein Hohlraum. Es war eine Anomalie des Zwischenraumes. Wie ein Schlund der Hölle, öffnete sich eine breite und tiefe Schlucht. Sie zog fast magisch alle Schiffe der

Vogelwesen an. Von einer Minute zu anderen, waren alle zierrakischen Schiffe an der rechten Flanke verschwunden. Sie waren von der geöffneten Dimensions- Spalte verschluckt worden. Der Spalt schloss sich wieder, als ob nicht gewesenen wäre.

Die lantranischen Schiffe formierten sich und rückten auf die erste Blockade-Linie der Zierrakies zu. Hier kämpften die Ablonder. Sie hatte bereits zahlreiche Schiffe in den Untergang geschossen. Andere trudelten antriebslos durchs All. Die Evolutions-Schiffe feuerten auf die hintere Linie der zierrakischen Schiffe. Exakt 500 Laser-Salven erfassten die rückwärtigen Schiffe. Die hochentwickelten lantranischen Waffen-Systeme, ließen eine breite Feuerwand entstehen. Zahlreiche zierrakische Schiffe verwandelten sich in eine heiße Glut-Sonnen.

Der zierrakische Kaiser beobachtete die Schlacht auf seinen Monitoren. Er konnte es nicht glauben. Noch nie waren die erfolgsverwöhnten Zierrakies auf einen solchen Gegner gestoßen.

»Sie schlachten uns ab«, schrie der Kaiser. »Wir sind ihren Waffen eindeutig unterlegen. «

»Wir haben die rechte Flanke verloren«, meldete der Ortungs-Offizier. »Alle Schiffe sind verloren. Die 500

Schiffe der Fremden haben sie in den Untergang geschossen. «

»Unsere 15.000 Schiffe der rechten Flanke sind ausgefallen? «, fragte der Groß-Kaiser. » Wie ist das möglich? Keines ist mehr übrig? «

»Nein«, schrie der Ortungs-Offizier. » Die fremden Schiffe konnte eine künstliche Anomalie erschaffen«, antwortete er. »Alle unsere Schiffe sind in einen geöffneten Spalt des Universums geflogen und hierin verschwunden. Hinter ihnen hat sich der Spalt wieder geschlossen. «

Der Groß-Kaiser blickte auf seine Monitore und sah die Angaben des Ortungs-Offiziers bestätigt.

»Beordern sie die linke Flanke an die Haupt-Front«, befahl er. »Sie sollen unsere Blockade-Flotte verstärken. «

»Ihr Befehl wurde gesendet«, antwortete der Funk-Offizier.

Große Schiffs-Verbände der linken Flanke lösten sich von ihren Angreifern, beschleunigten und flogen auf die vorgelagerte Verteidigungs-Linie zu.

Ein Verband von 80 Schiffen löste sich aus der Armada unterflog die Verteidigungs-Linie der Schiffe des Neuen-Imperiums.

Commander Stuart erkannte das Vorhaben. Er informierte Commander Senga-Hol an.
»Hier ist Commander Stuart«, sprach er in den Communicator. » Ich rufe Commander Senga-Hol. «

Der atlantische Commander meldete sich sofort.
»Senga-Hol spricht«, meldete er sich.

»Commander«, sprach ihn der Kommandeur des natradischen Verbandes an. »Ein Geschwader von 80 zierrakischen Schiffen hat sich aus dem Verband gelöst und versucht uns zu unterfliegen. Sie beabsichtigen unsere Schiffs-Unterseiten anzugreifen. Fangen sie mit ihrem Verband die Schiffe ab. «

»Befehl verstanden«, antwortete der atlantische Commander. »Wir blockieren die anfliegenden Schiffe. «

Wie ein eingespieltes Team, reagierten die Schiffe auf den Befehl ihres Befehlshabers. Exakt 50 Schiffe der Kaiser-Klasse lösten sich aus dem Verband und flogen auf die sich annähernden zierrakischen Schiffe zu. In breiter Linie positionierten sie sich und warteten ab, bis sie in die Schussreichweite der Laser-Türme kommen würden.

Eiskalt und ohne Emotionen stand Commander Senga-Hol auf seinem Flaggschiff und blickte den zierrakischen Schiffen entgegen. Er hatte seine Captains eingehend instruiert. Die großen natradischen Schlachtzerstörer hatten den zierrakischen Schiffen ihre Backbordseiten zugewandt. Alle 25 großen Waffentürme der Schiffe warteten noch ab. Dann waren die Schiffe in Reichweite.

»Feuer frei«, schrie Commander Senga-Hol in die offene Leitung des Flotten-Funkes.

Wie ein Donner des Grauens, schlugen 1.250 natradische Laser-Salven den zierrakischen Schiffen entgegen. Der massive Einschlag ließ die Schutz-Schirme der Schiffe reihenweise kollabieren. Die nachfolgenden Strahlen durchbrachen die Schiffswände und schlugen in das Innere der Groß-Kampfschiffe ein. Das vorderste Schiff traf es am härtesten. Es lag in einem Blitzgewitter. Der Raum schien aufzureißen. Die Energien überluden sich. Zahlreiche Laser-Salven erfassten es. Innerhalb von nur wenigen Sekunden wurde das halbe Unterschiff des Schiffes aufgerissen und abgesprengt. Metallteile drifteten durch das All. Heftige Explosionen wüteten in dem Schiff. Es war nicht mehr zu retten. Der Atombrand fraß sich weiter durch das Schiff. Das Schiff konnte seinen Kurs nicht mehr halten und fing an zu trudeln. Dann blendete eine gigantische Atom-Explosion die Bildschirme der Schlachtschiffe.

Den nachfolgenden zierrakischen Schiffen erging es nicht anders. Die Salven konzentrierten sich auf den ganzen Kampf-Verband und deckten ihn ein.

»Die vordere Linie feuert ihre Hyper-Space-Geschosse ab«, befahl Commander Senga-Hol.

Er hatte die Worte kaum ausgesprochen, als 10 Gefechtsköpfe ausgeschleust wurden und in dem Hyperraum wechselten. Nur Sekunden später fielen die Raketen in den Normalraum zurück, korrigierten ihren Kurs und hielten weiter auf anfliegenden Schiffe zu. Die geschwächten Schutzschirme konnten dem Einschlag nicht entgehen. Die getroffenen zierrakischen Schiffe, entfachten in Sekundenschnelle ein gigantisches Feuerwerk. Sofort nach dem Einschlag, zerriss ein Hyper-Space-Geschoss ein Schiffe in unendlich viele kleine Teile. Gigantische Explosionen entstanden an den Positionen der anderen getroffenen Schiffe. Metallsplitter drifteten durchs All. Das Schlachtfeld entwickelte sich immer mehr zu einem Trümmerfeld. Obwohl die Zierrakies bereits die Hälfte ihrer Schiffe verloren hatten, gaben sie nicht auf.

Der Kaiser akzeptierte keine Niederlage. Commander Senga-Hol befahl automatisches Dauerfeuer auf die Schiffe zu geben.

Im Rhythmus von Sekunden röhrten die Salven aus den massiven Rohren der Waffentürme. Die ausgescherten Schiffe lagen unter einem Dauerfeuer. Blitze und Entladungen zischten aus Einschlagslöchern der Schiffe. Die Schutz-Schirme waren kollabiert. Es handelte sich um den letzten verzweifelten Angriff der Schiffs-Gruppe. Die Kommandeure ahnten den negativen Ausgang ihres Angriffes bereits

Die Abwehr der natradischen Schlachtschiffe zeigte Erfolg. Durch die Konzentration des Feuers auf immer weniger Schiffe, explodierten die nachfolgenden Groß-Kampfschiffe bereits im Anflug. Feuer, Rauch und Qualm behinderte die Sicht. Dann war es vollendet. Das letzte zierrakische Schiff verging in einer gigantischen Feuerwand.

Commander Senga-Hol funkte Commander Stuart an. »Auftrag ausgeführt«, meldete er. »Kein zierrakisches Schiff ist durchgekommen. «

»Gut gemacht, Commander«, antwortete Quentin Stuart. »Kommen sie wieder zurück in unsere Formation. Wir werden die Ablonder unterstützen und die Blockade-Flotte der Zierrakies von der Rückseite her angreifen. «

»Befehl erhalten«, antwortete Commander Senga-Hol. »Wir kommen sind auf dem Weg. «

Nur noch 1.500 zierrakische Schiffe waren an der linken Flanke verblieben und leisteten Widerstand. Es war ein Selbstmord-Kommando. Immer mehr Schiffe fielen dem natradischen Feuer zum Opfer. Die anderen Schiffe hatten abgedreht und waren als Unterstützung zu der vorderen Blockade-Flotte geflogen, die unter einem heftigen Beschuss der ablondischen Einheiten lagen.

Der Groß-Kaiser erkannte die Aussichtslosigkeit seiner Befehle. Nichts schien die Angreifer aufhalten zu können.

Er blickte den Funk-Offizier an. »Stellen sie eine Verbindung zu Lord Byrdrasith«, befahl er. Er war ein Vertrauter des Kaisers.

»Die Verbindung baut sich auf«, meldete der Funk-Offizier. »Sie können sprechen, Eminenz. «

»Hier spricht Groß-Kaiser Zyrithsyth«, meldete er sich. »Der Kampf läuft ungünstig für uns. Wir werden die Angreifer nicht besiegen können. Bereiten sie sofort eine

Evakuierung der kaiserlichen Familie vor. Alle sensiblen Daten unserer Archive müssen vernichtet werden. Nichts darf den Angreifern in die Hände fallen. Infomieren sie die kaiserliche Garde. Sie möchten mein Schiff bereitstellen und einchecken. Der kaiserliche Staatsschatz muss verladen werden. Ich komme später nach. «

»Ich habe verstanden«, antwortete der Vertraute des Kaisers. »Der Notfallplan wird ausgeführt. Nur ihre engsten Vertrauten werden hiervon erfahren. «

»Danke«, antwortete der Kaiser. »Wenn alles verladen ist, begeben sie sich auch auf das Flucht-Schiff. Ich brauche zuverlässige Gefährten. «

»Selbstverständlich«, antwortete Lord Byrdrasith. » Ich stehe gerne zur Verfügung. «

Die Schlacht tobte in vollem Umfang. Die Ablonder hatten nur wenige Verluste zu beklagen. Auf Seiten der Lantraner und der Flotte des Neuen-Imperiums hingegen, wurden keine Abschüsse gemeldet.

Die Tarin-Jets waren ihren zierrakischen Gegenstücken haushoch überlegen. Ihre druckvollen Geschütze ließen die zierrakischen Kampf-Gleiter nach einem Volltreffer förmlich zerplatzen. In rasantem Flug griffen die Jets nach neuen Opfern. Jeder feindliche Gleiter, der von ihnen erfasst wurde, erlitt das gleiche Schicksal. Die hochsensible natradische Waffentechnik, entließ das einmal erfasste Opfer, nicht mehr aus ihrer Feindortung. Zahlreiche Laser-Salven erfassten den gegnerischen Jet und zerfetzten ihn. Die Anzahl der zierrakischen Kampf-Jets dezimierte sich mit rasender Geschwindigkeit.

Major Travis stand mit Commander Brenzby und Geoffwan am CIC der Termar 1. Jedes Aufblitzen auf der großen Anzeige, stand für ein vernichtetes Schiff. Die zierrakischen Verteidiger schafften es nicht, die Oberhand zu gewinnen. Wie ein Waldbrand, weitete die die Front aus und zog sich in die Breite. Vermutlich versuchten mehr zierrakische Schiffe ein freies Schussfeld zu erhaschen. Doch die Gemeinschafts-Flotte zog sich nicht zurück. Die 43.000 ablondischen Raumschiffe der 1.000-Meter-Klasse kämpften tapfer. Obwohl sie über keinerlei Kampferfahrung besaßen, mussten sie derzeit nur 250 Schiffe als Verluste beklagen. Sie hatten sich exzellent positioniert und griffen im Gruppenbeschuss die Groß-Raumschiffe der Zierrakies an. Im Dauerfeuer verschossen sie ihre Laser-Strahlen auf die feindlichen Schiffe.

»Die Zierrakies hatten wohl gedacht, diesen Krieg mit dem Rücken zur Wand führen zu können«, bemerkte

Geoffwan. »Ihre Heimat-Flotte wird kontinuierlich aufgerieben.«

»Sie haben keine weiteren Möglichkeiten zum Rückzug«, erwiderte Major Travis. »Wir sollten ihnen zwischendurch die Möglichkeit zur Kapitulation geben. «

Geoffwan lachte.
»So schnell geben die Zierrakies nicht auf«, erwiderte er. »In dem Buch des Aahnn wird von einer verlustreichen Schlacht für die Zierrakies gesprochen. Doch ich lasse mich gerne eines Besseren belehren. Versuchen sie ihr Glück. «

Major Travis blickte seinen Funk-Offizier an.
»Öffnen sie mir eine Verbindung zu dem Schiff von Admiral Dragphan«, befahl er.

Sergeant Farmer betätigte einige Knöpfe. Er blickte den Major an.

»Sie können sprechen«, antwortete er. »Die Leitung ist offen. «

»Hier ist Major Travis«, sprach er in den Communicator. »Ich rufe Admiral Dragphan. «

Es knisterte kurz in der Leitung, dann meldete sich der Admiral.

»Was kann ich für sie tun, Major? «, fragte er.

»Ich möchte sie bitten, uns zu unterstützen«, sagte Major Travis. »Die Zierrakies kämpfen bis zu ihrem Ende. Teilen sie ihnen mit, dass wir nicht auf ihre Vernichtung aus sind. Eine einfache Kapitulation reicht aus, um diese Schlacht zu beenden. «

»Ich probiere es gerne«, antwortete der Admiral. »Doch ich vermute, dass die Zierrakies ihrem Kaiser treu ergeben sind. Sie werden sich für ihr Imperium opfern. «

»Versuchen sie es, antwortete Major Travis. »Mehr können wir nicht machen. «

Major Travis wartete ab. Dann hörte er den Hyper-Funkspruch des Admirals.

»Hier ist Admiral Dragphan«, sprach der Admiral in den Communicator. »Ich rufe alle zierrakischen Offiziere, die unter der Knechtschaft des Groß-Kaisers leiden. Verweigern sie seine Befehle. Lassen sie ab, von der Politik des Groß-Kaisers. Sie bringt nur Leid und Tod über ihre Bevölkerung. Wir Worgass haben das erkannt und konnten uns von den Machenschaften des Kaisers lossagen. Wir Worgass werden nie mehr unter irgendwelchen Herren dienen und für sie die Schmutzarbeit erledigen. Ich fordere alle zierrakischen Besatzungen auf, unserem Beispiel zu folgen. Verweigern sie ihrem Kaiser die Gefolgschaft. Nur so retten sie ihren Planeten. Der adeligen Kaste ist das Leben ihrer Untergebenen nichts wert. Alle Offiziere von uns, die diese Anweisungen hinterfragt haben, wurden von den Vasalen des Kaisers abgeurteilt und hingerichtet. Sicherlich wird es auf ihrem Heimat-Planeten nicht anders sein. Lassen sie ab seinen Befehlen und kapitulieren sie. Wir garantieren ihnen ein Leben ohne Leid und Knechtschaft. Ich bin Admiral Dragphan, ehemaliger Leiter der zierrakischen Fern-Aufklärung der zweiten Anomalie. «

Die ausgebrochene Raumschlacht im Heimat-System der Zierrakies tobte unvermindert weiter. Feinmessungen bestätigten, dass die zierrakische Flotte immer mehr Schiffe verlor.

Im Salventakt feuerten die Schiffe der Gemeinschafts-Flotte auf die zierrakischen Einheiten. Die lantranischen Evolutions-Raumer schlugen Lücken in die hintere Flotte der Blockade-Armada. Immer mehr Schiffe vergingen in glühenden Explosionen. Von den ehemals 25.000

Schiffen, leisteten noch 9.800 Einheiten erbitterten Widerstand. Doch ihre Zahl nahm stetig ab. Die Schiffe des Neuen-Imperiums feuerten die Laser-Türme auf die Schiffe ab. Es sah aus, als schiebe sich eine Feuerwand durch den Raum. Raumschiffe, Jets und Kampf-Schiffe verglühten in dem heißen Feuer. Glühende Wrackteile schwirrten durch All und prallten auf die nachrückenden Schiffe.

Der Funk-Verkehr unter den zierrakischen Schiffen war zum Erliegen gekommen. Die Verbindungen waren nur schlecht aufrechtzuerhalten.

Aus allen Geschützen feuernd, rückten die natradischen Einheiten vor und griffen die zierrakischen Raumer an. Die Ablonder taten ihr Bestes. In Gruppen stürzten sie sich auf zierrakische Groß-Raumschiffe und deckten sie mit einem Laserhagel ein. Immer wieder explodierten angeschlagene Raumschiffe, dessen Schutz-Schirme versagten.

Der Groß-Kaiser erkannte die Unterlegenheit seiner Armada. Er befahl die Stellung vor dem Heimat-Planeten zu verteidigen. Der Heimat-Planet musste unter allen Umständen gehalten werden. Dann verließ er mit seinem Schiff die Schutz-Flotte, die den Planeten als letzte Bastion sicherte.

Das Ziel des Flaggschiffes war der große Raumhafen vor dem kaiserlichen Palast. Das Schiff setzte knirschend auf. Auf dem großen Flugfeld wartete das Evakuierungs-Schiff, das den Groß-Kaiser und seine Angehörigen zu einer weit entfernten Kolonie bringen sollte.

Der Kaiser und seine engsten Mitarbeiter verließen das Flaggschiff und wechselten in das Evakuierungs-Schiff über. Noch während des Startvorganges, in der Atmosphäre des zierrakischen Heimat-Planeten, sprang das Schiff in den Hyperraum und verschwand ohne weitere Angaben des Zielortes. Der Groß-Kaiser hatte seine Heimat verlassen. Ihm waren sein Planet und seine Bevölkerung egal.

»Der Kaiser ist geflüchtet«, meldeten die Leitstellen der Regierung. »Wir sind auf uns allein gestellt. «

Captain Irugphan war der Befehlshaber der Heimat-Verteidigung im System der Zierrakies. Als er diese Nachricht empfing, entlud sich seine ganze Aggression.

»Verdammtes adeliges Pack«, schrie er. »Jetzt ist der Groß-Kaiser geflüchtet und entzieht sich der Verantwortung. «

Er blickte seinen Funk-Offizier an.

»Öffnen sie einen Kanal an alle Schiffe«, befahl er.

Der Funk-Offizier nickte.

»Sie können sprechen, Captain«, antwortete der Offizier. »Hier spricht Captain Irugphan. Ich befehle allen zierrakischen Einheiten den Kampf einzustellen und sich zurückzuziehen. Formieren sie sich mit unserer Heimat-Flotte. Der Groß-Kaiser ist geflüchtet. Seinen Aufenthaltsort kennen wir nicht. Er hat uns im Stich gelassen. Wir haben keine Veranlassung mehr, seinen Befehlen zu folgen. Ich habe kommissarisch die Befehlsgewalt übernommen. Folgen sie meinen Anweisungen und stellen sie den Kampf ein. Nur so können wir der Zerstörung unseres Planeten entgehen. «

Der Captain nickte seinem Funk-Offizier zu.

»Stellen sie mir eine Verbindung zu den ablondischen Flottenverbänden her«, befahl er.

Der Funk-Offizier nickte.

»Die Verbindung baut sich auf«, antwortete er. »Die fremden Schiffe sollten uns empfangen können. «

»Hier ist Captain Irugphan«, sprach er in den Kommunikator. » Ich habe provisorisch die Amtsgeschäfte der zierrakischen Regierung übernommen. Ich rufe die ablondische Flotte und ihre Freunde. Wir kapitulieren und stellen das Feuer ein. Bitte verschonen sie uns. Unser Groß-Kaiser ist geflohen und hinterlasst einen Scherbenhaufen. Wir bitten um Gnade und um Einstellung der Kampfhandlungen. Wir sind bereit, mit ihnen Verhandlungen zu führen. Bitte senken sie ihre Waffentürme. «

Der Captain schaute seinen Ortungs-Offizier an. »Hoffentlich sind die Ablonder nicht so wie wir? «, flüsterte er. » Dann haben wir keine Gnade zu erwarten.«

»Das Feuer der gegnerischen Schiffe ebbt ab«, jubelte der Ortungs-Offizier. »Sie gehen auf ihren Vorschlag ein. Unsere Schiffe ziehen sich zurück und fliegen unseren Heimat-Planeten an. Wir haben genug Verluste erlitten. «

Major Travis hörte gespannt auf die Mitteilung von Captain Irugphan.

»Ich habe provisorisch die Amtsgeschäfte der zierrakischen Regierung übernommen«, tönte es aus den Lautsprechern. »Ich rufe die ablondische Flotte und ihre Freunde. Wir kapitulieren und stellen das Feuer ein. Bitte verschonen sie uns. Unser Groß-Kaiser ist geflohen und hinterlässt uns einen Scherbenhaufen. Wir bitten um Gnade und um Einstellung der Kampfhandlungen. Wir sind bereit, mit ihnen Verhandlungen zu führen. Bitte senken sie ihre Waffentürme. «

»Öffnen sie eine Leitung zu unseren Schiffen«, befahl Major Travis.

»Die Leitung steht«, antwortete Sergeant Farmer. »Sie können sprechen. «

»Hier ist Major Travis, sprach er in seinen Communicator. »Die Zierrakies kapitulieren. Wir haben gesiegt. Alle Schiffe drehen ab und stellen unverzüglich ihren Beschuss ein. Ziehen sie sich in ihre Formation zurück. Major Travis, Oberbefehlshaber der Flotte des Neuen-Imperiums. «

»Die Bestätigungen kommen herein«, meldete Sergeant Farmer. »Unsere Schiffe ziehen sich zurück. «

»Informieren die die lantranische Gruppe «, befahl der Major.

»Ich bitte Oberbefehlshaber Thoran seine Schiffe zurückzuziehen«, bestätigte der Funk-Offizier.

Major Travis schaute Geoffwan an.
»Wollen sie ihre ablondischen Einheiten informieren? «, fragte er.

»Die Kapitulation war eigentlich nicht eingeplant«, antwortete der Aller Erste. » In dem Buch des Aahnn steht geschrieben, dass alle Zierrakies untergehen werden. «

»Es ist immer gut, wenn wir uns nicht nur auf Prophezeiungen verlassen«, erwiderte Major Travis schmunzelnd. » Ihr großer Prophet kann sich auch einmal irren. «

»Es scheint so«, antwortete Geoffwan. » Doch das ist das erste Mal, dass ich diese Irritation feststelle. «

»Wir sollten dem zierrakischen Volk eine Chance geben«, bemerkte Major Travis. »Es wird von dem Kaisertum ablassen und sich als Demokratie entwickeln. Geben sie bitte den Befehl an ihre Flotte. «

Geoffwan verhielt sich seltsamerweise unentschlossen. »Wir brauchen jetzt ihre Entscheidung«, forderte Major Travis. »Lassen sie uns nicht eingreifen müssen. «

Geoffwan blickte ihn an. »Wir kennen ihre waffentechnischen Möglichkeiten«, antwortete er. »In der Gemeinschaft mit den Lantranern sind sie nur schwer zu besiegen. «

Geoffwan hatte sich entschieden. Er griff nach dem Kommunikator.

»Hier ist Geoffwan«, sprach er in das Gerät. »Die Zierrakies haben kapituliert. Alle ablondischen Einheiten drehen ab und gewähren den zierrakischen Schiffen einen freien Rückflug zu ihrem Heimat-System. Der Kampf ist beendet. Weitere Maßnahmen werden nur noch auf politischer Ebene durchgeführt. Bestätigen sie meine Befehle. «

Geoffwan gab den Kommunikator zurück. Er blickte auf die Monitore. Die ablondischen Einheiten drehten ab und stellten den Kampf ein.

»Die Bestätigungen ihrer Schiffe treffen ein«, rief Sergeant Farmer. »Die Ablonder halten sich an ihre Befehle. «

Geoffwan drehte sich Major Travis zu.
»Der Hass ist ein nicht zu überschätzendes Argument«, erklärte er. »Er ist nur schwer im Zaum zu halten. Doch gerade wir sollten darüber hinausgewachsen sein. Sie sehen doch, dass auch wir immer noch Teile unseres humanoiden Lebens in uns tragen. «

Er blickte Major Travis an.

»Ich danke ihnen für ihre Unterstützung«, sagte er. »Ohne ihre Hilfe, die sie Sil'drock zugesagt haben und ohne die Hilfe ihrer lantranischen Freunde, hätten wir es nicht geschafft. «

Major Travis blickte den Aller-Ersten an.
»Wir Terraner stehen zu unserem Wort«, antwortete er. »Es uns viel daran gelegen, speziell unsere Milchstraße zu befrieden und die Völker, die in ihr leben, zu schützen. «

»Das ist mir bekannt«, antwortete Geoffwan. »Sie sind zu hohen Aufgaben berufen. Das ist nicht nur von uns beobachtet worden, auch alle anderen alten Rassen des Universums schauen auf sie. Wir haben mit einigen dieser Rassen gesprochen und entschlossen, dass wir sie unterstützen werden. Der Krieg muss aus dem Universum verschwinden. Ein Zusammenhalt aller Rassen ist das primäre Ziel. Nur so ist die nächste Evolutions-Stufe zu erreichen.«

»Dafür benötigt man Zeit«, erwiderte der Major. »Wir Terraner sind schon glücklich, wenn wir die Weichen für eine harmonische Milchstraße stellen können. «

»Das wissen wir«, antwortete Geoffwan. »Wir sind die Macoronarus, ein altes Volk, dass von vielen Bewohnern des Universums, als die Aller-Ersten bezeichnet werden.

Es ehrt uns, doch wir haben andere Dinge zu erledigen. Wir werden zukünftig nicht mehr für das Gleichgewicht zwischen den Sternen-Inseln sorgen können. Im Ältestenrat unseres Volkes haben wir ihre Rasse für diese Aufgabe vorgesehen. Im Buch des großen Aahnn wird den Terranern eine wichtige Bedeutung im Universum zugewiesen. «

Major Travis blickte den Aller-Ersten irritiert an.

»Sie werden es noch nicht erkennen können«, antwortete Geoffwan. »Doch die Zeit wird ihre Augen öffnen. Hören sie gut zu. Wir haben mit den mächtigen Kon-Ra-Tak gesprochen. Es sind konkurrenzlose Energiewesen, deren Angehörige nach unserer Meinung die erste Rasse in dem großen Universum stellte. Doch sie geben hierüber keine Informationen aus. Sie sind bereits ihrer humanoiden Körperform entstiegen. Trotzdem kommen sie immer wieder an die Orte ihrer Geburt zurück.

Sie haben sich bereit erklärt, sie und einige ihrer Freunde, mit einem Unsterblichkeits-Chip auszustatten. Hiermit erhalten sie die Möglichkeit, das Universum nach ihren Vorstellungen aufzubauen. Die Kon-Ra-Tak werden für sieben Tage in der Milchstraße materialisieren. Nutzen sie diesen Zeitraum und suchen sie die Energiewesen auf.

Stellen sie sich als Major Travis und als terranische Lebewesen vor. Ihnen wird Einlass gewährt. «

»Wo finden wir die Kon-Ra-Tak? «, fragte Major Travis. Geoffwan lachte ihm zu.

»Das weiß keiner so genau«, antwortete er. »Sie müssen dieses Rätsel selbst lösen. Doch es ist nicht unmöglich. Viele vor ihnen haben es auch geschafft. «

Er reichte dem Major den Daten-Kristall, den ihm die Kon-Ra- Tak gegeben hatten.

»Hierauf finden sie alle erforderlichen Informationen«, sagte er. »Halten sie sich genau an die Zeitvorgabe. Einen zweiten Versuch wird es nicht geben. «

»Warum ich? «, fragte Major Travis.

»Weil sie das Potenzial haben, um Großes zu bewegen«, antwortete der Aller -Erste. » Alles ist vorgegeben, in dem Buch des großen Aahnn. Sie haben genügend Zeit, um sich hierauf vorzubereiten. «

Major Travis lächelte.

»Wie kann ich ihnen danken? «, fragte er.

»Gar nicht«, erwiderte Geoffwan. »Machen sie weiter, wie bisher. Bringen sie wieder Ordnung in das Universum. Wir haben es damals nicht geschafft. «

Der Major gab dem Aller-Ersten die Hand.

»Können wir sie erreichen, falls wir Fragen haben sollten? «, erkundigte er sich.

»Wir werden ihre Aktivitäten beobachten«, antwortete der Aller-Erste. »Ich bin sicher, dass sie unsere Hilfe nicht brauchen werden. Falls doch, werden wir uns melden. «

Geoffwan wurde ernst.
»Jetzt ist es Zeit Verhandlungen mit den Zierrakies aufzunehmen«, erklärte er. »Fliegen sie uns zu ihrem Heimat-Planeten. Captain Irugphan erwartet uns bereits. «